HORST M. LAMPE

Abenteuer auf krummen Beinen

Horst M. Lampe

Abenteuer auf krummen Beinen

Dackel mit Charakter

Mit 16 Illustrationen
von Edith Lampe

Herbig

Umschlagillustration: Eilfes Aulfes, München
Satz: Fotosatz-Service Weihrauch, Würzburg
Gesetzt aus: Palatino 10/12 Punkt, System Berthold
Druck und Binden: Graphischer Großbetrieb Pößneck,
Ein Mohndruck Betrieb
Printed in Germany
ISBN 3-7766-1740-3

Auf den Hund zu kommen, ist leicht –
die Verantwortung dafür zu tragen, schwer.

Inhalt

Vorbemerkungen des Ghostwriters

Wenn ich an die Jahre zurückdenke, in denen unser Hund das Leben mit uns geteilt hat – oder besser gesagt, dafür sorgte, daß es bei uns niemals langweilig wurde, kommt es mir vor, als sei alles erst gestern geschehen. Die Ereignisse, die mit diesem kleinen, höchstens acht Pfund wiegenden Kerl zu tun hatten, machten unser Dasein zu einer großen Bühne mit ständig wechselndem Szenar. Wobei unsere saufarbene Rauhhaardackeldame von mittlerweile neun Jahren von Anfang an eine Hauptrolle spielte.

Was ihr nicht etwa deswegen gelang, weil unsere Familie das Dackelchen im zarten Babyalter an Kindes Statt annahm und seither blind vergöttert. Auch schauten wir nicht in kritikloser Bewunderung zu, wenn sie sich selbst oder anderen wieder einmal einen Streich spielte. Wenn Verschmitztheit, Übermut oder Quergeist den Frieden in der Familie oder in der Nachbarschaft gefährdeten. Was geschah – und noch immer geschieht, denn ein Dackel ändert sich nicht –, ist vielmehr Ausdruck und Folge einer echten Persönlichkeit, auf die unser disziplinierender Einfluß ohne nachhaltige Wirkung bleibt.

Wer einen Dackel in der Bekanntschaft oder Verwandtschaft hat, weiß, daß die oft genannten Merkmale (krumme Beine, lange Ohren, Samtschnauze, Knopfaugen und ein zugegebenermaßen ausdrucksvoller Schwanz) nur Oberflächlichkeiten sind. Das Typische dieses speziellen Hundeviechs liegt viel eher in der Stärke seines Charakters, mit dem es die Menschen seiner Umgebung zu beeinflussen vermag.

Nur wer seinen Dackel wirklich liebt, kann sich – mit der Zeit – in seine Denkweise hineinversetzen. Er lernt Aktionen und Reaktionen eines Geschöpfs verstehen, das (fast) immer seine eigenen Wege geht – und dabei doch stets ein treuer Freund und guter Kamerad bleibt. Ohne jene tiefe Zuneigung und das sich daraus entwickelnde tiefe Verständnis hätte dieses Buch auch gar nicht geschrieben werden können. Zumal selbst der beste und intelligenteste Hund nicht schreiben kann, also einen Ghostwriter benötigt.

Daß dieser am Ende übrigens manchmal selbst das verflixte Gefühl hatte, auf vier charmanten Pfoten daherzukommen, das imaginäre Halsband am Kragen lösen zu müssen, mit den Ohren zu schlagen, wenn es ihn da juckte, knurren zu dürfen, wenn ihm danach war, oder mit einem demütigen »Rollover« Frauchen zum Streicheln zu bewegen, wird meine hoffentlich amüsierten Leser gewiß kaum noch verwundern.

H.M.L.

Ein kluger Hund lernt schnell

»Aber das ist ja ein Fast-gar-kein-Hund!«
»Mit sechs Wochen sind sie nicht größer. Und schließlich ist es eine Zwergrasse.«
Ich schlug die Augen auf und betrachtete denjenigen, der sich über meine Größe den Kopf zerbrach. Inzwischen schnarchte der Dicke neben mir im Körbchen unverdrossen weiter, während es sich die drei anderen in der Ecke auf einem weichen Kissen bequem gemacht hatten.
»Ich weiß nicht«, sagte die erste Stimme, »eigentlich hätten wir doch lieber einen richtigen Hund.«
»Rauhhaardackel sind richtige Hunde, sogar ganz besondere«, antwortete die Stimme, die mir vertraut war, seitdem ich meinen Ohren trauen konnte. »Sie kennen die Mutter, und der Vater hat sogar in der Schau im letzten Herbst einen ersten Preis gewonnen. Egal, für welchen aus dem Wurf Sie sich entscheiden, Sie kriegen einen Hund mit Charakter und Klasse – einen echten Dackel.«
»Man müßte sie alle zusammen herumlaufen sehen, damit man einen besseren Eindruck bekommt«, meinte die dritte Stimme, die ich schon jenseits der Hecke gehört hatte. »Wenn sie nur so als Wollknäuel daliegen und lediglich ihr Bäuchlein beim Atmen wackelt, kommen sie mir alle gleich süß vor.«
Veränderung lag in der Luft. Schon ein Jungdackel hat ei-

nen feinen Instinkt dafür – sollte er die aufkommende Spannung nicht gerade verschlafen. Die Situation war anders als beim alltäglichen Einerlei seit meiner Geburt, das nur vom Gerangel um den besten Milchplatz unterbrochen worden war und dessen einziger wirklicher Nervenkitzel in der Begegnung mit einem fremdriechenden Pelztier bestanden hatte. Ein Zwischenfall, der nicht einmal richtig ausgekostet werden konnte, weil man mitten im Beschnuppern plötzlich hoch in die Luft gehoben wurde und sich anhören mußte, daß große Katzen kein Umgang für kleine Hunde seien.

Ich beschloß, dem Wunsch der dritten Stimme entgegenzukommen und trottete zu meiner Mutter, die mich liebevoll ableckte, ehe sie mir erlaubte, meine Futterration abzuholen.

»Ist es nicht das Bild einer heilen Welt, wie Trixi das Kleine säugt?« fragte die zweite Stimme.

»Gewiß doch, aber es ist wirklich nur eine Handvoll Hund!« beharrte derjenige, der mich nach Gewicht beurteilte. »Der andere ist fast doppelt so groß!« Der Dicke neben mir im Körbchen hatte aufgehört zu schnarchen und war mir gefolgt, um nichts zu versäumen.

»Ach bitte, Frau Meier, holen Sie doch auch die drei vom Sofa herunter«, forderte die Begleitung meines Kritikers diejenige auf, der Trixi gehörte und die uns deswegen wohl ihr Haus nebst Zubehör zur Benutzung überlassen hatte.

»Stubenrein sind sie anscheinend noch nicht«, maulte der skeptische Besucher, nachdem unser Hunger gestillt war und mein Bruder seinem folgenden Bedürfnis freien Lauf gelassen hatte.

»Die Kleine da schon«, antwortete Frau Meier. Der Rest der Bande muß es noch lernen. Bei manchen dauert es ein paar

Monate. Hängt davon ab, wie konsequent man darauf achtet. Mein Mann und ich sind sicher nicht streng genug. Wir können ihnen einfach nicht böse sein.« Dabei bückte sie sich, wischte eine niedliche Pfütze vom Fußboden und legte ein Stück saugfähiges Papier auf eine feuchte Stelle im Teppich.
Die allgemeine Aufmerksamkeit konzentrierte sich jetzt auf einen meiner Brüder, von dem Frau Meier – ohne auf Details zu achten – behauptete, er gleiche mir wie ein Ei dem anderen.
»Der würde mir schon eher gefallen, obwohl auch er noch ein paar Pfunde gebrauchen könnte«, verkündete jener, dem es mehr auf die Statur als auf die Persönlichkeit anzukommen schien. »Man sieht gleich, daß es ein Rüde ist! (Was eine glatte Lüge war.) Was meinst du, Knöpfchen?«
»Ich weiß nicht«, zögerte seine sympathische Begleiterin, die Knöpfchen genannt wurde, die Entscheidung hinaus. »Ich bin mehr für die Kleine, die schon stubenrein ist. Sie ist bestimmt besonders intelligent, und du hast selbst gesagt, daß du dumme Hunde nicht leiden kannst. Außerdem finde ich sie mindestens genauso hübsch. Sie sind sich ja wirklich zum Verwechseln ähnlich.«
»Ich habe auch manchmal Mühe, sie auseinanderzuhalten«, gab Frau Meier zu. Dann machte sie einen Vorschlag. »Überlegen Sie es sich, und kommen Sie morgen wieder. Vielleicht fällt Ihnen die Entscheidung beim nächsten Vergleich leichter. Inzwischen binde ich dem, der Ihrem Mann so gut gefällt, ein Schleifchen ans Bein. Zum sicheren Erkennen und damit wir ihn nicht versehentlich an jemand anderen verkaufen.«
Womit sich die Besucher verabschiedeten – nicht ohne uns ausgiebig geknautscht zu haben. Mein angebliches Eben-

bild lief danach noch eine Zeitlang mit einem Bändchen herum, ehe es heruntergezerrt wurde und auf dem Boden landete, von wo ich es in Sicherheit brachte.
Das Schleifchen gab am nächsten Tag den Ausschlag. Ich hatte es fest im Griff und knurrte jeden an, der es mir wegnehmen wollte. Frau Meier schaute nicht so genau hin. Der kritische Nachbar ließ sich durch mein rüdes Gehabe täuschen und hielt mich für seinen Favoriten. Und nur diejenige, die sowieso von vornherein mit mir sympathisiert hatte, schien etwas zu ahnen, behielt ihre Vermutung aber für sich.
Als sich dann doch noch die Wahrheit herausstellte, weil ich partout zur geschäftlichen Verrichtung nach draußen wollte, und Frau Meier herüberkam, um meinen Umtausch anzubieten, hatte ich bereits die feste Zusage, daß ich für alle Zeit zur Familie gehöre und man mich nicht mehr hergäbe.

*

Als Hund wird man in eine Welt hineingeboren, in der man sich, besitzt man kein ausgeprägtes Selbstvertrauen, klein vorkommt, weil die meisten aufgerichtet auf den hinteren Pfoten herumlaufen und mit den vorderen Dinge fertigbringen, von denen unsereiner nur träumen kann. Solange man mit seinesgleichen zusammen ist und noch keine Vergleiche anstellt, fällt einem nichts dabei ein. Wer größer ist, beugt sich sowieso zu uns herunter, ist überfreundlich, hebt uns zu sich hoch und gibt uns das Gefühl, daß sich alles um uns dreht. Mit der Zeit ändert sich das. Die Per-

spektiven rücken sich ganz von selbst zurecht, womit manch einer nicht fertig und zum Neurotiker wird.
Meine Adoptivfamilie stellte sich als gemischte Gesellschaft heraus, in der diese Gefahr nicht bestand. Denn jeder hatte Rechte, die ihm keiner streitig machte. Da war zunächst das fremdriechende Pelztier, dem es egal zu sein schien, welcher Art man zugehörte, solange man in friedlicher Absicht kam. Wer sich beim Kennenlernen auf den Rücken legte und sich von einem alten Kater beschnuppern ließ, ohne zu knurren, wurde akzeptiert.
Der halbe Mensch, Bobbeli gerufen, klatschte mir zwar zur Begrüßung ziemlich unsanft seine beiden Vorderpfoten ins Gesicht, meinte es aber offensichtlich gut. Auch daß er anschließend über mich fiel und mich fast zerquetschte, beeinflußte nicht den entgegenkommenden Eindruck.
Zur Familie gehörte Oma, die meistens saß, aber auch dann nicht von bedrückender Größe war, wenn sie aufstand, weil sie sich weit nach vorn beugte, als wolle sie ihre beiden Vorderpfoten zum Laufen benutzen. Im übrigen bildete ihr Schoß einen warmen Ruheplatz für drei Pfund Hund.
Frauchen, vom Pelztier zärtlich angeschnurrt, von Bobbeli liebe Mami, von Oma Edith, von Herrchen Knöpfchen und ein Glücksfall für die ganze Familie genannt, war überall, kümmerte sich um alles und besonders um den Neuankömmling, der sich in den ersten Tagen im fremden Haus manchmal verloren vorkam und des besonderen Zuspruchs bedurfte. In Frauchens Gegenwart wurde sogar der sonst so überlegen tuende Hausherr zum Spender von Streicheleinheiten, die er freigiebig auf die kleinen und größeren Hausbewohner verteilte.
Ich fand schnell heraus, daß Mau, das Pelztier, ein paar Privilegien genoß, die es mit mir zu teilen bereit war, nachdem

ich mich als gebrauchswilliges Spielobjekt herausgestellt hatte. Der Kater hatte zwar bis jetzt die Alleinherrschaft in der Familie, fühlte diese aber wohl durch mich nicht in Frage gestellt. Er besaß mehrere bevorzugte Plätze im Haus, die eigentlich für andere gedacht waren, von ihm jedoch nach Belieben besetzt wurden, ohne daß die verdrängte Person dagegen aufbegehrte. Besonders hatten es ihm weiche Polster angetan. Nur um das Gestell, in dem Bobbeli schlief, machte er aus unbegreiflichen Gründen einen Bogen, obwohl er durch die weit auseinanderstehenden Gitterstäbe leicht hindurchgekommen wäre.
Schon am ersten Abend folgte ich seiner Einladung, mich mit ihm dort zusammenzurollen, wo sich später Frauchen und Herrchen für die Nacht einrichten wollten. Allerdings muß ich ihn dabei mißverstanden haben, denn als die beiden zu uns in die Schlafstube kamen und uns sahen, ließen sie zwar meinen Ratgeber am Fußende ungeschoren, vertrieben mich aber von meinem kuscheligen Platz zwischen ihren Kopfkissen.

In der Hecke, die meine Kinderstube vom neuen Zuhause trennte, gab es eine Pforte, die seit meinem Umzug offenstand. »... damit du manchmal zu deiner Mutter kannst!« hatte Frauchen gesagt und mir einen Kuß hinter die Ohren gedrückt. Was ich sehr rücksichtsvoll fand, denn auch die beste von den Zweibeinern erfundene Ersatz-Babynahrung schmeckt nicht so gut wie Muttermilch.
Daraufhin kam zunächst Trixi zu uns herüber – wenn auch nicht, um den abhanden gekommenen Nachwuchs zu stillen, sondern um die Schale mit Katzenfutter in der Küche zu leeren, aus der es so herrlich nach Fisch roch. Später folgte die übrige Bande, was beinahe zur Katastrophe geführt

hätte, denn das Pelztier war gerade in der Gegend und faßte die Invasion als Eindringen in sein Territorium auf. Herrchen hinderte es im letzten Augenblick daran, an dem ganzen Wurf die Krallen auszuprobieren und bekam dabei selbst ein paar Striemen ab.
Frau Meier aber wunderte sich. Sie war hinter der Bande hergelaufen, um sie einzusammeln und nach Hause zu bringen. Dadurch wurde sie Zeugin, wie ich dem ganzen Spektakel zusah, ohne daß mir der rabiate Hauskater etwas tat. »Die kleine Hexe hat ihn verzaubert«, erklärte sie. Es war eine Feststellung, die Folgen haben sollte.
Herrchen vermutete, daß etwas Wahres an der Behauptung sein könnte, weil er ähnliches verspüre. Darum sei Hexe genau der richtige Name für mich. Frauchen widersprach nicht. Oma schien es sowieso egal zu sein, wie ich hieß, Hauptsache, ich lag möglichst oft auf ihrem Schoß. Bobbeli war anscheinend noch nicht stimmberechtigt. Mau, der Kater, hatte nach dem Zwischenfall Patrouillengänge ums Haus aufgenommen, um wiederkehrende Stoßtrupps von nebenan abzufangen. Und unsereins, obwohl hauptsächlich betroffen, wurde erst gar nicht nach seiner Meinung gefragt.

*

Es waren warme Tage, an denen ich mich am liebsten auf der Terrasse schlafend von der Sonne bescheinen ließ, wenn ich nicht gerade in der Nachbarschaft beim Nachzapfen war, Frauchen beim Kochen half oder von einem der kleineren Familienmitglieder bespielt wurde.
Die Abenteuer dieser sorgenlosen Zeit entsprachen mei-

nem Alter. Einmal nieste ich einen Käfer davon, der sich auf dem Weg in mein Nasenloch befand. Ein anderes Mal verjagte ich ein paar Amseln aus dem Traubenspalier, wofür ich gelobt wurde – ehe ich selbst auf den Geschmack kam und mir dafür eine Strafpredigt anhören mußte. Das Buddeln im Ameisennest bekam mir auch nicht gut, weil ich außer den Vorderpfoten die Schnauze zu Hilfe nahm.

Ein junger Hund eifert besonders gern nach; wobei unsere Vorbilder nicht unbedingt diejenigen sein müssen, von denen wir abhängig sind oder die wir verehren. Einfluß auf uns hat, wer mit uns die meiste Zeit verbringt, und das kann ein liebenswertes Weibchen oder Männchen, unsere zweifüßige Herrschaft oder ein Menschenbaby ebenso sein wie ein schlauer Kater. Erst später lernen auch wir, daß wir uns besserstellen, wenn wir auf augenblickliche scheinbare Vorteile verzichten und uns an jemand halten, der auf längere Sicht obenauf bleibt.

Als ich mich anschickte, Mau auf den Baum zu folgen, auf dem er häufig saß und die Gegend beäugte, plumpste ich gleich vom untersten Ast wieder herunter. Kaum mehr Erfolg hatte ich bei anderen Versuchen. Auf den Bäumen ums Haus trieb eine Schar Eichkatzen ihr Allotria. Leichtfüßig hüpften sie von Zweig zu Zweig, jagten einander, kreischten sich an, verschwanden in den Kronen, tauchten gleich darauf am Boden auf, hockten sich hin, putzten sich und lachten höhnisch, wenn Mau sich anschlich, vorsichtig Stück um Stück – und doch nicht behutsam genug.

Trotzdem hatte er manchmal das bessere Ende für sich. Dann lag plötzlich ein Eichkatzenkopf in der Küche, und Edith wußte nicht, ob sie die Liebesgabe annehmen oder sich darüber aufregen sollte, daß schon wieder einer der putzigen Gesellen Maus Jagdinstinkten zum Opfer gefallen war. Die Entscheidung fiel auch deswegen schwer, da der Jäger beifallheischend vor ihr wartete. Solche Gewissensbisse blieben Frauchen durch mich erspart. Wahrscheinlich war ich für diese Art Jagd nicht schnell und vor allem nicht leise genug!

Frau Meier hatte die Familie zu Kaffee und Torte eingeladen, um die neuen verwandtschaftlichen Bande zu feiern. Die Einladung war vom Pelztier ignoriert worden. Oma konnte sich nicht vom Schaukelstuhl lösen, und Bobbeli spielte gerade so schön mit Mamis Nähkasten, daß keiner fertigbrachte, es zu stören.

So saßen wir drei mit Frau Meier und Herrn Meier allein am Tisch, und nur meine übriggebliebenen Geschwister schauten teils sehnsüchtig, teils verständnislos zu. Herr Meier, der ein passionierter Waidmann war und ausgeprägten Dackelverstand besaß, meinte zwar, es sei für meinen Charakter und meine künftigen Pirschfähigkeiten gar nicht gut, daß ich an der Schwarzwälder Kirschtorte partizipiere. Aber Herrchen, obwohl in der Sache grundsätzlich derselben Meinung, gab zu bedenken, daß ich sowieso kein Jäger werden, sondern ein ganz normaler Familienhund bleiben solle. Auch sei ihm nicht bekannt, daß Naschen unbedingt den Charakter verderbe. Worauf mir ein weiteres Stück von dem umstrittenen Futter zuteil wurde.

»Sie sollten aber wenigstens nicht Ihre Gabel dazu benutzen«, riet Frau Meier.

Herrchen winkte ab. »Ich bin nicht so empfindlich. Außerdem ist eine junge Hundeschnauze appetitlicher als manches sonstige Kauwerkzeug mit schlechten Zähnen.«

Dem stimmte wiederum Herr Meier zu. Den nachdrücklichen Beweis für seine Meinung blieb er allerdings schuldig,

so daß ich weiterhin auf Herrchens Zuwendungen angewiesen blieb. Oma, der Edith hinterher die Geschichte erzählte, hielt die Sache trotzdem für »eine Sauerei«.
Sie konnte aber auch nicht wissen, daß ich die Tortenhäppchen von der Gabel genommen hatte, ohne diese überhaupt zu berühren. Was jedem kultivierten Dackel möglich ist, wenn man ihm die Leckerei mit der Spitze serviert und sie nicht aufspießt wie einen Wurm auf den Angelhaken.
Später, als ich in meinem Körbchen lag, beugte sich Frauchen zu mir herunter. »Ich hab heute nachmittag nichts gesagt, als dein Herr dich mit Torte vollstopfte. Aber in Zukunft wirst wenigstens du vernünftig sein. Du willst doch nicht eines Tages wie eine Schlummerrolle aussehen und wie eine Dampfwalze schnaufen!«
Mir leuchtete zwar nicht ein, weshalb ein Dackel vernünftiger sein sollte als sein Herr. Außerdem war die Schlummerrolle, die tagsüber auf Omas Bett lag, grün und hatte keine Beine. Und was eine Dampfwalze war, wußte ich schon gar nicht. Aber da sich bei mir inzwischen hinten unten ein gewisses Unbehagen einstellte, ließ ich mich auf keine Diskussion ein und gab statt dessen Frauchen zu verstehen, daß ich mal schnell hinaus müsse. Über Ursache und Wirkung nachzudenken, wäre in diesem Stadium meiner Entwicklung noch zu früh gewesen.

*

»Heute darfst du zum Tierarzt«, versprach Frauchen. »Wir wollen doch, daß du ein gesunder, glücklicher Hund bleibst.«

Ich hatte keine Ahnung, wohin meine Fürsorgerin mit mir wollte. Um einen Kaffeeklatsch handelte es sich jedenfalls nicht. Da es jedoch etwas zu sein schien, das zu meinem Glück beitragen würde, unterstützte ich das Vorhaben vorsorglich durch freudiges Bellen und einige erwartungsvolle Hochsprünge.

»Hoffentlich verträgt Hexe das Autofahren«, dämpfte Herrchen unseren Optimismus. »Du hättest vorher mit ihr üben sollen!«

»Wenn du dich nicht davor gedrückt hättest, sie impfen zu lassen, hätte ich mitfahren, sie auf den Schoß nehmen und aufpassen können, daß unterwegs kein Malheur passiert«, konterte das Knöpfchen und stellte das Körbchen mit mir neben sich.

Dann knallte die Tür zu, das Auto rollte, und mein Körbchen rutschte zur Seite. Als es umkippte, nutzte ich die Gelegenheit, um herauszuklettern und Sicherheit zwischen Ediths Beinen zu suchen. Was zum abrupten Anhalten führte, und ich wurde erneut auf dem Nebensitz verstaut.

Ich sah ja ein, daß Frauchen nicht anders konnte, weil es das Rad vor sich festhalten mußte und darum keine Hand für mich frei hatte. Deshalb suchte ich mir einen anderen passenden Platz, was nicht ohne Purzelbäume vor sich ging und die Fahrerin deutlich nervös machte. Nur sehr erfahrene Passagiere verstehen es beim In-die-Kurve-gehen, Beschleunigen oder plötzlichen Abstoppen, ihr Gewicht so zu verlagern, daß sie nicht irgendwo landen, wo sie gar nicht hin wollten.

Auf alle Fälle waren Herrchens Bedenken unbegründet. Von einigen unbedeutenden Flecken abgesehen, mit denen Frauchen beim Tierarzt ankam, überstanden wir beide die

Fahrt recht gut. Wenn man jung ist, hat man eben die Geschmeidigkeit, um so manchen Aufprall abzufedern.
Ich hatte recht gehabt: Es gab nichts Süßes zu essen. Stattdessen begrüßte mich der Mensch, vor den Frauchen mein Körbchen und mich hingestellt hatte, mit der scharfsinnigen Frage: »Schau, schau, wen haben wir denn da?« Obwohl jeder, der nicht blind war, auf den ersten Blick erkennen konnte, um wen es sich handelte.
»Wie alt ist der Wicht?« wollte der Tierarzt wissen und vergaß, nach meinem Namen zu fragen. »Zweieinhalb Monate? Hmm. Na ja, hat ja Zeit, zu wachsen. Notfalls verpassen wir ihm ein paar Spritzen zum Aufbau!« Währenddessen hob er mich hoch wie ein Stück Wurst und begutachtete mich von allen Seiten, wobei er endlich erkannte, daß ich kein Rüde war. »Dann wollen wir mal!« kündigte er an – und zu Frauchen gewandt: »Nehme an, daß Sie privat gekommen sind. Krankenscheine nehme ich nämlich nicht an. Hahaha.«
Anschließend drückte er mich auf den Tisch mit glitzernden Bestecken und begann, an mir herumzufummeln. Meine Vertraute beantwortete meinen hilfesuchenden Blick mit einem beruhigenden Lächeln, sah aber so aus, als sei sie es, der man in sämtlichen Löchern herumbohrte. »Ist ja bald vorbei«, tröstete sie mich. »Der Doktor will nur feststellen, ob bei dir alles in Ordnung ist.«
»Sieht so aus, als wäre es so«, brummte dieser mißmutig, als wäre ihm ein anderer Befund lieber. »Keine Milben, keine Polypen. Ob sie Würmer hat, kann ich erst feststellen, wenn Sie mir eine Stuhlprobe vorbeibringen. Jetzt wollen wir erst mal gegen Staupe impfen. Hepatitis und Tollwut kommen das nächste Mal dran. Ich impfe nicht gern auf einmal dreifach.«

Danach waren wir beide ziemlich schnell entlassen, weil der Tierarzt es eilig hatte, »... ein paar junge Bullen auf den Pfad der Tugend« zu bringen. Eine Begründung, die Frauchen zu irritieren schien, wenn der rote Kopf mich nicht täuschte.

»Zu dem bringe ich dich nicht mehr!« schimpfte Edith auf der Heimfahrt. »Das ist ja ein richtiger Grobian. So geht man doch nicht mit einem jungen Hündchen um, das zum ersten Mal beim Doktor ist. Das kriegt doch einen Schock fürs Leben!«

Ich hatte mich in ihren Schoß vergraben und verhielt mich so still, daß sie wegen mir das Lenkrad nicht loszulassen brauchte und sich manchmal sogar vergewissern mußte, ob ich noch da war. Erst kurz vor unserer Ankunft hielt sie an und setzte mich auf die Fußmatte. Mir war eingefallen, daß ich schon die ganze Zeit mal mußte. Daß ich längst stubenrein war, hatte ich darüber für einen Moment glatt vergessen.

Herrchen, dem wir von unserem Besuch erzählten, wußte natürlich gleich, was wir falsch gemacht hatten. »Mit einem jungen Hund geht man nicht zu einem Arzt, der gewöhnlich zentnerschweres Rindvieh und Schweine behandelt, sondern in eine Stadtpraxis, die auf Kleintiere spezialisiert ist.«

»So ist es«, stimmte das Knöpfchen zu und gab unserem Familienoberhaupt einen Kuß. »Nur, lieber Putzi, verrate uns, warum du dann ausgerechnet diese Adresse aus dem Telefonbuch herausgesucht hast.« Worauf Herrchen lachen mußte und wir beschlossen, demnächst zusammen den Tierdoktor aufzusuchen, den uns die Nachbarn empfohlen hatten.

*

In unserer Straße wohnten Tiere und Menschen friedlich beisammen. Die Zäune und Sträucher dazwischen trennten nicht, sondern waren mehr Symbole, die man nach Belieben und Talent umging, übersprang oder untergrub. Kam mittags ein Spaziergänger vorbei und pfiff vor sich hin, wurde er bereits als Ruhestörer empfunden. Elstern stießen Warnrufe aus, Eichkatzen zeterten, die Pelztiere zogen sich miauend von ihren Bänken und Holzstapeln an den Häuserwänden zurück, auf denen sie gedöst hatten, und wer konnte, verbellte den Eindringling aus der Idylle.
»Eine traumhafte Nachbarschaft«, gab sogar Herrchen zu, das sonst laut Oma auch in der besten Suppe ein Haar suchte. Edith gestand, daß sie jedes Mal, wenn sie aus der Stadt zurückkomme, froh sei, den Krach, die schlechte Luft und das Gedränge hinter sich zu haben. Fürs Bobbeli gebe es auch nichts Besseres, als in der Natur und zusammen mit Tieren aufzuwachsen.
Von beiden hatten wir hier oben auf unserem Hügel am Wald genug – auch wenn sie Trixi mittlerweile alle meine Geschwister abgenommen hatten. Gleich gegenüber lebte ein dicker Mann mit seiner ebenso schwergewichtigen Schäferhündin. Hinter unserem Garten wohnten drei Miezen mit einer alten Frau; sie suchten gelegentlich Mau auf, gingen mir aber aus dem Weg.
Um die Ecke hauste ein weißhaariges Zweibein, von dem Herrchen behauptete, es stamme noch aus dem vergangenen Jahrhundert, mit seiner Tierheimmischung aus Spitz, Pudel und sonstwas. Und ein paar Schritte weiter gab es einen schwarzen Labrador, der wie ein Gummiball über die Hecken sprang und als typischer Wohlstandshund erst auf die Rufe seiner Leute reagierte, wenn sie ihm mit einem Stück Fleisch winkten. Am Ende der Straße grasten ein

Pony und zwei gescheckte Kühe, die sich ein Lehrer im Ruhestand hielt, unter einer Reihe von Apfelbäumen.
Rieke, die Schäferhündin, war so scheu, daß sie schon den Schwanz einklemmte und hinters Haus lief, wenn ich sie ansprach. Alle Bemühungen, ihr näherzutreten, waren umsonst, obwohl sie mich Fliegengewicht sicher nicht als Bedrohung empfinden konnte. Auch daß ich mich zum Zeichen meiner freundlichen Absichten rücklings vor sie auf die Straße legte, blieb wirkungslos. Fast wäre ich dabei sogar noch überfahren worden, denn Autos gab es natürlich auch hier oben in unserer heilen Welt.

»Kein Paradies ohne Schlange!« behauptete das Familienoberhaupt am Ende des Tages, der so schön begonnen hatte und beinahe ein böses Ende genommen hätte.
Wir waren früh zum Tierarzt in die Stadt gefahren: Herrchen, Frauchen, mein Körbchen und ich. Im Wartezimmer trafen wir auf eine buntgemischte Gesellschaft: eine graue Dogge mit Bauchbinde, einen schillernden Vogel im Käfig, der keinen Augenblick lang den Schnabel hielt, zwei Katzenjunge, in Watte verpackt, die kläglich miezten, und ein Meerschweinchen zwischen Zeitungspapier in einem Schuhkarton.
»So hab ich mir eine richtige Tierpraxis vorgestellt«, sagte Herrchen zufrieden und dirigierte uns in die Ecke, die von der Dogge am weitesten entfernt war. Deren Besitzer bemerkte die Vorsichtsmaßnahme und beeilte sich, uns zu versichern, daß sein Fidelio das Gemüt eines Babys habe. Kaum hatte Herrchen die Hoffnung ausgedrückt, daß dies auch dem Baby selbst bekannt sei, als es sich erhob und geradewegs zu uns herüberlatschte. Edith streckte abwehrend eine Hand aus, um das Ungeheuer von mir fern-

zuhalten, und drückte mich mit der anderen schützend an sich.
»Halten Sie doch um Gottes willen Ihr Monster zurück!« rief Putzi entrüstet dem Besitzer zu. Der war seelenruhig sitzengeblieben und sah zu, wie das Monster Ediths Abwehr einfach ignorierte. Schnaufend und prustend begann es mit seiner Schlapperschnauze meine Weichteile zu untersuchen.
»Sie müssen eine Hündin haben«, konstatierte sein Herr gelassen. »Einem Rüden gegenüber würde sich Fidelio anders verhalten.«
Derjenige, dem alle Aufmerksamkeit im Wartezimmer galt, hatte inzwischen seine Nachforschungen beendet, schleckte mich abschließend von hinten bis vorne ab und ließ sich dann seufzend zu unseren Füßen nieder. Von dort erhob er sich erst wieder, als er ins Sprechzimmer gerufen wurde. Nicht ohne mir zuvor noch einmal auf seine besondere Weise versichert zu haben, wie ungemein er mir zugetan war.
Der Doktor entpuppte sich als Weibchen, das ebenso reizend war wie Fidelio und Gabi hieß. Meinen Namen fand Doktor Gabi »recht originell«. Sie meinte jedoch, zu einem so süßen Wesen hätten »Engel« oder »Susi« auch ganz gut gepaßt. Im übrigen befand sie, daß ich für eine Rauhaardackelin der kleinen Züchtung und für mein Alter in außergewöhnlich guter Verfassung sei.
Wir unterhielten uns so angeregt, daß mir nicht einmal auffiel, wie sie mich impfte. »Sie hat dabei überhaupt nicht gezuckt!« wunderte sich Frauchen.
»Wenn man die Haut im Nacken hochzieht und die Nadel sozusagen in den freien Raum darunter setzt, wo kein Nerv ist, darf es nicht weh tun«, sagte Doktor Gabi und schüttelte

mir zum Abschied die Pfote, wie es unter Freunden üblich ist. Keiner von uns ahnte, daß wir uns schon in ein paar Stunden wiedersehen würden.

*

Wir waren ohne Herrchen zurückgefahren und hatten uns, wie immer nach dem Mittagessen, ein bißchen aufs Ohr gelegt – Oma auf dem Sofa, Bobbeli im Gitterbett, Edith auf der Liege im Garten und ich darunter. Nur das Pelztier trieb sich in der Nachbarschaft herum.

Irgendwann wurde es mir langweilig, und ich lief zu Trixi hinüber, die ich in den letzten Wochen vernachlässigt hatte, weil die vielen neuen Eindrücke meine Zeit in Anspruch nahmen. Die Gartentür war offen, doch das Haus verschlossen, und auf mein Rufen antwortete keiner. Ich beschloß, mein Glück noch einmal bei der scheuen Rieke oder bei der Tierheimmischung zu versuchen.

Ich kam nicht weit. Um die Ecke stürmte ein bulliger Riese, den ich noch niemals in unserer Gegend gesehen hatte. Ohne daß ich die Zeit hatte, jene Ergebenheitshaltung einzunehmen, die unsereinen bei Auseinandersetzungen mit Stärkeren gewöhnlich vor größerem Schaden bewahrt, schnappte das Untier zu. Das ungeschriebene Gesetz unserer Art schien es nicht zu kennen. Seine Bisse taten so weh, daß ich aufheulte, ehe es mir schwarz vor den Augen wurde.

Als ich wieder zu mir kam, standen Riekes dickes Herrchen, der Nachbar aus dem vorigen Jahrhundert und ein kleines Mädchen um mich herum. Frauchen wickelte mich

in ein Tuch. Das Untier kauerte grollend festgebunden am Zaun, und das Mädchen versicherte immer wieder unter Tränen, daß sein Hund sich einfach losgerissen habe.
An den Transport erinnere ich mich nicht mehr genau – außer daß Oma, die neben mir saß, abwechselnd den lieben Gott und die Polizei anrief, um sämtliche Bestien dieser Welt ihrer gerechten Strafe zuzuführen.
Dieses Mal mußten wir nicht warten. »Ein Notfall!« erklärte Doktor Gabi den Zwei- und Vierbeinern im Vorzimmer. Frauchen legte mich auf den Tisch, und gemeinsam schälten sie mich aus dem klebrigen Tuch. Ich spürte einen kleinen Stich im Bein und fiel schwebend in ein Meer von Watte.
Als ich das nächste Mal aufwachte, befand ich mich hinter Gittern in einem fremden Raum. Niemand von meiner Familie war da oder reagierte auf meine Stimme. Nur aus dem Nachbarkäfig antwortete kläglich eine Katze. Ich fühlte mich schwach und verlassen. Bis nach einer Weile die Tür aufging und Doktor Gabi hereinkam.
»Na endlich, kleine Hexe! Lange hast du geschlafen, ich hab schon vorhin nach dir gesehen. Hast sicher noch Schmerzen. Aber das geht vorüber. Du wirst wieder gesund. Ruh dich jetzt noch ein bißchen aus. Du mußt nämlich noch ein paar Stunden hierbleiben, damit ich dich richtig versorgen kann. Heute abend darfst du dann schon wieder nach Hause.«
Sie hatte die Tür meines Käfigs geöffnet und, während sie mich tröstete, ihre Hand unter meinen Kopf gelegt. Doktor Gabi wußte, wie man einem kleinen einsamen Hund, dem Hals und Rücken weh taten, Hoffnung machte. Ich drückte die Augen zu, solange ich die Hand noch spürte und überließ mich dieser Hoffnung.

Wer intelligent ist und seinen natürlichen Instinkt nicht hat verkümmern lassen, weiß, auf wessen Versprechen er sich verlassen kann. Ich jedenfalls wartete geduldig. Allerdings rechnete ich nicht damit, daß die ganze Familie erschien, um mich abzuholen – einschließlich Bobbeli und Pelztier.

Das dadurch im Auto entstehende Gedränge veranlaßte Doktor Gabi zu dem Angebot, mit mir hinterherzufahren, um sicher zu gehen, daß ich unterwegs nicht zusammengedrückt werde. Herrchen bedankte sich, bestand aber darauf, daß wir ohne Hilfe zurechtkämen. Das einzige Problem war der von Edith für die mühsam einem Mordanschlag entgangene Dackelhündin mitgebrachte Wäschekorb. Nachdem die Familie ihn jedoch auf den Schoß genommen und mich in ihm zwischen Decken und Kissen verstaut hatte, war die Raumnot überbrückt.

Ein Lob verdiente das Pelztier. Nach dem ersten vergeblichen Versuch, sich zu mir zu legen, bewies es Verständnis für meine besondere Lage, rollte sich unterm Beifahrersitz zusammen und trug so dazu bei, daß die Gesellschaft ohne weitere Aufregung ans Ziel kam.

Sie stellten mich neben ihr Bett, wünschten mir »Gute Nacht« und »Gute Besserung« und überließen mich mir selbst. Wenn bei Zweibeinern der Schreck nachläßt, kriegen sie Hunger und holen nach, was sie versäumt haben, seit ihnen der Appetit vergangen ist.

Nach essen war mir nicht zumute. Aber Frischoperierte haben Durst. Und daran hatten meine Lieben trotz all ihrer Fürsorge nicht gedacht. Ich wartete eine Zeitlang, bis ich meine malträtierten Teile aufraffte. Aus dem Korb herauszukommen, war verhältnismäßig leicht, weil die Kissen bis zum Rand reichten. Das Hinunterspringen war schwieri-

ger. Wo man mich zusammengeflickt hatte, tat es beim Aufplumpsen abscheulich weh.
Das Erscheinen des Patienten löste einen kleinen Tumult aus, denn bei meinem Zustand hatten sie wohl nicht mit mir gerechnet. Auch hatte ich Mühe, ihnen klar zu machen, daß ich Wasser wollte und keine Bratwurst mit Kartoffelsalat. Als sie endlich begriffen, beeilten sie sich, das Versäumte mit einer doppelten Portion wettzumachen.
Nicht bedenkend, daß auch der Hund mit den besten Tischmanieren schlappert und spritzt, wenn die Schale bis obenhin gefüllt ist. Was sie übrigens kein bißchen zu stören schien. Sie standen um mich herum, guckten zu, wie ich schlapperte, und nannten mich »Braver Hund«, als vollbrächte ich eine besondere Leistung. Anschließend hob mich der Hausherr hoch wie eine Pyramide zerbrechlicher Eier und trug mich zurück ins Schlafzimmer.
Es wurde eine unruhige Nacht. Zuerst weinte das Bobbeli nebenan und wollte nicht aufhören, bis Mami es zu sich ins Bett holte. Kaum herrschte Ruhe, wollte das Wasser aus mir heraus. Mühsam stand ich auf und tappte zur Tür. Doch die war verschlossen, und ich mußte jemanden wekken.
»Putzi, steh auf und bring die Hexe in den Garten, bitte. Ich glaub, sie muß mal!«
Brummend folgte der im Schlaf Gestörte der Aufforderung. Weil er aber nur halb wach war, packte er so zu, als sei ich völlig intakt. Worauf ich autschte, das Bobbeli nebenan aufwachte und Knöpfchen sein Männchen einen Grobian nannte.
Daraufhin setzte mich Putzi draußen besonders behutsam ab – wenn ich mich nicht täuschte, genau dort, wo Frauchen seine Küchenkräuter gepflanzt hatte. Menschen se-

hen halt nicht so gut im Dunkeln, besonders dann nicht, wenn sie zu müde sind, um das Licht einzuschalten.
Der kurze Ausflug ins Grüne hatte mir jedenfalls gar nicht gut getan. Mein Rücken brannte und stach. Nicht einmal auf die Seite legen und strecken konnte ich mich, wie ich es am liebsten tat. Die weichen Kissen waren gut gemeint, aber für einen maladen Dackel nicht das Richtige, und so dauerte es ziemlich lange, bis ich eine Lage fand, in der ich einschlafen konnte.
Wir trafen uns alle auf der Straße: Rieke, die plötzlich überhaupt nicht mehr scheu war und mir dauernd mit ihrem buschigen Schwanz ins Gesicht wedelte. Die Mixtur aus dem Tierheim, die nicht aufhörte, sich zu putzen und vor uns zu scharwenzeln. Der Gummiball-Labrador, der über uns hinwegflog, als sei er ein Vogel. Sogar das Pony kam herbeigetrabt, gefolgt von den beiden gescheckten Kühen, die Zweige vom Apfelbaum im Maul hatten.
Plötzlich liefen sie alle davon, und ich blieb allein zurück. Statt dessen beugte sich eine fürchterliche Fratze über mich. Ein aufgesperrter Rachen kam näher und näher, spitze Klauen schlugen auf mich ein. Ich wollte um Hilfe rufen, brachte aber keinen Ton heraus.
»Hexlein, wach auf! Komm zu dir. Du bist doch daheim. Es ist ja gut. Hast wohl geträumt. Tut's noch sehr weh, du armes Ding?«
Frauchens Stimme war zart, voller Mitgefühl und besänftigend. Außerdem hatte sie die Fratze vertrieben. Meine Welt war beinahe wieder in Ordnung. Zumal ich von da an sicher zwischen Herrchens und Frauchens Füßen schlief, nachdem das Pelztier mit mir die Plätze getauscht hatte.

*

Verletzt im Bett zu liegen und sich verwöhnen zu lassen, gefällt auch einem kleinen Dackel. Wenn nur das Kranksein nicht wäre, das einem die Hälfte des Vergnügens wieder vergällt. Zwar wird man besucht, geputzt und gestreichelt wie sonst nie, bekommt gebratene Leber und Schokoladeneis und – vom Pelztier als besondere Liebesgabe – eine halbtote Maus serviert.

Aber jemand, der nach eigener Lust und Laune entscheiden will, wann und wo er sich hinlegt und wohin er geht, wenn ihm nach Laufen ist, hat es nicht so gern, wenn er zum Liegen gezwungen wird, weil das angeblich für seine Genesung wichtig sein soll. Und er mag es schon gar nicht, wenn man ihn stündlich in den Garten trägt, damit er – an einer nicht mal besonders sympathischen Stelle – auf Kommando sein kleines oder großes Geschäft erledigt.

Eines Tages besuchten mich Trixi und Herr Meier. Meine Mutter, wie immer auf Futterabwechslung bedacht, vergewisserte sich zunächst, daß unser Kater nicht irgendwo auf einem Tisch oder Schrank saß und ihr vielleicht ins Genick sprang. Gleich darauf hörte ich sie in der Küche Maus Eßnapf ausräumen.

Inzwischen hatte der Nachbar ein ernstes Gesicht aufgesetzt und teilte mir mit, daß mir ein wichtiger Schritt im Leben bevorstehe, sobald ich wieder auf den Beinen sei. »Du bist fast vier Monate alt. Höchste Zeit, daß du lernst, was ein guter Jagdhund können muß! Auch wenn du klein bist, ist das kein Grund, dir nicht Manieren beizubringen, an denen du selbst den meisten Spaß haben wirst.«

»Woran soll sie Spaß haben?« fragte Herrchen, das hereingekommen war.

»An einer ordentlichen Ausbildung«, antwortete Herr Meier. »Sie werden sich wundern, wie klug diese Rasse ist!«

»Und wie stellen Sie sich das vor?« wollte Herrchen wissen.
»Wir werden zusammen ins Revier gehen. Dabei wird sich zeigen, was in ihr steckt. Natürlich sind sie nicht alle gleich begabt. Das ist wie bei den Menschen. Wir werden sehen.«
Edith brachte ein Stück Papier. »Vom Anwalt. Der hat sich aber beeilt!«
»Wegen des Hundes, der unsere Hexe überfallen hat«, erklärte sie Herrn Meier. »Sie wissen ja, daß wir bei der Polizei waren.«
Einen Augenblick lang herrschte Stille. Dann fing unser sonst so ruhiger Rudelführer an zu brüllen. »Schweinerei! Und da heißt es, wir leben in einem Land, in dem das Leben unantastbar und geschützt ist. Hört euch das an!«

Sehr geehrte Familie L.,
nach Rücksprache mit dem protokollierenden Beamten des Polizeireviers 6, dem Studium der in Frage kommenden Paragraphen und der Erkundigung in der Kanzlei des zuständigen Zivilrichters bin ich der Überzeugung, daß Ihre Klage kaum Aussicht auf Erfolg hat.
Der Täter gilt vor dem Gesetz als Sache, die geschädigte Hündin ebenfalls. Sachen können nicht regreßpflichtig gemacht werden. Eine Sache kann man nicht verletzen, sondern nur beschädigen. Es käme also nur das Delikt der Sachbeschädigung in Frage.
Hier würde der Kaufpreis Ihres Hundes zugrunde gelegt und die durch die Beißerei eingetretene Wertminderung kalkuliert. Nachdem aber offenbar ein nachhaltiger Schaden nicht zurückbleiben wird, können Sie nicht mit einem befriedigenden Urteil rechnen.
Anders wäre die Sachlage, wenn der zur Diskussion stehende Hund Sie selbst angegriffen hätte. Dann läge ein öffentliches Interesse vor, und evtl. würde sich sogar die Staatsanwaltschaft mit dem Fall befassen.
Aus diesen Gründen empfehle ich Ihnen, von einer Privatklage abzu-

sehen und erlaube mir, die mir nach der Gebührenordnung zustehenden DM 150 zu berechnen.

Mit vorzüglicher Hochachtung
Dr. Kaltmann
(Rechtsanwalt)

P.S. Im Rechtsausschuß des Parlaments wird bereits über eine Änderung der Gesetzesbestimmung beraten, nach der Haustiere als sächliche Gegenstände zu behandeln sind. Für den vorliegenden Fall hat dies aber, unabhängig vom Ausgang, keine Bedeutung.

Herrchen war so wütend, daß es den Brief hinwarf. Er segelte zu mir aufs Bett, und ich begann, ihn in kleine Stücke zu zerreißen. Denn was Herrchen dermaßen ärgerte, mit dem konnte ich kurzen Prozeß machen.
»Und was werden Sie jetzt tun?« wollte Herr Meier wissen. »Sie können doch mindestens verlangen, daß Ihnen die Arztkosten ersetzt werden.«
»Die sind nicht viel höher als die Rechtsanwaltgebühren«, antwortete Herrchen. »Außerdem ist es uns überhaupt nicht ums Geld gegangen. Wir wollten nur, daß ein Tier, das offenbar gefährlich ist, einen Maulkorb tragen muß und nicht ohne kompetente Aufsicht auf die Straße darf. Sonst passiert am Ende noch Schlimmeres.«
»Ja, ja«, stimmte Herr Meier weise zu. »Den Brunnen decken sie bekanntlich erst ab, wenn wer hineingefallen ist.« Dann rief er Trixi, die ihren Besuch bei mir zur Hausinspektion ausgedehnt hatte, und zog sich mit ihr hinter die Hecke zurück.
»Nimms nicht so schwer«, redete das Knöpfchen unserem Herrchen zu. »Hauptsache, unsere kleine Hexe ist noch einmal davongekommen.«

Doktor Gabi hatte meine Banderole entfernt und mir dafür ein paar dicke Pflaster auf den Rücken geklebt. »Die Wunden heilen gut. Trotzdem Vorsicht, wenn Sie Ihre Kleine ausführen. Ziehen Sie ihr noch kein Halsband an. Die Riemen würden die genähten Stellen wieder aufscheuern.«
Da Doktor Gabi nach einhelliger Meinung wußte, wovon sie redete, dachte sich Herrchen eine besondere Methode aus, um mit mir spazierenzugehen. An diesem Morgen hatte das Telefon geklingelt. Mein angeborenes Interesse an allem um mich herum war in den Wochen der Untätigkeit noch geschärft worden. So setzte ich mich dazu und erfuhr vor allen anderen, daß Besuch ins Haus stand.
Edith unterhielt sich mit jemand, den sie Schwester nannte, und sie fragte, ob auch das Männle mitkäme. Die Antwort mußte positiv ausgefallen sein, denn nachdem sie endlich den Hörer hingelegt hatte, tätschelte sie vergnügt meine Flanke und teilte mir mit, daß Edeltraud und Friedrich-Wilhelm kämen und wir alle zusammen einen schönen Waldspaziergang unternehmen wollten.
Schwester Edeltraud war einen Menschenkopf größer als Frauchen und sah nicht so aus, als stamme sie aus demselben Wurf. Das Männle reichte ihr gerade bis an den Hals, hatte dafür mehr Format in der Mitte und erinnerte mich an den Gummi-Labrador aus der Nachbarschaft. Beide taten sehr lieb, umarmten Frauchen, rieben Herrchen die Hände, erkundigten sich eingehend nach Omas Befinden und stürzten sich dann auf Bobbeli.
»Edeltraud und Friedrich-Wilhelm sind sehr kinderlieb«, erklärte Edith dem Kater und mir, die bei der Begrüßungszeremonie mit einem mißtrauischen Blick bedacht worden waren. Das Pelztier verdrückte sich gleich nach draußen, unbeeindruckt von der Verwandtschaft und jeder Art von

Ignoranz. Mit aufgerichtetem Schwanz und herausgedrücktem Hinterteil seine Unabhängigkeit demonstrierend.
Ich hatte diesen Grad von Souveränität noch nicht erreicht und beschwerte mich. »Geh weg!« herrschte mich das mit Bobbeli beschäftigte Männle an, und Schwester Edeltraud fragte Frauchen mißbilligend: »Hast du denn keine Angst, wenn der Hund zu nahe an dein Kind kommt?«
Edith lachte. »Warum denn? Die beiden sind doch die besten Freunde. Sorgen hat uns nur der Kater gemacht, als Bobbeli noch kleiner war. Da hat sich Mau gerne auf ihn gelegt, und das Baby hat seine Schwanzspitze als Schnuller benutzt. Einmal wäre es dabei ums Haar erstickt.«
»Na siehst du«, meinte Schwester Edeltraud, und ihre Stimme klang befriedigt. Edith schüttelte den Kopf. »Zum Kind ins Bett ist die Hexe noch nie gesprungen. Dafür legt sich unser Bub zu ihr, wann und wo immer er kann. Dackel sind genauso kinderlieb wie ihr.«
Es war kein einheitliches Rudel, das nach umständlichen Vorbereitungen in den Wald zog – vorbei an der stumm staunenden Rieke, der uns nachbellenden Spitzpudelsonstwas-Mixtur und am Ende der Straße an den gefleckten Kühen, die sich um die von Bobbeli gepflückten Löwenzahnbüschel stritten.
Damit die großen Tiere gefüttert werden konnten, mußten die kleinen vorher weichen. Herrchen hatte, eingedenk der Warnung meiner Hausärztin, die Idee gehabt, mich zum Kind ins beräderte Stühlchen zu setzen und uns beide zusammen vor sich herzuschieben.
Die ersten Schritte ging das auch recht gut; wir beide fühlten uns wohl in unserer Position, schmusten miteinander, und Bobbeli versicherte mir immer wieder, daß »Hund«

wieder »danz desund« und »der liebste Hund auf der danzen Welt« sei. Schwester Edeltraud konnte uns nicht sehen, weil sie mit Frauchen vornweg ging, und Friedrich-Wilhelm kümmerte sich um Oma, der es schwer fiel, Schritt zu halten.

Dann tauchte unser Pelztier auf und folgte uns gemächlichen Schrittes. Herrchen wies energisch in Richtung Haus, hatte damit aber keinen Erfolg. Die Zweibeiner behaupten, Dackel gehorchen nur, wenn es ihnen gerade paßt – was nach meiner Meinung eine ungerechte Verallgemeinerung ist. Für Katzen trifft das viel eher zu.

Mau dachte jedenfalls nicht daran umzukehren. Statt sich über soviel Anhänglichkeit zu freuen, wurde unser Anführer ärgerlich und versuchte, den Kater einzufangen. Was ihm natürlich nicht gelang, weil der den geplanten Zugriff jeweils rechtzeitig ahnte und davonsprang. Endlich gab Putzi auf, brummte etwas wie »Mach doch, was du willst, blöder Kerl« und übernahm wieder die Führung unserer Kalesche.

Kurze Zeit darauf drückte sich Mau an Herrchens Hinterbeine und ließ sich willig schultern, dabei triumphierend auf uns herabblickend. Bis wir bei den Kühen ankamen und Bobbeli beschloß, auszusteigen und Futter zu holen.

Mau wurde Edith übertragen, ich kurzerhand auf die Straße gesetzt, und die ganze übrige Gesellschaft begeisterte sich von da an daran, wie »das Kind« Grünzeug aus dem Boden riß und versuchte, es in die Kühe hineinzustopfen. Daß ein großer Teil davon herabfiel, ohne das Ziel zu erreichen, veranlaßte »Papi« zu guter Letzt, seinen Sprößling auf den Arm zu nehmen und ihn so in mundgerechte Höhe zu bringen.

Nun ist ein Dackel von Natur aus kein Großwildjäger, ein

gerade dem Krankenlager entronnener schon gar nicht. Aber die Versuchung war einfach zu groß. Ich fühlte mich auch längst kräftig genug, um wieder einmal selbst die Initiative zu ergreifen.
Dabei kam mir meine niedrige Straßenlage zustatten: Ich gelangte ohne Schwierigkeiten auf die andere Seite des Zauns. Sie waren alle so sehr in den Anblick der Kuhmäuler und Bobbelis kleinen Patschpfoten versunken, daß sie sich erst meiner erinnerten, als ich den beiden Kolossen zwischen die Beine fuhr und sie empfindlich bei der Futterannahme störte.
Die hektischen Rückrufe von Herrchen und der Verwandtschaft, die mich mit einem Mal zur Kenntnis nahm, beachtete ich erst, nachdem ich bewiesen hatte, daß wieder mit mir zu rechnen und mir eingefallen war, daß es auch noch andere Spielsachen gab, die nicht immer nur davonrannten. Als ich die Weide verließ – ein Stückchen oberhalb der Familie, denn man konnte nicht wissen, wie nachtragend Herrchen sich gebärden würde –, hatte Oma nach eigenen Angaben gerade mit Mühe und Not einen Herzanfall durchgestanden und Edith vor Schreck den Kater losgelassen. Der aber hatte nichts Eiligeres zu tun gehabt, als schnurstracks im Wald zu verschwinden. Eine Situation, die mir zugute kam, weil die Sorge der anderen plötzlich dem Pelztier galt und man von mir wertvolle Hinweise bei der Suche erwartete.
Mitten in den schönsten Nachforschungen, die von den Zweibeinern vom Weg aus mit lockenden Rufen, von mir dagegen genüßlich mit Kreisläufen bis ins Dickicht betrieben wurden, trafen wir auf Trixi und Herrn Meier. Dieser erbot sich sofort, zu helfen und schickte seine ausgebildete Spurensucherin los.

Es dauerte auch nicht lange, bis Trixi fündig wurde und sich ihre Suchlaute sehr schnell in der Ferne verloren – was Edith und Oma nur noch mehr um den Kater bangen ließ, während ich mir dachte, daß meine Mutter wohl kaum unseren schlauen Mau ausgemacht hatte, sondern hinter einem Hasen herlief.
Der weitere Verlauf des Tages gab mir recht. Als wir nach aufgegebener Fahndungsaktion endlich zu Hause ankamen, begrüßte uns das Pelztier vor der Gartentür, als sei in der Zwischenzeit nichts geschehen. Trixi stellte sich erst viel später ein – wenn auch früher als Herr Meier, der noch lange danach den Wald nach ihr absuchte.

*

Wenn man klein ist – zu klein, um überall hinzukommen –, muß man klettern und springen lernen. Oder andere dazu bringen, einen hochzuheben. Bobbeli machte das recht geschickt, hangelte sich entweder mit allen Vieren hoch oder streckte die Vorderläufe demjenigen entgegen, der in der Nähe war und prompt Leiter spielte.
Das Pelztier benötigte solche Hilfestellung nicht und sprang so hoch, daß man vom Zusehen melancholisch werden konnte, wenn man nicht eine so optimistische Natur gewesen wäre. Trotzdem wurde auch Mau auf den Arm genommen, über die Schulter oder um den Hals gelegt – und Oma erkannte ihm sogar heilende Kräfte zu: als wärmespendender Schal gegen ihr Rheuma.
Bei mir war das von Anfang an anders. Meine Bereiche waren stets die unteren Ebenen: Straßen, Wege, Wiesen, höch-

stens eine Bank oder ein umgelegter Baumstamm. Daheim bei der Familie dienten niedrige Polstermöbel, Betten und – wenn der Tisch gedeckt war – auch gelegentlich ein freier Stuhl oder ein bereiter Schoß meiner vorübergehenden Erhebung.

Gleich am Anfang hatte derjenige, den Edith lachend den »Chef der Meute« und »unseren Leithund« nannte, das Verbot ausgesprochen, mich überhaupt hochzuheben. »Ihr könntet ihm weh tun, wenn ihr in nicht richtig anfaßt!« (Selbst Herrchen sprach meist vom »Hund« und »ihm«, ohne auf mein wahres Geschlecht Rücksicht zu nehmen, was bei den Zweibeinern im Umgang mit uns jedoch üblich zu sein scheint.)
Nachdem ich kein Hundebaby mehr war, sondern schon ein junger »Hund«, nahm man es mit dem Anfassen nicht mehr so genau. Der »Chef« beugte sich sowieso lieber zu

mir herunter, um mir auf meinem Niveau zu begegnen, weil das angeblich das Vertrauen zueinander kräftigte. Bobbeli war gerade stark genug, um mich an den Ohren soweit zu liften, daß ich mich noch auf die Hinterpfoten stützen konnte. Bei vereinzelten Anstrengungen, es am Schwanz zu versuchen, behalf ich mich mit den Vorderläufen.

Oma hatte etwas mehr Kraft. Sie entschied sich dafür, mich an der Brust zu packen und den Rest hinterherzuziehen, was erträglich, wenn auch nicht besonders angenehm war. Als sich mein Gewicht verdoppelte, wurden ihr die sechs Pfund schließlich zu schwer, und sie half nur noch nach, wenn ich zu ihr in den Schaukelstuhl sprang.

Frauchen hatte zwei Methoden – eine, die Putzi als vorschriftsmäßig anerkannte, und eine, die meinen Beifall fand. Manchmal unterfaßte sie mich mit beiden Händen vorn und hinten und hob mich auf wie eine Torte, die nicht gekippt werden durfte. Noch besser gefiel es uns beiden freilich, wenn sie einen Arm der Länge nach unter den langgestreckten Dackel legte und mich auf die Schulter lud, den zweiten Arm als Schmusestütze angedrückt.

In dieser Zeit stellte sich heraus, daß sich auch Leithunde, die sich für sehr schlau halten, irren können. Der Holzzaun um unseren Garten war sicher nicht angebracht worden, um schlanke Dackel am Durchschlupf zu hindern. Darum konnte ich dann und wann einen Ausflug auf die andere Seite der Straße unternehmen. Die Wiese dort bot einigen Mäusevölkern beinahe ungestörten Unterschlupf. Ich empfand sie als hervorragendes Übungsfeld für Instinkt und Reaktion – dazu noch völlig ohne Risiko, denn auch sie war eingezäunt und für große Untiere versperrt.

Dieses Mal wurde ich schon bald von der Mäusejagd abgelenkt. Einem unwiderstehlichen Duft nachgehend, gelangte ich zu einer Stelle, an der es faszinierend roch. Ohne zu zögern, ließ ich mich fallen, badete in der Aromaquelle, drückte vor allem beide Ohren hinein und vertilgte das übrige mit wohligem Behagen. Danach machte ich mich stolz auf den Heimweg.

Ich hatte wieder Glück. Die Tür zur Küche stand offen. Frauchen war damit beschäftigt, würzige Kräuter zu schneiden und bereit, meiner Aufforderung, an mir zu riechen, nachzukommen. Kaum hatte sie mich jedoch im Arm, ließ sie mich mit einem Schreckensruf wieder fallen.

»Ach du lieber Gott, wo kommst du denn her? Du stinkst ja wie eine alte Käsefabrik!« Woraufhin sie mich auf ausgestreckten Händen ins Badezimmer schleppte, die Wanne mit viel zu viel Wasser füllte, mich hineinsetzte und in eine Schaumwurst verwandelte.

Enttäuscht über so viel Unverständnis wartete ich auf das Ende der Prozedur, an dem der ganze wundervolle Duft weggewaschen war. Wohlwissend, daß unsereins gegen entschlossene menschliche Gewalt wenig ausrichten kann, wenn wir nicht zum äußersten Mittel greifen. Doch Frauchen zu beißen, fiel mir nicht ein, war es doch sonst der liebste Kerl auf der Welt.

Der Hausherr, später über den Vorfall ins Bild gesetzt, zeigte sich ebenfalls wenig geneigt, meiner Vorliebe den richtigen Geschmack abzugewinnen. Er gebot seinem Knöpfchen, in Zukunft jede Art Ausflug zu unterbinden, damit ich dieser Untugend nicht noch einmal frönen könne. Es gehe ja nicht nur um den Gestank und die Arbeit hinterher, sondern auch um meinen Geruchssinn, der durch den Käse erheblich geschmälert, wenn nicht völlig verdorben werde.

Am Ende sah die Sache aber wieder anders aus. Als meine Adoptiveltern Nachbar Meier davon erzählten, reagierte der nämlich nicht so wie erwartet.
»Unsinn! Käse ist sogar gut für den Hund. Wir reiben unserer Trixi oft ein kleines Stück übers Futter. Es regt den Appetit an und hilft bei der Verdauung – wie beim Menschen. Glauben Sie nur nicht das Märchen vom geschädigten Geruchssinn.«
Und weil Herrchen und Frauchen Herrn Meiers Hundeverstand akzeptierten, hatte mein Futter seitdem einen neuen Akzent. An die durchdringende Intensität des auf freiem Feld aufgenommenen Genußmittels reichte der frische Käse leider nicht heran.

*

»Das war eine feine Reparatur«, schmunzelte der Nachbar und betrachtete meinen Rücken. »Du bist wie neu. Morgen fahren wir ins Revier.«
Es hörte sich an, als sei ein zerbrochener Stuhl geleimt worden, aber ich nahm es Herrn Meier nicht übel. Er hatte eben eine eigene Sprache und wollte mich bestimmt nicht herabsetzen. Außerdem verdankte ich ihm den Käse. Und hatte er nicht versprochen, daß sein Vorhaben Spaß machen würde?
Wir schüttelten im Geländewagen Herrn Meiers Revier entgegen. Dorthin, wo er Wald, Feld und Flur bejagen durfte, was ihn an die zehntausend Mark im Jahr an Pacht und viel Ärger mit den Bauern kostete, wie er Herrchen erzählte. Denn die Hasen, Rehe, Dachse und Wildschweine, für die

er verantwortlich war, hatten eine Vorliebe für Kartoffeln, Mais und andere Früchte – und einen ausgezeichneten Riecher dafür, wann und wo sie gefahrlos einbrechen konnten.
Vor allem die Sauen machten unserem Gastgeber zu schaffen. Sie störten sich nicht daran, daß er den Mais regelmäßig verstänkerte. Die Elektrozäune, mit denen er sie fernhalten wollte, unterliefen sie oder walzten sie um. Und wenn er mit seiner Büchse gelegentlich eine von ihnen erwischte, so fiel das bei ihrer Zahl (und ihrem Appetit) kaum ins Gewicht.
Wir hielten am Rand eines Maisfeldes, in dem in der Nacht zuvor eine Saueninvasion stattgefunden hatte und das unser Nachbar mit Putzis Hilfe vor weiteren Zugriffen schützen wollte. Herr Meier holte mehrere Rollen Draht aus dem Wagen, dazu Eisenstangen und Hammer. Herrchen durfte den Draht ziehen, und Herr Meier begann, die Eisenstangen in gewissen Abständen in die Erde zu schlagen und den Draht daran zu befestigen.
Trixi wurde befohlen, bei Fuß nebenher zu laufen, mir bedeutet, es ihr gleichzutun. Trixi hielt sich keinen Moment damit auf, sondern verschwand sogleich im Mais. Selbstverständlich folgte ich ihr. Putzi rief hinter mir her, ich sollte zurückkommen. Trixis Herrchen strengte sich erst gar nicht an, sie zur Umkehr zu bewegen.
Ich glaube, Frauchen hatte recht, als es meinte, Meiers hielten sich ihren Dackel eigentlich gar nicht für die Jagd, sondern als Kindersatz. Und Herr Meier sei auch gar kein schießwütiger Jäger, sondern jemand, der sich im Revier zu schaffen mache, weil er sonst nichts mit seiner Zeit anzufangen wisse.
Ich zögerte, wollte eigentlich der Stimme meines Herrn fol-

gen, entschied mich dann aber, als sie schwieg, meinem natürlichen Impuls nachzugeben. Wir durchstöberten das helle Maismeer, die Nase fast im Boden, die restliche Welt vergessend. Plötzlich verharrte Trixi, schnüffelte aufgeregt, witterte noch einmal und lief, hechelnde Laute ausstoßend, so schnell los, daß ich kaum mitkam.
Mitten im Feld fanden wir eine Stelle, in der das Maisrohr heruntergebrochen, die Kolben ausgebissen waren. Auf der gegenüberliegenden Seite tönte das empörte Oink, Oink der Rotte, die hier gehaust hatte und jetzt davonstürmte. Trixi, die mehr Erfahrung hatte als ich, erwischte einen Nachzügler gerade noch am Hinterteil, wurde jedoch zurückgeschleudert. Kurz darauf verschwand die ganze Bande im angrenzenden Wald.
In dieser Situation besann ich mich darauf, daß in fremdem Gelände der eigene Leithund immer noch der beste Anhaltspunkt ist, überließ die Jagd dem erfahrenen Jäger und machte mich daran, meiner Hauptstreitmacht entgegenzulaufen. Die rannte auch nicht lange danach auf mich zu – Herr Meier mit einem Gewehr vornweg, Putzi (ohne Drahtrolle) hinterher. Letzterer sichtbar erleichtert, mich unversehrt zu sehen.
Während der Verantwortliche für alles Getier im Revier weiterstürmte, hockte sich mein Leithund, mit mir um die Wette keuchend, zu mir auf die Erde und fragte: »Hast du jetzt vielleicht schon genug Spaß gehabt?« Ich blieb die Antwort schuldig, entspannte mich erst mal und genoß es, von Herrchen am Bauch gestreichelt und für meine angenommene Einsicht gelobt zu werden.
Als Herr Meier zurückkam – ohne seine vierbeinige Begleitung und ohne zum Schuß gekommen zu sein –, warf er mir einen nachdenklichen Blick zu und meinte: »Du bist

aber anhänglich. Trixi ist nicht zu halten, wenn sie eine Spur aufgenommen hat.«
»Ja«, sagte Putzi, »sie ist halt ein echter Jagdhund und unsere Hexe nicht.«
»Warten wir's ab«, lachte Herr Meier. »Vielleicht hat Ihre auch mehr Verstand als mein verrücktes Frauenzimmer, dem ich einfach keine Disziplin beibringen kann. Kommen Sie, machen wir weiter. Sie wird schon wieder auftauchen, wenn sie sich abgehetzt und eingesehen hat, daß sie allein nichts ausrichten kann.«
Die beiden hatten den Draht längst gespannt, als sich Trixi wieder einstellte, mit heraushängender Zunge nach Wasser lechzte und sich zu uns legte. Die Warnung, auf keinen Fall den Draht zu berühren, schien sie nicht zu interessieren. Auch ich verstand nicht, warum wir uns daran stören sollten, daß der Zaun unter Strom stand. Wir waren beide nicht groß genug, um an ihn heranzukommen, wenn wir nicht Männchen machten.
Ein Vorteil, der allerdings auch kleinen Wildschweinen zugute kam.

*

Eigentlich hatte ich geglaubt, die Jagd sei aus. Unser Anführer hatte aber andere Pläne. »Erst die Arbeit, dann das Vergnügen!« erklärte er und komplimentierte uns in sein Vehikel.
Wir fuhren zu einer besonders großen Kanzel im Revier, wo Putzi aufgefordert wurde, es sich bequem zu machen und alles weitere dem zu überlassen, der meine Fortbildung

übernommen hatte. Der Dackelexperte leinte mich an, sagte »Sitz« und noch einige Male »Sitz« und drückte dazu mein Hinterteil hinunter, bis es mir lästig wurde und ich mich hinlegte, um Ruhe zu haben. Dafür wurde ich mit einem Stück Hundekuchen belohnt, Herr Meier band die Leine los und entfernte sich eiligen Schrittes. Wahrscheinlich war er der Meinung, daß mein Beharren am Platz ein Zeichen von Verständnis und Gehorsam sei. Ich hatte aber einfach keine Lust, ihm zu folgen. Schließlich war er nicht mein Herrchen, und wo käme unsereins hin, wenn wir hinter jedem Fremden herlaufen würden – selbst wenn er ein Nachbar ist.

»Komm her!« rief Herr Meier und legte sich selbst hin, um sich für mich attraktiv zu machen.

»Lauf schon hin«, redete Putzi mir leise zu. Sicher deswegen, weil ich einen guten Eindruck machen und Herr Meier nicht enttäuscht werden sollte. So tat ich den beiden halt den Gefallen und holte mir das zweite Stück Hundekuchen ab.

»Sehr gut!« lobte mein Lehrer. »Du hast gute Anlagen.« Womit er meine Leine aufnahm und mich zu Herrchen zurückführte.

»Halten Sie sie, wir wollen sehen, ob sie schußfest ist!«

Ich spürte, wie Putzi erschrak und Entsetzliches befürchtete. Doch bewahrte er Haltung und erfüllte den Wunsch – sprungbereit, um einzugreifen, falls es nötig werden sollte. Der andere war wieder weggelaufen, hob in einiger Entfernung die Flinte und knallte in den Himmel.

Interessiert beobachtete ich, wie er sich uns von neuem näherte und die Prozedur wiederholte. Dieses Mal war der Lärm erheblich lauter und wirkte auf einen ruheliebenden Hund ausgesprochen störend. Da ich jedoch angebunden war, konnte ich mein Mißfallen nur begrenzt ausdrücken.

Ich war gerade dabei, mich zu beruhigen, da stand mein selbsternannter Trainer direkt vor mir und entlud seine Büchse zum dritten Mal. Mir dröhnten die Ohren, Herrchen ließ erschrocken die Leine los, und ich vergaß, erbost über soviel Rücksichtslosigkeit, meine friedliche Gesinnung.
Nachdem Putzi meiner wieder Herr geworden war und Herr Meier seine Kleider geordnet hatte, erging – ein wenig konsterniert, jedoch mit einer gewissen Befriedigung – das Urteil: »Schußfest ist sie also auch. Wer so wütend wird, hat keine Angst. Guter Hund. Für die Jagd hervorragend geeignet, wenn ich ihm erstmal alles beigebracht hab!«
Das dritte Stück Hundekuchen nahm ich daraufhin besänftigt entgegen.
»Sie soll aber gar keine Jagdhündin werden«, wiederholte Putzi und nahm mich demonstrativ zu sich auf den Schoß. Was Trixi, die die ganze Zeit über vergeblich versucht hatte, Aufmerksamkeit zu erregen, nicht ertrug. Mit einem Satz landete sie neben mir, drängte mich zur Seite und begann, Herrchens Gesicht zu lecken.
»Siehst du, verrücktes Frauenzimmer«, sagte Herr Meier und deutete auf mich. »Das ist ein gelehriger Kerl. Nicht so eigensinnig wie du!« Dann wies er auf die Kanzel über uns. »Und jetzt kommt das Vergnügen. Von dort aus werden wir das Wild beobachten.« Er holte seinen Rucksack aus dem Wagen, steckte Trixi und mich, ohne uns zu fragen, hinein, band ihn so zu, daß gerade noch unsere Köpfe herausguckten und stieg mit uns die Leiter hinauf. Herrchen folgte notgedrungen.
Die Hütte auf Stelzen bot uns vier reichlich Platz, vor allem gute Aussicht auf den nahen Wald und die angrenzenden Äcker. Der Rucksack samt Inhalt war zunächst auf dem

Boden gelandet, auf unseren Protest hin dann aber geleert worden. Das Brett am Fenster hielt weitaus interessantere Perspektiven bereit, wenn es an dieser Stelle auch mehr zog.

»Schade, daß wir keinen Vollmond haben«, bedauerte unser Führer mit gedämpfter Stimme, »sonst könnten wir die Nacht über bleiben. So können wir nur die Dämmerung nutzen, für die das Nachtfernrohr noch ausreicht.«
»Ja, schade«, murmelte Putzi, und nur, wer ihn so gut kannte wie ich, merkte, daß sich sein Bedauern in Grenzen hielt. »Wäre es nicht besser gewesen, wir hätten uns auf den Hochstand neben dem Maisfeld gesetzt, in dem die Wildschweine waren?«
»I wo, die kommen nicht so schnell dorthin zurück, wo sie gestört worden sind«, antwortete der erfahrene Jäger. »Außerdem haben wir ja den Zaun gezogen.« Danach wurde uns bedeutet, den Mund zu halten und aufzupassen, da-

mit wir das Wild nicht verpaßten, das um diese Zeit aus dem Wald heraustrete.
Es sollte an diesem Abend damit aber nichts mehr werden. Denn gerade, als Herr Meier das Fernrohr absetzte und Putzi hinhielt, damit der ausmachen konnte, was sich zu unseren Füßen bewegte, gab Trixi zu erkennen, daß sie hinabgetragen zu werden wünschte, um ein Geschäft zu erledigen. Herr Meier machte sich mit einem bösen Wort Luft und fügte dann grimmig hinzu: »Da erleben Sie mal selbst, daß es in der Jägerei immer wieder anders kommt, als man denkt.« Womit die Expedition für diesen Tag endgültig beendet war.
Er sollte mit dieser resignierenden Bemerkung übrigens auch in anderer Hinsicht recht behalten. Am nächsten Tag fuhr er nämlich noch einmal allein ins Revier. Nach der Rückkehr berichtete ein durch und durch frustierter Jagdpächter, daß die Sauen entgegen seiner Erwartung doch noch einmal ins angefressene Maisfeld zurückgezogen seien und dieses Mal ungestört ganze Arbeit geleistet hätten.

*

Ein glücklicher Hund lebt im Rudel, vier- oder zweibeinig. Je größer die Familie, desto besser. Notfalls begnügen wir uns zwar mit einem Begleiter und sind zufrieden, wenn er uns seine ganze Liebe gibt. Aber in der Meute mit gesunder Rangordnung fühlt man sich doch am wohlsten.
Wie armselig sind diejenigen dran, die – ob viele oder wenige um sie herum sind – allein bleiben, weil sich keiner be-

sonders um sie kümmert. Sie haben niemanden, an dem sie sich orientieren können, und meist auch keine Chance, woanders neu anzufangen. Sie vereinsamen, und meistens nehmen sie ein trauriges Ende.

Auch ein rechter Dackel ist von seiner Veranlagung her ein Gesellschaftswesen. Er stellt sich, von individuellen Antipathien abgesehen, am liebsten mit allen gut. In entscheidenden Situationen richten wir uns jedoch nach denjenigen, die wir als Vorbild anerkennen, zum Beispiel Herrchen oder Frauchen. Sind beide gleich stark, streuen wir unsere Aufmerksamkeit so, wie es der Atmosphäre am besten bekommt. Wir Dackel sind nämlich ungeachtet unseres Rufs Meister in scheinbaren Kompromissen.

In unserer Familie war die Hierarchie von Anfang an unstrittig. Putzi und Edith teilten sich die Führung, und da es zwischen den beiden keinen Streit darüber gab, wer mehr zu sagen hatte, mußte ich mich nie gegen einen von ihnen entscheiden. Was einer sagte, galt für uns drei – und fast immer auch für Oma und Bobbeli. Sogar der Kater richtete sich gelegentlich danach.

Einen schien es allerdings noch irgendwo zu geben, der außerhalb der Rangordnung stand und trotzdem zur Familie gehörte. Ich war ihm noch nicht begegnet, hörte aber zuweilen, wie man sich über ihn unterhielt oder mit ihm telefonierte. So wie sie redeten, mußte es sich um ein höhergestelltes Zweibein handeln.

Meinen Speiseplan bestimmte Frauchen. Es hatte sich ein Buch besorgt, in dem alles Futter aufgezählt war, das aus mir einen Qualitätshund machen sollte. Die schmackhaften Suppen, Nudeln, Brei, Pudding, Milch und sonstige ohne Anstrengung zu schleckende süße Menüs, die Bob-

beli zuteil wurden und an denen ich zunächst partizipierte, wurden mir daraufhin entzogen.
Frauchen hatte nämlich gelesen, daß Welpen und junge Hunde davon angeblich Würmer und Rachitis bekämen und zu Kümmerlingen würden. Daß sie mir dafür kleingehacktes rohes Fleisch, gedünsteten Fisch und dann und wann ein aufgeschlagenes Ei vorsetzte, war ja noch in meinem Sinn. Leider bestand sie aber auch auf allerlei Rohkost, auf die ich gern verzichtet hätte: ungekochte Haferflocken, Rüben, Salat, Spinat und Obst. Dabei völlig außer acht lassend, daß unsereiner von Haus aus Raubtier und kein Vegetarier ist.
Nicht einmal einen anständigen Knochen bekam ich mehr zwischen die Zähne, weil der zu lebensgefährlicher Verstopfung führen könnte. »Wenn du groß bist, kauf ich dir einen«, versprach sie, nachdem sie mir ein Prachtexemplar, das ich auf der Straße gefunden und nichtsahnend apportiert hatte, abgenommen hatte. »Was gut schmeckt, ist noch lange nicht gesund!« wurde mir bedeutet, war aber kein genügender Trost. Statt dessen bekam ich von da an auch noch Knochenmehl übers Essen gestreut.
Zum Glück gab es, wie gesagt, in unserer Familie noch einen zweiten Leithund. Herrchen billigte offiziell zwar Ediths Maßnahmen zugunsten ihres vierbeinigen Nachwuchses. Heimlich besorgte es jedoch so manches ungesunde, aber wunderbar mundende Zubrot: ein Stückchen Schokolade oder Kuchen, eine deftige Wurst und sogar, wenn Gelegenheit dazu war, den heimlich in Sicherheit gebrachten Rest eines Koteletts.
»Du wirst schon nicht daran sterben!« beruhigte Putzi wohl mehr sich als mich. Denn kein gesunder Hund hat je gezögert, ein saftiges Stück Fleisch anzunehmen, an dem noch

ein Knochen hängt – aus Angst, er könnte davon krank werden.
Noch größere Angst hatte Riekes dicker Aufseher. Nachdem die Familie erfuhr, daß er kein Geld hatte, um seiner großen Hündin außer Einheitstrockenfutter aus dem Sack all die guten Dinge zu servieren, die bei uns übrigblieben, ließen wir unser gutes Herz sprechen. Ohne daß es Riekes gewichtiger Herr zunächst wahrnahm, luden wir regelmäßig Nudeln, Kartoffeln, Klöße, Gemüse und Fleisch in eine Schüssel und brachten sie ins Notstandsgebiet.
Rieke brauchte nicht lange, um die Zeit herauszufinden, zu der die Extramahlzeit herbeigeschleppt wurde. Von da an wartete sie bereits und verschlang unsere Überschüsse, die Vorderpfoten auf dem Zaun und ohne alle Scheu, als habe sie tagelang nichts mehr zu essen bekommen. Schließlich wurde sie so zutraulich, daß sie einzelne Happen aus Herrchens Fingern nahm und mich durch die Holzlatten hindurch fordernd anstieß, wenn sich die Familie mit dem Auftragen des Menüs einmal verspätete.
Eines Abends klingelte es. Draußen stand der dicke Nachbar und verbat sich freundlich, aber bestimmt, daß wir seiner Rieke weiterhin die Verdauung durcheinanderbrächten. Sie habe gerade wieder Durchfall gehabt – und zwar im Wohnzimmer. Worauf Herrchen nichts anderes übrigblieb, als das gewünschte Versprechen abzugeben und sich zurückzuhalten. Nachdem Rieke danach ein paar Mal umsonst gewartet hatte, nahm sie die frühere Scheu wieder an.
Nun war Herrchen aber keiner, der so leicht aufgab. Was auf die eine Art nicht möglich war, konnte man ja auch anders versuchen. Und immer dann, wenn ich mich standhaft weigerte, die mir von Frauchen zugedachte gesunde Diät

zu mir zu nehmen, und deswegen Ärger drohte, erbarmte sich Putzi meiner.
Ohne daß Edith und der auf die solide Verdauung seiner Hündin bedachte Nachbar etwas ahnten, packte er die von mir verschmähte Diät in eine Papierserviette und entlud sie beim offiziellen »Verdauungsspaziergang« jenseits der Straße hinter den Zaun. Kontrollen ergaben, daß die Liebesgaben schon bald darauf verschwunden waren. Ein Hund, der keine Abwechslung in seinem Futter kennt, ist sogar für Rohkost dankbar.

*

Immer wenn die Führungskräfte weg waren, geriet die Rangordnung in der Familie durcheinander. Nominell hatte dann zwar die Älteste das Sagen, doch störte das keinen von uns Kleineren. Zumal meist die Türen offenstanden und es bei der dadurch möglichen Fluktuation selbst für jemand, der schneller auf den Beinen war als Oma, schwierig war, die Übersicht zu behalten.
An einem Morgen, an dem der Wind das Laub von den Bäumen blies, spielten wir im Garten. Kind hatte entdeckt, daß es besonders viel Spaß machte, Blätter zu fangen, ehe sie unten bei uns angekommen waren. Ich assistierte dabei und half, meinen Spielgefährten wieder auf die Beine zu stellen, wenn er die Balance verloren hatte. Mau sah interessiert zu, da sich weder Amsel noch Eichkatze, seine liebsten Unterhaltungsobjekte, blicken ließen. Der Himmel war grau und verdunkelte sich rasch.
Plötzlich begann es wie aus Kübeln zu schütten. Bevor wir

die Küchentür erreichten, unseren gewöhnlichen Zugang zum Haus, waren wir alle drei bis auf die Haut naß. Die Tür war geschlossen. Ich lief nach vorn zum Haupteingang, kam aber auch dort nicht weiter. Oma hatte wohl alles dicht gemacht, um sich vor dem Gewitter zu schützen. Schließlich hockten wir uns unters Schlafzimmerfenster, weil dort noch der wenigste Regen hinkam, und drückten uns aneinander, damit jeder jedem noch ein bißchen Wärme geben konnte. Nach einer Weile hörten wir Oma rufen. Sie hatte sich also doch an uns erinnert. Als sie uns hineinließ, weinte das Bobbeli, der Kater sprang schnurstracks auf den erstbesten Heizkörper, und ich lief zum Familienbett, wo ich mich zwischen zwei Kissen verkroch – nachdem ich mich vorher gründlich ausgeschüttelt hatte.
Draußen hörte ich Oma Bobbeli beruhigen und jammern: »Ach Gottchen nein, werd mir nur nicht krank! Was werden deine Eltern mir erzählen, wenn du krank wirst!« Aus den folgenden Geräuschen schloß ich, daß sie Vorbeugungsmittel gegen Erkältung aller Art präparierte: Hühnersuppe fürs Kind und warme Milch, die Mau von der Heizung herunterlockte. Aktivitäten, die meine Neugier weckten und mich in die Küche trieben – wo Oma mir zunächst in die Rippen trat, weil sie mich nicht gehört hatte. Eine schmerzhafte Erfahrung, die unsere Dienstälteste verzweifelt ausrufen ließ: »O mein armes Viecherl, heut geht aber auch alles schief!« Danach teilte sie ihr Mittagessen mit mir.
Ich hatte noch keinen Krautwickel versucht, denn Frauchen hatte auch gegen Kohl als Hundefutter ein Vorurteil, fand aber schnell heraus, daß es sich dafür gelohnt hatte, durchnäßt, ausgesperrt und getreten zu werden. Krautwickel schmecken himmlisch – vor allem, wenn man unbegrenzte

Mengen verschlingen kann, weil dem Tischpartner der Appetit vergangen ist.
Zu guter Letzt wurde ich wieder ins Bett getragen und in ein Frottiertuch gerollt. Daß die Kissenfedern längst die meiste Nässe absorbiert hatten, fiel Oma in ihrem Eifer nicht auf. Sie muß aber auch ziemlich durcheinander gewesen sein und vor allem um Bobbeli Angst gehabt haben, denn als Frauchen und Herrchen heimkamen, saß sie immer noch an seinem Bett, und beide schliefen. Was weiter nicht schlimm gewesen wäre, wenn mir die Krautwickel inzwischen nicht zu schaffen gemacht hätten.
Blähungen sind für niemand angenehm, egal auf wieviel Beinen er steht. Wenn man kann, entledigt man sich ihrer und fühlt sich erleichtert – meist nur vorübergehend, denn sie haben die Eigenschaft wiederzukommen. Ich wurde jedenfalls nicht so mit ihnen fertig, wie ich und meine Familie es sich gewünscht hätten.
Mit dem Ergebnis mußte Putzi sich auseinandersetzen, nachdem er meinen Lager-Raum betreten, gewittert, sich entsetzt an die Nase gegriffen und zur Terrassentür gerannt war, um sie aufzureißen. Übereilt, wie er hinterher selbst zugab. Denn hätte er besser aufgepaßt, wäre ihm die Masse halb verwandelter Krautwickel am Boden vor der Tür nicht entgangen, und er wäre nicht hineingetreten.
Daß er ein gewisses Verständnis für meine Ausnahmesituation aufbrachte, spricht für seine Intelligenz – oder auch für seine Toleranz. Aus Omas Erzählung muß ihm die Erkenntnis gekommen sein, daß man nicht selbst wie eine Roulade eingewickelt sein darf, hat man sich schlicht überfressen, und man will noch rechtzeitig dorthin, wo man das fürchterliche Zwicken ohne Skrupel loswerden darf.

*

Ein Dackel, der nicht gern mit der Person seines Vertrauens an einer Leine zieht, hatte wahrscheinlich als Welpe keine Gelegenheit, die damit verbundenen Freuden zu erfahren. Wer von uns dagegen Menschen sein eigen nennt, die auf unsere – und ihre – Figur achten, ist an das Glücksgefühl gewöhnt, das der gemeinsame Weg nach dem Essen oder vor dem Schlafengehen Herr und Hund vermittelt.
Nichts verbindet uns mehr mit Frauchen und Herrchen, als ein Spaziergang bei Sonnenschein, Wind und Wetter. Vorbei an Zaunpfählen, Baumstämmen und Mauerecken, an denen wir Botschaften von denjenigen entgegennehmen, die vor uns dort gewesen sind und Nachrichten an die hinterlassen, die nach uns kommen. Hier zeigt sich am deutlichsten, wieviel unsere Vorgesetzten wirklich für uns übrig haben: je größer die Geduld, desto tiefer die Zuneigung!
Wenn man das rechte Verhältnis zueinander hat, zerrt keiner den anderen herum, auch nicht, wenn es scheinbar einen Anlaß dafür gibt. Nichteingezäunte Blumenbeete, unsympathische Passanten und gefährliche Straßenkreuzungen sind kein Grund, Schleifspuren eines frustrierten Hundes zu hinterlassen. Schickt sich unsereiner an, ein Blumenbeet aufzusuchen, erklärt man ihm, daß die Blumen möglicherweise gegen die Düngung gar nichts einzuwenden hätten, wohl aber ihre Besitzer. Sieht man jemanden von weitem, den das Familienoberhaupt nicht ausstehen kann, schlägt man rechtzeitig einen Bogen, um zu vermeiden, daß der Funke der Abneigung beim direkten Aufeinandertreffen auf den Hund überspringt.
Machen zu viele und zu schnelle Verkehrsteilnehmer auf Rädern das gemächliche Überqueren der Straße unmöglich, so reagiere man ebenso gelassen. In allen Fällen nehme man seinen vierbeinigen Kameraden liebevoll auf oder un-

ter den Arm und entferne sich gemessenen Schrittes. Auch die am extremsten gespannte Leine bringt keine besseren Ergebnisse, erregt nur mehr Aufsehen und untergräbt die gegenseitige Achtung.

In unser Paradies kamen immer wieder Fremde, die sich von der schönen Gegend und dem guten Essen in den Wirtschaften Erholung vom Stadtleben versprachen. Einige waren allein, manche hatten ihre eigenen Jungen, ein paar ihren beschwänzten Anhang dabei, damit die sich einmal so richtig austoben konnten.

Frauchen und ich begegneten ihnen öfters auf der Landstraße, auf Waldwegen und an Wiesenrändern. Hatte ich Herrchen am anderen Ende der Leine, geschah dies seltener, weil wir meistens erst spätabends loszogen und Strekken mieden, die von fremden Meuten belaufen wurden. Am Wochenende aber, wenn der Drang in die Natur bei anderen Leuten am stärksten ist, blieben wir auf unserem eigenen idyllischen Terrain und kümmerten uns um Familienangelegenheiten.

Die Horde, die sich auf der Bank vor der Brombeerhecke breitgemacht hatte, an der Edith sonst die Leine schleifen ließ und wir uns ausruhten, bestand aus Zweibeinern im Flegelalter. Wir hatten sie schon von weitem gehört. Sie schienen zu jener Sorte zu gehören, die um so lauter wird, je ausgelassener ihre Stimmung ist.

»Bleib ruhig«, mahnte Edith, die zwar meine Antipathie gegen lärmende Zeitgenossen kannte, aber wahrscheinlich doch mit meiner Folgsamkeit rechnete – sonst wäre sie umgekehrt oder hätte den Unruheherd wenigstens umgangen.

»Schaut euch die halbe Portion an«, rief einer der Wegelagerer, als wir auf gleicher Höhe waren. »He, du Restposten, warst wohl mal so was wie 'n Hund und hast in essigsaurer Tonerde gebadet!« Die Bande grölte vor Vergnügen. Knöpfchen wollte mich mit sanfter Gewalt weiterziehen, hatte aber die Mentalität derer nicht einkalkuliert, die sich im Rudel stark fühlten. Einige von ihnen bauten sich vor uns auf.

»Bitte, lassen Sie uns vorbei«, bat meine Begleiterin und wollte ausweichen, wurde aber am Arm festgehalten, während der Mutigste mich am Genick griff und hochhob, um mich seinen Genossen hinzuhalten.

Nun verbietet einem Dackel zwar schon seine Statur, sich auf eine Konfrontation mit jemand einzulassen, der ihm an Größe, Gewicht und Skrupellosigkeit überlegen ist. Das sollte aber niemand zu dem Trugschluß verleiten, daß wir um jeden Preis den Schwanz einklemmen, wenn man uns auf perfide Weise ärgert, uns in die Ecke drückt oder gar ein Familienmitglied bedroht. Dann stellt sich schnell heraus, daß auch ein kleiner Hund ein Kämpferherz besitzen und sich wehren kann.

Dem, der mir mit seiner grinsenden Fratze am nächsten kam, biß ich ohne warnendes Knurren in die Nase, dem, der mich festhielt, in die zweite Pfote. Und da mich Frauchen im Tumult freigegeben hatte, wählte ich unten auch noch das nächste Bein. Im Nu hatte ich uns Luft verschafft, drei von ihnen direkt ausgeschaltet und den restlichen soviel Respekt eingeflößt, daß wir ungehindert den Rückzug antreten konnten.

Solange wir noch in Sichtweite der Rotte waren, verhielten wir uns wie normale Wanderer. Hinter der ersten Biegung fing unser Weibchen dann zu rennen an, wie ich es noch niemals erlebt hatte. Gleichzeitig schlugen wir uns in die Büsche, liefen noch ein ziemliches Stück und versteckten

uns schließlich unter einem Baum mit tief herabhängenden Ästen.
Edith holte Atem. »Hier bleiben wir eine Weile. Wenn sie sich von dem Schreck erholt haben und uns suchen sollten, werden sie uns hier nicht finden!« Wir machten es uns so bequem wie möglich und hielten in der folgenden Stunde den Mund, denn im stillen Wald hört man auch leise Stimmen viel deutlicher als dort, wo mehr Geräusche sind.
Erst am Abend liefen wir auf Umwegen heim. Ich trank eine ganze Schüssel Wasser leer, denn Aufregung macht durstig. Der Oberhund, der schon eine Vermißtenanzeige hatte aufgeben wollen, war von meiner Leistung so beeindruckt, daß er mir eine Rippe Schokolade überreichte, ohne daß Edith dagegen Einspruch erhob. Was bewies, daß unsereiner am Ende eben doch bessere Nerven hat!

*

Eines Morgens wollte es nicht Tag werden, und die halbe Familie schlief noch, als Mau und ich zur gewohnten Zeit hinaus wollten. Putzi war früh weggefahren und hatte mir seine Bettseite überlassen. Ich rückte auf und stieß meine beste Freundin vorsichtig an, legte, als die gewünschte Reaktion ausblieb, zuerst eine Pfote, dann mich selbst auf sie und küßte sie wach.
»Ach du meine Güte«, entschuldigte sich die Bettgefährtin, nachdem sie sich abgewischt hatte, »ich hab doch tatsächlich verschlafen.« Dabei war sie es, die sonst als erste aufstand und mich daran erinnerte, daß es Zeit wurde für die Morgentoilette.

Die hatte das Pelztier bereits hinter sich, wie der Duft aus seinem Sandkasten anzeigte. So konnte Mau es sich leisten, angewidert den Kopf zurückzuziehen, als uns der Weg freigegeben wurde. Uns blies ein kalter Wind entgegen, und dort, wo gestern noch Sonne und blauer Himmel waren, zogen graue Wolkenfetzen. Wenn ich in letzter Zeit nicht so viele Haare verloren hätte und mir dafür ein dichteres Fell nachgewachsen wäre, hätte ich gefroren.
»Ich glaube, wir kriegen Schnee!« sagte Edith und ließ die Tür hinter mir einen Spaltbreit offen, damit ich nach dem Besuch meiner Gartenecke wieder ins Haus konnte. Denn wenn man mir auch manche Köstlichkeit des Familienfrühstücks aus den bekannten Gründen vorenthielt, so legte ich doch Wert auf eine Pro-forma-Teilnahme.
Dieses Mal galt die allgemeine Aufmerksamkeit aber schon bald nicht mehr dem, was auf den Tellern lag, sondern den weißen Blüten, die vor dem Fenster zwischen Bäumen ohne Blätter hindurch heruntersegelten, sich auf die Fensterbank legten und dort eine glitzernde Decke bildeten.
»Sneit, sneit!« krähte Bobbeli. »Kind Snee bielen!« Oma schüttelte mißbilligend den Kopf. Mami betrachtete zweifelnd den Blütenregen. »Ich glaub nicht, daß er liegen bleibt. Es ist noch zu früh.« Das Pelztier gesellte sich zu uns und beschwerte sich darüber, daß die Familie vor lauter Schnee vergessen hatte, den ihm zugestandenen Löffel Milch aus der Büchse in seinen Napf zu kippen. Schließlich mußte alles seine Ordnung haben, auch wenn die Jahreszeit wechselte.
Die Erwartung, die sich am Tisch ausbreitete, ergriff auch mich. Es war mein erster Schnee, und mir gefiel, daß er so leise war, so leicht dahinschwebte und so freundlich glit-

zerte. Zudem bedeutete Bobbelis Vorfreude, daß die Beschäftigung mit den Blütenflocken Spaß versprach. »Kind Snee bielen!« verlangte Bobbeli energisch und gab erst Ruhe, als Mami versprach, mit ihm hinauszugehen, sobald sie drinnen aufgeräumt hatte.

Mau hatte sich mittlerweile entschlossen, ebenfalls dem Wetter zu trotzen. Seine Spuren zogen sich durch den Garten hinüber zum Geländer, wo seine Miezenfreundinnen wohnten – und waren bald darauf von dem immer stärker fallenden Schnee zugedeckt. Mami hatte sich geirrt, als sie den weißen Blüten keine Dauer zutraute.

Im Freien erlebte ich später eine Überraschung: Die Blüten, die aufs Fell fielen, waren naß, schmolzen auf der Nase und schmeckten nach gesalzenem Wasser. Dort, wo besonders viele von ihnen lagen, konnte man sich herrlich wälzen. Man konnte die Schnauze hineinstoßen und mußte hinterher die Nase freinießen und erlebte Freuden, die dem eigenen Nachwuchs untersagt wurden, da er sich dabei verschluckte und keine Luft bekam beziehungsweise die gewalzten Schneefladen an ihm kleben blieben. Denn kein Mensch kann sich so geschickt schütteln wie ein Hund.

Am meisten gefiel uns, wenn Mami den Schnee zu kleinen Bällen zusammendrückte und uns damit bewarf. Bobbeli versuchte es ihr gleichzutun, versagte aber und war auf ihre Hilfe angewiesen. Am Ende nahmen sie gemeinsam denjenigen unter Beschuß, der am wendigsten durch den Garten fegte und allen Geschossen geschickt auswich, wenn ihm nicht gerade nach Fangen zumute war.

Mittags hörte es zu schneien auf, und Frauchen holte ein Lattengestell unterm Dach hervor. Kind wurde in eine Decke gepackt und bekam ein gestricktes Etwas über den Kopf gestülpt, das wie Omas Kaffeekannenwärmer aussah.

Dann setzte Mami es auf das Gestell. »Wir fahren Schlitten. Willst du mitkommen oder lieber hier bleiben?«
Manchmal stellen die Zweibeiner Fragen, die sie selbst beantworten könnten, wenn sie sich vorstellten, was sie an unserer Stelle täten. Wer wäre nicht sofort mit Begeisterung dabei, wenn man ihn zur Schlittenpartie einlädt: vorgespannt oder – ist man nicht zufällig ein Husky – als fröhlicher Begleiter des Gefährt umkreisend.
Daß wir nach einiger Zeit wie mit Zuckerguß überzogen waren, lag daran, daß es erneut kräftig zu schneien begonnen hatte. Doch störten wir uns nicht daran. Wir hatten nämlich einen Abhang entdeckt, an dem kein Baum im Weg stand, wenn wir hinuntersausten: Mami und Kind auf dem Schlitten, der Dackel auf seine eigene Gleitfähigkeit vertrauend und gelegentlich in einem zugewehten Loch verschwindend.
»Hexlein, du brauchst entweder Stelzen oder Skischuhe für Dackel«, amüsierte sich Edith, obwohl sie selbst dauernd umfiel oder mit Bobbeli irgendwo landete, wo sie gar nicht hin wollte. Jedenfalls buddelte ich mich jedesmal aus eigener Kraft wieder aus und überstand meinen ersten Wintertag ohne Panne.
Das Oberhaupt der Meute degegen meldete sich gegen Abend von unterwegs und teilte uns mit, daß es im Schnee steckengeblieben sei. Zweibeiner brauchen halt eine Spezialausrüstung, wenn es kalt wird, während unsereiner mit seiner Originalausstattung fast überall durchkommt.

*

Es gibt Hofhunde, Waldhunde und Haushunde, wovon die erste Kategorie vorwiegend auf dem Lande vorkommt und kaum Angehörige meiner Art darunter sind. Denn wer die auf seine Gnade angewiesene Kreatur Sommer wie Winter draußen im Freien anbindet, will damit gewöhnlich unliebsame Besucher fernhalten. Dackel sind aber eben keine furchterregenden Kettenhunde. Nicht ohne Grund heißen wir meist Waldi, Wastl oder Wurzel. Wir stehen nun mal im Ruf, für das Leben in der Natur besonders geeignet zu sein. Daß meine Leute Herrn Meier auf seine Anfrage nach Fortsetzung meiner so vielversprechend begonnenen Fachausbildung eine glatte Absage erteilt hatten, war sicher die Ausnahme. Jeder andere wäre wahrscheinlich über die Chance einer höheren Erziehung froh gewesen.
Ohne meine Begabung als Waldläufer völlig auszuschließen, gewann ich doch immer mehr den Eindruck, in die Gruppe der Haushunde zu geraten. Wer mit Herrchen und Frauchen schlafen geht, am Tisch sitzt, täglich mindestens einmal gekämmt und gebürstet wird, Teddybären statt Hasen apportiert und lieber in Omas Schoß als auf einem Hochsitz liegt, ist schon zu sehr an des Lebens familiäre Reize gewöhnt.
Die Tage, an denen einem zivilisierten Dackel weniger Zeit zum Spazierengehen bleibt, weil es spät hell und früh dunkel wird und man kein Nachtschwärmer ist, wurden für mich zum Inbegriff der Gemütlichkeit. Die Familie sagte, es sei Advent. Das ganze Haus roch nach Wald. Überall lagen Tannenzweige, und der Kater schnurrte auf der Heizung.
Wir anderen saßen beisammen, redeten miteinander, aßen gebratene Äpfel, Nüsse und Lebkuchen. Als anerkanntes Mitglied der Gesellschaft erhielt ich meinen Bratapfelanteil vorgelegt und knackte meine Nüsse selbst. Die gelegentli-

che Bemerkung, daß wer den Genuß habe auch die Schalen wegräumen könnte, nahm wohl niemand ernst. Schokoladenlebkuchen und Zuckerplätzchen waren nicht verpackt, aber mit ihnen hatte ich scheinbar nichts zu tun. Was Bobbeli und Herrchen zufällig fallen ließen, räumte ich fein säuberlich auf.

Mitten im Advent vermehrte sich die Familie. Herrchen war dorthin gefahren, wo die großen Vögel landeten, die manchmal über uns hinwegflogen und von den vierbeinigen Bewohnern unseres Hügels fortgebellt wurden, wenn sie sich zu tief herunter wagten und die Ruhe störten.

Unser Hausweibchen hatte das Adventfutter weggeräumt und den Tisch mit würzigen Wurst- und Käsesorten, aromatischem Schinken, geräuchertem Fisch und gebratenem Fleisch beladen. Dazu stand ein Korb mit frischem Brot bereit, das mit dem Käse um die Wette duftete, so daß sogar das Pelztier aus seinem Gleichmut geweckt wurde. An der Haustür hing ein Schild »Willkommen zu Haus«.

Frauchen lief so aufgeregt herum, daß Oma auftrumpfte: »Wegen mir machst du kein solches Theater!« Die Beschwerde war aber offenbar nicht so ernst gemeint. Denn als Edith zurückfauchte »Du kommst ja auch nicht aus Amerika!« beschwichtigte unser Altzweibein: »Ist ja gut, ich freu mich doch auch, daß der Bub endlich mal wieder kommt.«

Der »Bub« war so groß wie Herrchen und Frauchen und stammte sichtbar aus einem früheren Wurf. Er hatte eine fremde Duftnote und würde einige Zeit brauchen, um so gut zu riechen wie wir.

»Das ist also die Kleine, die schon für so viel Aufregung gesorgt hat«, sagte er und drückte mich mit sanfter Gewalt auf

meinen Ausgangspunkt zurück. »Hübsch, aber schon ein bißchen verwöhnt, findet ihr nicht?«
Dabei war ich zur allgemeinen Begrüßungszeremonie nur auf einen Stuhl gestiegen und hatte den Bub nicht nur unten, sondern wenigsten auch in der Mitte näher in Augenschein nehmen wollen.
Gegen die nähere Berührung mit unserem Frauchen schien er dagegen nichts zu haben. Willig ließ er sich von ihm abdrücken. Nur Oma prustete: »Pfui, dein Bart sticht! Trägt man denn so was als Doktor in Amerika?«
»Nicht nur«, lachte der, »auch in Amerika gibt es glattrasierte Ärzte. Ich hab ihn mir wachsen lassen, damit ich ein bißchen älter aussehe. Manche Patienten haben dann mehr Vertrauen.«
Ich erfuhr, daß der Akademiker in der Familie mit den übrigen als Jungmensch nach Florida ausgewandert, dort geblieben war, als die anderen Heimweh gekriegt hatten, und jetzt auf jener Seite der Welt Zweibeinerseelen heilte.
»Ihr solltet mich einmal für längere Zeit besuchen«, erklärte er. »Ich hab vor, ein größeres Haus zu kaufen, da hättet ihr alle Platz. Natürlich«, schränkte er ein und stopfte sich mit Wurst und Schinken voll, »natürlich gibt es so was bei uns drüben nicht. Nur beim Hunde- und Katzenfutter soll es keine Unterschiede geben – habe ich mir sagen lassen.«
Vielsagend deutete er auf mich, der ich am anderen Tischende Platz genommen hatte. Der alte Kater hob den Kopf und schmachtete den Ehrengast an. Die beiden kannten sich aus früheren Zeiten, als es mich noch nicht gab.
Mau war es auch, der unserem Doktor bereitwillig folgte, als dieser sich satt – und von der langen Reise ermüdet – in Bobbelis Stube zurückzog, wo Mami ein zweites Bett aufgestellt hatte. Kind wollte nicht mitschlafen und hockte sich

statt dessen zu mir, um mir seine Pläne für »Snee bielen« und »Slitten fahren« zu erzählen.
Der große Bruder schien meinen Spielkameraden nicht besonders beeindruckt zu haben. Wahrscheinlich hatte er mehr mit großen als mit kleinen Seelen zu tun und konnte sich nicht so schnell umstellen. Selbstverständlich war es möglich, daß ich mich irrte und es daran lag, daß wir Kleineren es einfach nicht mögen, wenn man uns gleich bei der ersten Begegnung in die Luft schleudert, weil man glaubt, so etwas mache uns unbedingt Spaß. Da war die konservative Begrüßung, die mir zuteil wurde, doch eher nach meinem Geschmack. Man vergab sich nichts, fühlte sich danach zu nichts verpflichtet und konnte ohne Zwangsvorstellung abwarten, wie sich die Dinge weiterentwickelten.

*

Auch zwischen Hund und Mensch gibt es so etwas wie Liebe auf den ersten Blick – wie zwischen Edith und mir. Manchmal entwickelt sich Herzlichkeit hinterher, wenn der eine einsieht, daß der andere eigentlich ganz reizend ist und Respekt verdient – wie es Putzi mit mir erging. Überhaupt kein Problem gibt es mit Leuten wie Oma und Kind, die unsereinen als selbstverständlichen Schoßwärmer und Gespielen annehmen. Schlimm wird es erst, wenn die Chemie zwischen den Betroffenen eine so heftige Gegenreaktion auslöst, daß die dabei entstehenden Wunden zu tief sind, um zu heilen.
Wo das erste Beschnuppern nicht so ausfällt, daß eine spontane Hund-Mensch-Beziehung entsteht, jedoch wenigstens

keiner bösartig knurrt, ist noch nichts verloren. Allerdings gibt es in diesem Fall keinen größeren Fehler, als wenn einer es sich dann doch überlegt und den anderen im Zeitraffertempo für sich gewinnen will.
Der in unserer Rangordnung eingedrungene Gast versuchte zum Glück erst gar nicht, mich mit Druck davon zu überzeugen, daß er mein großer Bruder war. Und ich ließ mir Zeit, in ihm Vorzüge zu entdecken, die mir bei seinem Erscheinen vielleicht entgangen waren.
Da er am Ende der Adventzeit schon wieder abgereist sein würde, weil er die seines Zuspruchs bedürftigen Seelen an Weihnachten nicht sich selbst überlassen wollte, beschloß der Familienrat, das große Ereignis der Saison bei uns einfach vorzuverlegen.
»Laßt uns den Baum frisch aus dem Wald holen«, schlug unser Anführer vor, »da sind wir sicher, daß er nicht gleich die Nadeln verliert. Der Förster hat oben auf der Kuppe eine Fichtenschonung freigegeben.«
Darauf freue er sich, versicherte Herrchens Sohn. In Florida gäbe es leider nur Tannen aus Kanada, die wochenlang unterwegs gewesen und schon grau seien, so daß man sie grün spritzen müsse. Er habe sich darum ein Kunststoffmodell zugelegt, das immer neu aussehe, wenn man es vor Gebrauch abstaube. »Mit viel Dekoration siehst du sowieso nichts von den Zweigen, und man verdrängt das Wissen, daß es kein echter Baum ist.«
Ich konnte nachfühlen, daß ihm in Amerika fehlte, wovon es bei uns soviel gab. Ich hätte einer Attrappe aus Plastik auch nichts abgewinnen können. Und daß er sich wie Kind begeisterte, als wir vor den echten Fichten standen und die Wahl schwerfiel, machte ihn mir fast schon sympathisch. Nichts spricht uns nämlich so an wie Emotionen der Freude

oder des Schmerzes, die wir kennen und die unser Mitgefühl erregen.
Einige der Fichten hatten ein Bändchen an der Spitze. Es waren die schönsten: gerade gewachsen, mit starken, rundum gleichmäßigen Ästen. Meine Begleiter entschieden sich für eine davon. Herrchen begann, sie abzusägen – ohne die sehnsüchtigen Blicke von Bobbelis großem Bruder zu bemerken.
Gerade war er dabei, die Reste von Schnee abzuschütteln, als zwei fremde Gestalten auftauchten und mit einem unfreundlichen »Hoho, das geht aber nicht, den haben wir für uns reserviert« unsere Vorbereitungen für den Abtransport des Bäumchens stoppten.
»Wieso?« fragte Putzi, »ist das denn Ihr persönlicher Baum? Ich hab kein Namensschild gesehen!«
Die Antwort blieb zunächst aus, denn unterdessen hatte ich entschieden, daß wir den unliebenswürdigen Ton der Fremden nicht ohne Protest hinzunehmen brauchten. Ich war zwar angeleint hergekommen, aber während der Holzfällerei mir selbst überlassen worden.
»Hexe, zurück zu Herrchen!« Der Befehl kam immerhin erst, als ich den Störenfrieden meine Meinung gesagt und ein Stück Beinverkleidung zwischen den Zähnen hatte.
»Das wird Sie teuer zu stehen kommen!« empörte sich der Wortführer, und mir war nicht klar, ob er das abgesägte Weihnachtsbäumchen oder seine lädierte Hose meinte. Sein Kollege bequemte sich indessen zu einer ergänzenden Erklärung. »Haben Sie denn die Bänder nicht gesehen? Sie zeigen doch, welche Fichten schon vergeben sind.«
»Gesehen schon«, mischte sich der Seelendoktor ein. »Aber wir haben gedacht, die hätte der Förster extra angebracht,

damit man weiß, was man absägen darf. Sie kriegen natürlich Ihren Baum. Wir suchen uns einen anderen.«
»So einfach geht das nicht!« beharrte der Gedemütigte und faßte sich ans Bein. »Zuerst vergreifen Sie sich an fremdem Eigentum und an anderer Leute Kleidung, und dann soll man sich damit zufriedengeben!«
»Ach, wissen Sie, lieber Herr«, entgegnete Mamis großer Sohn – und seine Stimme ähnelte sehr der seiner Mutter, wenn Kind im Schlaf weinte und beruhigt werden mußte –, »so ein Hündchen hat halt nicht den Verstand wie wir. Sie sind ein wenig laut geworden, weil Sie sich zu Recht geärgert hatten. Da hat der kleine Kerl etwas mißverstanden. Sehen Sie sich ihn doch an. Es tut ihm selbst leid, und er möchte sich am liebsten bei Ihnen entschuldigen. Im übrigen ersetzen wir selbstverständlich Ihren Schaden.«
Es war eine lange und gute Rede, und sie verfehlte nicht ihre Wirkung. Die Gegenpartei ließ sich tatsächlich besänftigen und zog mit dem von Herrchen abgeschnittenen Weihnachtsbaum ab. Nicht ohne zuvor die von mir hingestreckte Pfote ergriffen und zugegeben zu haben, daß alles ja gar nicht so tragisch sei.
Nachdem wir ein tragbares Bäumchen ohne Bändchen gefunden hatten und mein amerikanischer Wahlverwandter es zurechtgesägt und ausgeschüttelt hatte, machten wir uns auf den Heimweg. Seine Bemerkung »Eine Mischung aus Peitsche und Zuckerbrot, du bist vielleicht eine raffinierte Person!« verstand ich zwar nicht ganz, bezog sie aber auf meinen Einsatz und nahm sie als Kompliment.
Dabei hatte ich dem Zwischenfall in der Schonung nur rein instinktiv zu einem versöhnlichen Ende verholfen. Man muß ja nicht immer jedes Wort der Zweibeiner unterscheiden können. Für uns hat der Tonfall viel mehr Bedeutung.

Es war ein schöner Baum, der in der Zimmerecke am Fenster stand. Er forderte geradezu Bewunderung heraus. Der Hausherr wußte das wohl. »Pfoten weg!« hatte er eindringlich gewarnt, sobald er den Baum in die Wohnstube gepflanzt hatte. Und damit konnte er nur diejenigen gemeint haben, die andächtig dabeigesessen und zugesehen hatten.
Dabei wurde unsere Neugier erst richtig wach, als Edith und Sohn bunte Kugeln, Silberfäden und Zuckerringe an die Zweige hängten und dazu »O Tannenbaum« pfiffen. Kaum waren sie damit fertig und hatten den schönen Baum allein gelassen, kümmerten wir uns um ihn. Zuerst brachte das Pelztier die Kugeln in Schwung. Dann angelte Mamis kleinerer Nachwuchs Püppchen und Engelchen aus der Dekoration. Und zuletzt sortierte ich das Eßbare aus, soweit ich es erreichen konnte.
Nachdem die zerbrochenen Kugeln durch neue ersetzt, die Püppchen und Engelchen aus Bübchens Bett zurückgeholt und die vereinnahmten Zuckerkalorien durch strikte Rohkost für den Rest des Tages abgebaut worden waren, blieb das Christbaumzimmer für unser Triumvirat verbotenes Terrain. Sogar Kind fand keinen Zugang, obwohl es, mit den Methoden seiner Art vertraut, versuchte, über einen herangeschobenen Stuhl den Schlüssel zu erreichen, der am Haken an der Wand hing.
Am Tag vor der Abreise unseres Amerikaners wurde das Tabu gebrochen, die Tür geöffnet. Die Meute stürmte ins Zimmer mit der festen Absicht, Weihnachten zu feiern. Frauchen orgelte mit feuchten Augen festliche Lieder, Herrchen regelte den Verkehr, und ihr erster Wurf verteilte Pakete an diejenigen, die keine organisatorischen Aufgaben übernommen hatten.

Wer behauptet, daß Hunde und Katzen an Weihnachten nicht interessiert seien, weiß nicht, worüber er spricht. Es ist zwar richtig, daß uns gewisse Hintergründe entgehen. Aber vom Drumherum lassen wir uns schon beeindrukken. Geheimnisvolles Vorbereiten, freudige Erwartung, die heitere Stimmung selbst der Trübsinnigeren, der Duft von Gebackenem und Gebratenem und, wenn wir Glück haben und jung sind, Schneezauber und Märchenstimmung verfehlen auch auf Mäusejäger und Spurenschnüffler, Schoßschmuser und Hosenbeißer nicht ihre Wirkung. Daß gerade zur Weihnachtszeit nur halb so viele von uns in Raufereien verwickelt sind wie zu anderen Zeiten, daß kratzbürstige Miezen und heißblütige Bellos schnurren und schwanzwedeln, kann kein Zufall sein.

Was die Menschen »Bescherung« nennen, verdient dagegen nur zum Teil unsere Beachtung. Mit den meisten Zweibeinergeschenken können wir ohnehin nichts anfangen, ausgenommen vielleicht Verschleppbares wie Pantoffeln und Socken. Die größte Aufmerksamkeit gilt deshalb der Verpackung, unter der sie das, was sie sich schenken, verstecken, damit die Lust darauf größer wird. Glänzendes, raschelndes Papier, achtlos auf den Boden geworfen, bietet die beste Gelegenheit zum Hineinspringen, Wälzen, Verstecken, Spielen mit Gleichgesinnten – und in der übermütigsten Laune zum Zerreißen. Es sei denn, jemand ist da, der es für den nächsten feierlichen Anlaß aufbügeln will.

An diesem Tag erkannte ich den Gast aus Florida endgültig als vollwertiges Miglied unserer Gemeinschaft an, und zwar nicht wegen seiner Geschenke: Mau legte er ein goldenes Glöckchen um den Hals, mir ein elastisches Höschen um die Lenden. Während des Pelztier das Glöckchen als Spielzeug empfand und es bei einer Reihe von Luftsprüngen erklingen ließ, fühlte ich mich in meiner Bewegungsfreiheit eingeengt und an die Banderole erinnert, die mich nach dem Überfall zusammendrückte.

Die Kommentare aus dem Teilnehmerkreis taten ein übriges. Das Glöckchen wurde als hübsches Accessoire beklatscht, das Höschen erhielt keinen Beifall. Oma fragte verständnislos: »Soll sie das zum Fasching tragen? Da fehlt aber noch das Hütchen!« Frauchen begnügte sich mit einem verlegenen Schweigen. Putzi hielt es gar für nötig, mich einen »Gummihund« zu nennen.

Jetzt zeigte sich die wahre Größe dessen, der mich besser beobachtet hatte als die ganze übrige Familie. Er nahm mich auf den Arm und erklärte denen, die nicht wußten, wie man sich einer heranwachsenden Hündin gegenüber zu benehmen hatte: »Ich habe das Nützlichste für beide ausgesucht. Unser alter Kater hat in den letzten beiden Wochen zwei Vögel gefangen. Mit der Glocke am Hals kann er sich nicht mehr lautlos anschleichen.« Dann hob er meinen Kopf, sah mir tief in die Augen, kraulte meine Ohren und

gab mir einen leichten Klaps auf das Höschen. »Und diese hübsche junge Dame braucht etwas Passendes zum Anziehen. Es scheint euch entgangen zu sein, daß sie gerade anfängt, erwachsen zu sein. Ihr wollt doch nicht, daß sie sich unwohl fühlt und dafür noch geschimpft wird, weil sie ihre Spuren auf dem Teppich oder gar auf eurem Bett hinterläßt!«
Das Echo auf diese Erklärung war eine Art mehrstimmiger Jubelruf, den ich ebenso wenig verstand wie die peinliche Stille zuvor und Herrchens sprachliche Entgleisung. Ich hatte zwar seit gestern ein gewisses Bauchkneifen verspürt und mich öfters als sonst gereinigt, dem aber keine besondere Bedeutung beigemessen. Auch die verstärkten Anstrengungen der Hunde aus der Nachbarschaft, die schon früh am Morgen am Zaun gestanden und Einlaß begehrt hatten, waren weder von mir noch der mit Weihnachten beschäftigten Familienmehrheit besonders beachtet worden.

*

Unser Amerikaner war längst zu seinen Patienten zurückgeflogen, als wir den Brief von der Polizei erhielten und Herrchen einen Tobsuchtsanfall bekam. »Hört euch das an, die ticken doch nicht mehr richtig. Ich soll bei Rot um die Ecke gefahren sein und dafür 80 Mark bezahlen! Bin ich denn farbenblind?«
»Gib mal her«, bat Frauchen und betrachtete das Stück Papier, das die Explosion ausgelöst hatte. »Weißt du was? Das war der Bub. An dem Tag hattest du ihm deinen Wagen gegeben.«

Putzi schlug sich an die Stirn. »Mensch Knöpfchen, du hast recht! Daß ich nicht selbst gleich darauf gekommen bin! In Amerika sind ja die Verkehrsregeln anders, und du darfst bei Rot abbiegen, wenn die Querstraße frei ist. Da hat er bestimmt dran gedacht in dem Moment.«
»Wir sind halt nicht in Amerika«, bemerkte das Knöpfchen. »Was willst du tun? Den Wisch an unseren Herrn Sohn weiterschicken oder bezahlen?«
»Weder noch. Ich schreibe ihnen, daß ich es nicht gewesen bin, sondern unser amerikanischer Besuch, der sich nicht so gut ausgekannt hat bei uns. Mal sehen, wie die reagieren. Von mir aus können sie sich das Geld in Ocala abholen.«
»Wenn das nur keinen Ärger gibt«, meinte unser auf Ruhe und Frieden auch nach der Weihnachtszeit bedachtes Frauchen. Doch unser Anführer erwies sich einmal mehr als sturer Rüde.
Vierzehn Tage darauf hatten wir die Polizei im Haus, und es stellte sich heraus, daß ich nicht nur gegen aufdringliche Halbstarke, sondern auch gegen Uniformträger allergisch war – vor allem, wenn sie meinen Herrschaftsbereich betraten, ohne um Erlaubnis nachgesucht zu haben. Ein Umstand, der bis dahin nicht aufgefallen war, da uns nur Zivilisten aufgesucht hatten und auch der Briefträger wie ein normaler Mensch angezogen ist.
Es fing damit an, daß an diesem Tag die Sonne schien, als wäre schon der neue Sommer angebrochen. Unser Trio stritt sich im Garten, weil Pelztier und Kind durchaus wollten, daß ich vor ihnen davonlief und nicht umgedreht, wie es meinem Naturell entsprach. Wir waren so sehr mit uns selbst beschäftigt, daß wir nicht auf den Wagen achteten, der vor unserer Gartentür hielt. Erst als die zwei Uniformierten das Tor öffneten und in unser Gehege kamen,

spitzten wir die Ohren. Kind versteckte sich im nächsten Gebüsch, denn Zweibeinerjunge sind scheu gegenüber Fremden. Mau verzog sich hinters Haus, weil erfahrene Katzen gelernt haben, daß man nur mit entsprechender Vorsicht alt wird.
Bei Hunden – und besonders bei Dackeln – überwiegen Neugier und angeborener Territorialanspruch. Beide zusammen bestimmen unser Verhalten, sobald wir aus dem Welpenalter heraus sind, und lassen uns zu aufmerksamen Wächtern der Familie werden. Nur entartete Exemplare ignorieren Eindringlinge oder begegnen ihnen gar ausgewinselt zuvorkommend.
Ich jedenfalls warf mich den Herankommenden so eindrucksvoll in den Weg, daß sie es mit der Angst zu tun bekamen, hastig zurückliefen und das Tor von außen zuwarfen. Die anschließende Verhandlung über den Zaun erlebten ein paar Spaziergänger mit, die ihre Anerkennung nicht verbargen.
»Ja, ja, die Kleinen sind oft die Schärfsten!« und »... Respekt, Respekt! Du hättest nicht den Schneid, Hugo, dich der Polizei so entgegenzustellen!« Die Erfahrung, daß die allgemeine Sympathie dem Kleineren zufliegt, der es mit einem Größeren aufnimmt, machte ich nicht zum ersten Mal.
Die sich recht einseitig entwickelnde Debatte über die Bedingungen ungehinderten Zutritts wurde vom Hausherrn beendet. Er hatte inzwischen gemerkt, daß sich Ungewöhnliches vor dem Haus abspielte und griff vermittelnd ein. Menschen sind nun einmal kompromißbereiter als unsereins, sobald es sich um die Polizei handelt, wenn sie sonst auch noch so laut bellen.
Notgedrungen ließ ich die Uniformierten passieren, vom Oberhund mit roher Autorität am Halsband zurückgehal-

ten. Frustriert darüber, daß man mir die Haustür vor der Nase zugeschlagen hatte, als sei ich ein unerwünschter Hausierer und nicht der eigene Dackel, der hier daheim war. Getröstet allein von dem Wissen, daß jeder, der hineingegangen war, irgendwann auch wieder herauskommen mußte.
Doch die in diesem Zusammenhang gefaßten Pläne erwiesen sich als untauglich. Nach einer Weile trat nämlich Putzi aus dem Haus, band mich an die Leine und zog mich zu einer Stelle, von der aus ich den Verbindungsweg zwischen Haustür und Gartentor nicht mehr unterbrechen konnte. Dann erst erschienen die beiden Polizisten, von denen sich Herrchen sehr menschlich verabschiedete.
Den Strafzettel mußte er natürlich bezahlen. Außerdem brachte er ein Schild am Zaun an »Vorsicht bissiger Hund!« Für alle Fälle, wie er erklärte. Obwohl jeder, der unautorisiert fremdes Terrain betrete, das auf eigene Gefahr tue. Ich hatte gegen die öffentliche Warnung nichts einzuwenden. Der mir daraufhin verstärkt entgegengebrachte Respekt tat gut. Ich hatte teilweise sogar den Eindruck, daß ich zur heimlichen Nummer drei in der Rangordnung der Familie avanciert war.

*

Der Besuch bei Doktor Gabi war dieses Mal kurz und recht erfreulich. Er bestand im Grunde nur aus einer Unterhaltung. Den Anlaß gaben mein Erwachsenwerden und der damit verbundene Publikumsverkehr. Es hatte sich herausgestellt, daß mein Höschen nicht nur die Nachbarn anzog.

Ich war plötzlich auch bei sämtlichen Rüden der nächsten Ortschaft populär geworden.
»Dem wochenlangen Besucherstrom rund um die Uhr bin ich nicht gewachsen«, hatte Knöpfchen erklärt und uns zur Tierärztin geschickt, um zu erkunden, was man dagegen unternehmen konnte. Dabei war von einem Deodorant die Rede gewesen, mit dem man den anziehenden Eigenduft angeblich neutralisieren konnte.
Die Werbung stellte sich jedoch als zu optimistisch heraus. Kein Hund auf Brautschau lasse sich davon täuschen, meinte diejenige, die es schließlich am besten wissen mußte. »Die einzige Möglichkeit ist, Ihre Hündin zu sterilisieren. Aber davon rate ich Ihnen ab. Es ließe sich nicht mehr rückgängig machen, selbst wenn Sie es sich eines Tages überlegen und doch Junge von ihr haben möchten.«
Den Ausschlag gab aber sicher die Feststellung, daß ein so früher Eingriff in die Natur bei Hunden genauso ungesund sei wie bei Zweibeinern, weil dadurch der Hormonhaushalt durcheinandergerate. »In späteren Jahren ist das etwas anderes. Dann kann es sogar Krebs vermeiden helfen.«
Ob es nicht ebenso schädlich sei, nicht zu löschen, wenn es brenne, wollte der sich um mein körperliches Wohl Sorgende noch wissen. Er habe gehört, daß sich unter solchen Umständen so etwas wie ein Stau bilden könne.
»Nicht bei Hündinnen«, antwortete Doktor Gabi und sah Herrchen vielsagend an. »Die werden höchstens zwischendurch scheinschwanger. Aber das ist im Gegensatz zu den Menschen völlig harmlos, und man braucht nichts dagegen zu unternehmen.«
»Ich hätte sowieso nicht erlaubt, daß man dir so etwas angetan hätte«, versicherte mir Edith, als wir heimkamen und sie den Inhalt der Konsultation erfuhr. »Ich dachte, daß es einen

humaneren Weg gäbe, um unser gemeinsames Problem zu lösen.«

»Bei unserem Kater hattest du seinerzeit solche Skrupel nicht,« wandte Herrchen ein.

»Bei dem wäre es ja auch unerträglich geworden. Erinnerst du dich denn nicht, wie er uns mit seinen Duftmarkierungen beinahe aus dem Haus getrieben hätte? Auf die Hexe können wir aufpassen, wenn es darauf ankommt. Der Kater ist ein Streuner, der immer wieder eine Gelegenheit findet, auszubüchsen.«

»Am besten, du verreist mit der Kleinen, wenn es wieder soweit ist«, schlug Putzi vor. »Leider kenne ich keinen Ort, an dem es keine Rüden gibt.«

»Doch«, lachte Frauchen und hob mich zu sich empor. »Es gibt Überseefrachter, die einzelne Passagiere mitnehmen. Ich fürchte nur, daß uns die jährlichen Seereisen auf die Dauer zu teuer kommen!«

So beschlossen wir, daß vorläufig alles so bleiben sollte, wie es war. Vorsorglich besorgte Frauchen ein zweites Gummihöschen.

Der nicht saisonabhängige Verkehr zwischen unserem Pelztier und den Nachbarschaftsmiezen blieb ohne Folgen, da alle vier für ihren freien Umgang miteinander bezahlt hatten. Maus Männlichkeit erschöpfte sich in theoretischem Gegenübersitzen, das Kätzinnentum der drei Schwestern aus dem Haus hinter uns im Herumschleichen um den ehemaligen Kater, der es verstand, durch gelegentliche Scheinangriffe immer noch echt zu wirken.

Die Familie hatte sich längst mit Maus Umgang abgefunden und erwartete jetzt das gleiche von ihrem Dackel. Mir wurde aufgetragen, mich zurückzuhalten – insbesondere wenn unser Kater Damenbesuch empfing oder sich in mondbeschienenen Nächten vor unserem Schlafzimmerfenster auf eine Konversation einließ, welche die ignorierbare Lautstärke überstieg.

Die Miezenmutter, die eigentlich schon eine Großmutter war und sich auf einen Stock stützte, damit sie nicht umfiel, war bei uns zum Mitessen eingeladen. Sie brachte Blumen und ihre sämtlichen Katzen mit. Denn wo sie hinging, dorthin folgte ihr Anhang, und wo der nicht willkommen war, da ging auch sie erst gar nicht hin.
Wir waren eine tierliebende Familie und hatten gegen den Sammelbesuch nichts einzuwenden. Daß trotzdem nicht die rechte Stimmung aufkam, lag bestimmt nicht daran, daß der eigenwillige Kater sich wieder einmal allen gesell-

schaftlichen Verpflichtungen entzog, sich irgendwo herumtrieb und die drei Katzen sich selbst überließ.
Es konnte auch nicht an mir liegen, denn ich hatte Frau Ratzetrotz auf das Eindringlichste begrüßt und mich danach artig bemüht, ihr und ihrem Blumenstrauß beim Aufstehen zu helfen. Und endlich konnte man mir auch nicht vorwerfen, daß ich mich verpflichtet fühlte, in Maus Abwesenheit seine Futterschüssel zu verteidigen. Denn ich konnte mir nicht vorstellen, daß die Einladung zum Essen auch sie einschloß.
Für die als Folge zu Bruch gegangene Vase fühlte ich mich auch nicht verantwortlich. Die überempfindlichen Miezen hätten weder über die Dielenkommode zu jagen noch auf den Tisch im Eßzimmer zu springen brauchen. Als sie kreischend durchs offene Fenster rasten, konnte sie nicht einmal unser gerade heimkehrender Kater zurückhalten. Panik macht eben blind!
Die Kopflosigkeit der drei vorwitzigen Schwestern blieb leider auch auf Frau Ratzetrotz nicht ohne Wirkung. Mit Mühe und Not schluckte sie den Rest ihrer Suppe hinunter und verzichtete auf das Hauptgericht, um – so schnell der Stock es erlaubte – ihren Lieblingen zu folgen.
»Das hat man davon, wenn man jemanden aus Nachbarschaftspflege zum Essen einlädt, und der kommt in Gesellschaft, die sich nicht anpaßt«, sagte Putzi. »Frau Ratzetrotz tut mir eigentlich leid, dein Braten ist wirklich ausgezeichnet.«
Ein Urteil, dem ich mich aus vollem Mund anschloß!

*

Treuer Hund

Ungewöhnliche Treue zu seinem Herrn bewies ein achtjähriger Spaniel. Der Besitzer war unlängst von A. nach M. versetzt worden und hatte das Tier nicht mitnehmen können, weil sein neuer Vermieter das Halten von Hunden nicht erlaubt. Der bei Freunden gelassene Rüde verweigerte zunächst die Nahrungsaufnahme und war dann plötzlich verschwunden. Als sein Herr abends von der Arbeit heimkam, saß sein Hund vor seiner Tür. Er hatte für die rund hundert Kilometer drei Tage gebraucht und war völlig erschöpft. Daß er ans Ziel kam, ist um so erstaunlicher, als er die Strecke nicht kannte und nach Angaben seines Besitzers auch noch nie in M. war. Ob die Geschichte ein Happy-End haben wird, ist noch nicht entschieden. Der Hausherr war für unsere Reporterin bisher unerreichbar.

Putzi blickte von der Zeitung auf. »Er wird sich eine andere Wohnung suchen müssen. Wenn der Hausbesitzer nachgibt, werden andere Mieter das gleiche Recht beanspruchen – und soundso viele werden sich gestört fühlen. Es hat halt nicht jeder ein Herz für Tiere.«
»Ich versteh nur nicht, wie der Hund sein Herrchen fand«, wunderte sich Edith. »Neulich hab ich eine ähnliche Geschichte gehört. Da war die Entfernung noch viel größer, und das Tier hat mehrere Wochen gebraucht.«
»Sie müssen eine Art Kompaß haben. Einen Urinstinkt, von dem sie sich leiten lassen, der uns verlorengegangen ist. Ähnlich wie die Schwalben, die Tausende Kilometer fliegen und wieder zum selben Stall zurückfinden.« –
Mein Instinkt sagte mir, daß der Brief, der durch den Schlitz im Zaunbriefkasten gesteckt und in den Garten gefallen war, von meinem Wahlverwandten in Amerika stammte. Hundsfremde mögen bezweifeln, daß es Nasen gibt, die an einem Stück Papier den Absender erschnüffeln. Einge-

weihte wissen, daß uns die Post von Menschen, an die wir uns gern erinnern, in freudige Aufregung versetzt und wir sie am liebsten aufessen würden.
Ich hatte ziemlich schnell herausgefunden, um welche Zeit die Post gebracht wurde und wartete, um sie ins Haus zu tragen und dafür gebührend gelobt zu werden. Die Post sorgte für Abwechslung und Stimmungswechsel. Manchmal tanzte Frauchen mit mir durchs Zimmer, wenn sie eine gute Nachricht erhalten hatte. Dann und wann wurde Herrchen beim Lesen so wütend wie über den Strafzettel, daß man ihm am klügsten aus dem Weg ging.

Am unterhaltsamsten war die buntgedruckte Post, die Bobbeli und ich gewöhnlich zum Betrachten und Tauziehen erhielten und deren Überbleibsel die gute Mami ohne Murren später zusammenfegte. Denn schließlich hatte sie uns das Zeug ja selbst zum Spielen gegeben und konnte sich über das Resultat nicht beschweren.
Der Brief vom Seelendoktor hatte Zeit, seine besondere Faszination auf mich auszuüben. Die Nummern eins und zwei der Familie waren nicht da. Oma kümmerte sich sowieso nicht um die Post, weil die nach ihrer Überzeugung

doch nur aus Rechnungen und Reklame bestand. Das Bobbeli hätte mit der Botschaft nichts anzufangen gewußt. Und der Kater hatte überhaupt nur Interesse an den Schreibereien von Frauchen, solange die Tinte noch naß war und er dem Papier seinen eigenen Stempel aufdrücken konnte.
Ich behielt das wertvolle Stück deshalb erst einmal für mich und brachte es durch die Hintertür ins Schlafzimmer, wo es mir unterm Bett am sichersten aufgehoben schien. Nach einem kurzen Inspektionsgang mit Zwischenaufenthalten bei den anwesenden Hausbewohnern zog es mich wieder zurück, um den Schatz zu bewachen.
Einmal kroch das Pelztier zu mir und zog sich verblüfft zurück, denn es war nicht gewohnt, angeknurrt zu werden. Dann fragte Kind an, ob ich Lust zum Ballnachlaufen hätte und erhielt dieselbe Antwort. Als es immer später wurde, ohne daß diejenigen kamen, denen ich den Brief anvertrauen konnte, wurde mir das Warten zu lang, und ich entschloß mich, mir das Dokument selbst näher anzusehen.
Beim Versuch, den Inhalt zu entziffern, muß allerdings etwas schiefgegangen sein. Denn als ich Edith bei ihrer Rückkehr freudig die frohe Nachricht überbringen wollte, schlug sie die Hände über dem Kopf zusammen und empfahl mir, doch um Gottes willen künftig die Pfoten von Dingen zu lassen, von denen ich nichts verstünde. Der Leithund äußerte sich noch drastischer, wovon mir hinterher noch stundenlang die Ohren weh taten.
Nachdem er sich beruhigt hatte, sah er aber wenigstens ein, daß keine böse Absicht vorlag und ich lediglich aus familiärem Engagement gehandelt hatte. Weil ich außerdem meine Zerknirschung so deutlich zeigte, durfte ich am

Abend zusehen, wie der Brief soweit zusammengesetzt wurde, daß diejenigen, die lesen konnten, wenigstens seinen Sinn verstanden.

*

»Kümmert euch mehr um die Hexe, sie ist schließlich euer Hund und nicht meiner. Wenn ihr fort seid und sie stellt etwas an, bin immer ich es, die zu hören kriegt ›Warum hast du nicht besser aufgepaßt!‹. Ihr mutet einer alten Frau zuviel zu.«
Genaugenommen hatte unser Altmensch überhaupt keinen Grund, sich zu beschweren. Wenn wir schon einmal uns selbst überlassen blieben, war ich es nämlich, die Wache hielt, während Oma ihren Schaukelstuhl nur verließ, wenn sie mal mußte – und manchmal sogar dann nicht!
»Komm, ich nehm dich mit zum Einkaufen«, sagte Frauchen deshalb. »Unterwegs haben wir beide Unterhaltung, und in der Zeit, in der ich all die guten Sachen für dich aussuche, bewachst du unser Auto.«
Auf dem Parkplatz vor dem Supermarkt herrschte reger Menschenwechsel, und für einen interessierten Hund gab es eine Menge zu beobachten. Frauchen hatte das Fenster soweit heruntergedreht, daß ich genügend frische Luft bekam, mich nicht eingesperrt fühlte und jedem, der an die Scheibe klopfte, klarmachen konnte, daß er sich gefälligst um seine eigenen Angelegenheiten kümmern sollte.
Da unser Weibchen großen Spaß daran hatte, die Familie gründlich zu ernähren und es mit den Zutaten sehr genau nahm, brauchte es indessen auch für die Futterauswahl eine Weile – zu lange für eine ungeduldige Dackeldame, die sich

nur allzubald an den vorbeigeschobenen Einkaufswagen hungrig gesehen hatte.
Klein zu sein, hat einiges für sich, besonders wenn man einen verhältnismäßig großen Anteil an Intelligenz mitbekommen hat. Wer wenig wiegt, muß darum nicht dumm sein, oft ist der größere Hund der dümmere. Mit meiner Winzigkeit und Frauchens großzügigem Bemessen der Frischluftzufuhr für mich war es mir ein leichtes, aus dem Wagen zu klettern und mich auf die Suche nach der ausbleibenden Begleiterin zu begeben. Vielleicht ließ diese sich gar zum Einkauf einiger interessanter Posten überreden.
Hineinzukommen war einfach. Ich brauchte nur zu warten, bis sich ein paar Zweibeiner im Bündel durch die Tür schoben und ihre Aufmerksamkeit sich auf das Vermeiden von Zusammenstößen konzentrierte. Keiner von ihnen achtete dabei auf sechs Pfund Hund, die unterhalb ihres Blickfeldes marschierten.
War man erst mal drinnen, fiel man zwischen den vielen großen Pfoten und den Drahtgestellen auf Rädern nicht auf, solange man die Schnauze hielt und keine Suchlaute ausstieß wie manch anderer an meiner Stelle. Natürlich kam mir auch meine saufarbene Stromung zugute, die sich vom dunklen Fußboden so gut wie nicht abhob.
Ohne Glück wäre ich trotzdem nicht weit gekommen. Eine alte Frau, die sich bückte, um etwas aus einem unteren Regal zu holen, blieb sprachlos, als ich ihr in die Quere kam. Wahrscheinlich traute sie ihren Augen nicht. Ein kleines Mädchen sah mich und lief zu seiner Mutter, um die Entdeckung zu melden, wurde aber ermahnt, nicht ständig »solche Geschichten« zu erfinden, und mußte von da an beim Einkaufswagen bleiben.
Ein Mann, der weder schlechte Augen hatte noch eine

übergeordnete Autorität überzeugen mußte, erkannte klar und deutlich, daß ein Kunde im Laden war, der kein Geld hatte. Aber er mußte ein Tierfreund sein, denn er strahlte mich an und legte einen Finger an den Mund als Zeichen seiner Verschwiegenheit.

Mein Ziel war die Fleischabteilung. Ich hätte Frauchen am liebsten dort getroffen. Aber da war es nicht, und die Theke war viel zu hoch und außerdem verglast. Auch von hinten kam ich nicht heran. Wäre ich meinem Geruchsinn gefolgt und in die Wurstküche eingedrungen, hätten sie mich garantiert geschnappt und hinausgeworfen.

So begnügte ich mich mit einem Kompromiß. Das Butterregal war zwar eiskalt und sein Inhalt verpackt. Aber neben dem Käse lag in greifbarer Nähe frischer Bückling. Mit zwanzig Zentimetern Eigengröße in ein Fach in dreifacher Höhe zu springen, war meiner Meinung nach eine beachtenswerte Leistung und verdiente Anerkennung.

Beachtung fand ich sogleich, mit der Anerkennung haperte es. Augenblicklich ging es im Supermarkt zu, als sei ein Feuer ausgebrochen. Aus allen Ecken kamen weiße Kittel herbeigestürzt, die versuchten, mich zu fangen und mir den Bückling abzunehmen. Einige Kunden, die ebensowenig Verständnis zeigten, beteiligten sich am Kesseltreiben, standen sich aber meist selbst im Weg. Sie alle waren mir gegenüber in einem entscheidenden Punkt im Nachteil: Ich konnte mit meinen vier Beinen schneller laufen, Haken schlagen und um die Kurven wetzen als sie, die mit zweien auskommen mußten.

Dazu rannten einige von ihnen in ihrem Übereifer Pyramiden aus Konservendosen und Waschpulver über den Haufen und verschlimmerten völlig unnötig das Chaos. Ich stand plötzlich wieder dort, wo ich hereingekommen war

und hatte keine Mühe, ins Freie zu gelangen, da der Oberaufseher des Supermarkts in Verkennung meiner Mentalität am Ausgang wartete, um mich dort abzufangen.
Ich legte mich mit meiner Beute unters Auto und wartete auf Frauchen. Das kam bald darauf und leerte den Inhalt seines Einkaufswägelchens gemächlich in den Kofferraum. Ohne Zweifel hatte unser kluges Weibchen den zum Wild gewordenen Jäger am Zufluchtsort entdeckt, hütete sich aber, ihn anzusprechen, um keine Aufmerksamkeit zu erregen. Daß die Wagentür offen blieb, während die für mich Verantwortliche das Drahtgestell deponierte, gab mir Gelegenheit, mich endgültig in Sicherheit zu bringen.
»Weißt du was«, gestand mir Frauchen auf der Heimfahrt, »eigentlich wollte ich deinen Bückling ja bezahlen. Aber die haben sich so angestellt, daß ich es lieber bleiben ließ. Wer weiß, was sie sonst noch alles verlangt hätten!«

*

Die Spielregeln der Zweibeiner werden für einen Hund im wesentlichen immer unverständlich bleiben. Uns spricht man zwar die Fähigkeit ab, logisch zu denken, aber eigentlich ist es uns einfach nur unmöglich, dem zu folgen, was die Menschen Logik nennen. Dort, wo sie ihr Futter kaufen (das zum großen Teil noch eingewickelt ist), wird uns wegen der sogenannten Hygiene der Zutritt verwehrt, und wenn wir in aller Harmlosigkeit hinter unserer Bezugsperson herlaufen, wird Jagd auf uns gemacht.
Da, wo sie herumsitzen mit unverpackter Sahne, Cremetorten oder sonstigen Schmierereien auf den Tellern, er-

laubt man uns, unterm Tisch oder daneben Platz zu nehmen. Von Hygiene ist hier nicht die Rede, obwohl man den Verdacht haben könnte, daß sie untergründig doch im Spiel ist. Denn gerade diejenigen, die gerne in die Konditorei gehen, neigen dazu, ihre Torte mit solcher Leidenschaft zu verschlingen, daß dabei das eine oder andere Stück von der Gabel rutscht. Was von unsereinem fein säuberlich aufgeleckt wird, kann nicht mehr breitgetreten und zur Rutschgefahr werden.
Vielleicht gibt es aber auch eine ganz einfache Erklärung für den feinen Unterschied in unserer Behandlung. Edith meinte, wenn manche Stammkundin ihren Liebling nicht mehr mitnehmen dürfte, bliebe sie weg, und dem Cafébesitzer entgehe das Geschäft. Und was die Tortenbrösel auf dem Fußboden angehe, so seien sie sicher nicht die Regel. Vielmehr steckten jene, die sich selbst längst nicht mehr an der eigenen Figur störten, ihren Begleitern die Brocken direkt in den Mund – was man an der Ähnlichkeit von Frauchen und Hund erkenne.
Vorurteile gegenüber gesellschaftlichen Treffpunkten dieser Art hatten Edith und Frau Meier jedenfalls nicht. So kam es, daß Trixi und ich uns eines Nachmittags an einem solchen verführerischen Ort niederließen. Wir hatten uns auf einen Schaufensterbummel mit unseren weiblichen Führungskräften eingelassen, waren mit ihnen in die Stadt gefahren, mußten uns ihrer langweiligen Gangart vor den Läden anpassen und ein dutzendmal von den Hauswänden an den Bordstein ziehen lassen. Bis sie sich von den Auslagen einer Konditorei anlocken ließen.
Frau Meier entschied sich für Schwarzwälder Torte, Frauchen gab seiner Lust auf Käsesahne nach. Uns genehmigten sie zusammen ein Stück von einer Kuchensorte, die

aussah, als werde sie den geringsten Schaden anrichten. Dazu wurde uns Wasser gereicht, nachdem Edith gegen die von Frau Meier vorgeschlagene flüssige Schokolade Einspruch erhoben hatte.
Nach dem ermüdenden »Gassigehn« an gespannter Leine auf einem Steinpflaster, auf dem man sich die Pfoten durchlief, tat das Ausruhen gut. Auch wenn unser Stückchen Kuchen trocken war, schmeckte es himmlisch im Vergleich mit dem, was man sonst zwischen die Zähne bekam, wenn man sich im Supermarkt nicht selbst bediente. Selbst das Wasser wurde nach der Anstrengung auf der Straße als willkommene Erfrischung geschlabbert. Unser Ausflug schien in einer gemütlichen Stunde ohne Herzklopfen auszuklingen.
Am Nebentisch tagte ein Damenkränzchen. Gewichtige Hüften, die über die Stuhlsitze ragten, beschränkten den Lichteinfall. Erst nachdem wir uns an die Dunkelheit im unteren Bereich gewöhnt hatten, erkannten wir, daß zwischen den geschwollenen Beinen noch etwas herumlag. Im Zwielicht auf den Boden hingestreckt, erinnerte es mich an die Heidschnucke, die sich neuerdings zu den beiden gescheckten Kühen und dem Pony auf unserem Hügel gesellt hatte.
Der Eindruck verflüchtigte sich, als die langmähnige Gestalt sich erhob und uns zuwandte, wobei sich die Tischplatte als viel zu niedrig erwies und die geschwollenen Beine den Raum auch seitlich einengten. Das Geschirr klapperte beim Anstoß, wovon sich das Kaffeekränzchen indessen nicht beeinträchtigen ließ. Und auch der Langmähnige setzte seinen Vormarsch in unsere Richtung unbeeindruckt fort – wenn auch auf allen vieren rutschend.
Unter unserem Tisch angekommen, beschnüffelte er zuerst

die ihm besonders entgegenkommende Trixi und wandte sich dann mir zu. Sein Fell war nicht nur ungewöhnlich lang, so daß man sich fast darin verstecken konnte, sondern auch weich wie Seide. Ich kletterte zu ihm hinauf, um ihn näher zu untersuchen, rutschte aber immer wieder herab, bis er sich flach legte und wir beide ohne Schwierigkeiten auf ihm herumturnen konnten.
»Sehen Sie doch nur, Frau Meier, was sich da unten abspielt!« sagte Frauchen über uns und beugte sich unter den Tisch. »Was für ein wunderschöner Afghane! Sind die drei nicht ein Bild zum Malen? Der Große wiegt bestimmt seine 50 Pfund.«
Der zu uns herübergerutschte Tischnachbar mußte gespürt haben, daß von ihm die Rede war. Auch schien er ein Menschenfreund zu sein. Er schob sich ins Freie, die sich bei ihm eingenistet hatten behutsam abschüttelnd, erhob sich neben unserem Tisch zu seiner vollen Größe und reichte zuerst Frauchen, dann Frau Meier die Pfote.
»Nicht nur schön, sondern auch noch höflich!« bemerkte Frau Meier und streichelte gemeinsam mit Edith das seidenweiche Fell. Zum Dank stützte der höfliche Afghane beide Vorderpfoten auf sie und plazierte einen liebevollen Kuß auf ihre Nase. »Aber, aber«, prustete die mit soviel Zuneigung Bedachte und drückte den Verehrer einen Stock tiefer.
Der fremde Kopf in ihrer Herrin Schoß war zuviel für Trixi. In einem plötzlichen Anfall von Eifersucht sprang sie mit hellem Jagdlaut dazu und wollte den Nebenbuhler wegbeißen. Was bei einem weniger gutgearteten Konkurrenten vermutlich ernste Folgen gehabt hätte, das große Schmusetier aber bloß zu einem ergebenen Seufzer und zur Einnahme einer weniger provokativen Stellung veranlaßte.

»Prinz, benimm dich!« rief es aus dem Damenkränzchen zu uns herüber. Man war aufmerksam geworden und hatte für einen Moment die Tortenschlacht unterbrochen. An die Adresse unserer Eskorte gerichtet folgte die Aufforderung: »Schicken Sie ihn ruhig weg. Er will halt mit Hinz und Kunz gut Freund sein und ist es gewohnt, daß er keine Gegenliebe findet.«
»Wen meint sie mit Hinz und Kunz?« mokierte sich Edith – leise genug, um am Nebentisch nicht verstanden zu werden. Lauter entgegnete sie: »Lassen Sie ihn nur. Ich hoffe, daß Sie nichts dagegen haben, wenn wir ihn noch ein bißchen bei uns behalten. Dürfen wir ihm was geben?«
»Dürfen dürfen Sie schon, aber er wird nichts nehmen. Er ist kein Süßmaul.«
Frau Meier machte die Probe aufs Exempel und wollte dazu die Reste ihrer Schwarzwälder Torte opfern. Aber Prinz war wohl tatsächlich kein Feinschmecker – oder andere Köstlichkeiten gewohnt, denn ungerührt sah er zu, wie sich Trixi einverleibte, was für ihn vorgesehen gewesen war.
Leider konnten wir ihn nicht mitnehmen, als wir die Konditorei verließen und er uns partout begleiten wollte. Frauchen brachte ihn von der Straße an den Tisch zurück, an dem das Kaffeekränzchen noch immer unverdrossen tagte und nicht einmal gemerkt hatte, daß der edle Afghane, der sich Hinz und Kunz anbiederte, ums Haar fahnenflüchtig geworden wäre.
»Es ist also doch nicht immer so, daß Hunde nach denen geraten, die für sie eigentlich Vorbild sein sollten!« stellte Edith fest, als wir endlich im Auto saßen. »Wie schön, daß es wenigstens bei dir so ist!«
Mit diesem Lob im Ohr drückte ich beruhigt die Augen zu.

*

Wenn ein Zweibein Geburtstag hat und ist angeblich bekannt wie ein bunter Hund, läßt man es nach Putzis Meinung einfach nicht in Ruhe, weil man es zu gut mit ihm meint. »Wenn ich wenigstens ein Hund wäre, bekäme ich meine extra Wurst, und die Angelegenheit wäre erledigt«, maulte unser Anführer und kündigte an, daß er dem ganzen Zauber aus dem Weg gehen und einfach mit mir das Haus rechtzeitig verlassen werde.

»Stell dich nicht so an!« ereiferte sich Knöpfchen. »Du hast ja sowieso jedem, ob er es hören wollte oder nicht, zu verstehen gegeben, daß du keinen Wert aufs Feiern legst. Daß du gleich ein Zelt im Garten aufschlagen läßt, um deine Gäste darin zu empfangen, wie es die Nachbarn getan haben, erwartet von dir Eigenbrötler sowieso keiner. »Du könntest aber wenigstens die Glückwünsche derer entgegennehmen, die auch ohne Einladung kommen. Einen Cognac oder Sherry könntest du anbieten, und ich würde Kaffee kochen und eine Schüssel mit frischen Berliner Pfannkuchen hinstellen. Dann würde sich niemand vor den Kopf gestoßen fühlen.«

»Quatsch«, antwortete Herrchen. Und so geschah es, daß Edith der Feuerwehrkapelle, die ein paar Wohlmeinende bestellt hatten, gestehen mußte, der Jubilar sei gar nicht da, und sie habe ihr Morgenständchen sozusagen in den Wind geblasen. Dabei war der, dem der ganze Auftrieb galt, nur ins Dorf gefahren, um frische Brötchen zu holen. Als er bei der Rückkehr die Musik hörte, zog er es vor, umzudrehen und ohne mich herumzuspazieren, bis die Luft wieder rein war. Dafür nahm er beim verspäteten Frühstück Frauchens schlechte Laune in Kauf und machte sich schließlich doch noch mit mir davon. Mehrere Telefonanrufe hatte er zuvor mit beherrschter Stimme entgegengenommen und unser

Weibchen, das ihn ein unausstehliches Ekel nannte, mit dem Versprechen besänftigt, am Abend mit ihm ganz intim Geburtstag zu feiern: im übernächsten Landgasthaus, wo ihn niemand kannte!
Daß sein Knöpfchen so sauer auf ihn sein konnte, muß meinem Leinenhalter trotz der äußerlichen Versöhnung aber doch unterwegs noch beschäftigt haben. Denn entgegen seiner sonstigen Gepflogenheit beantwortete er mein Vorwärtsdrängen nicht mit Gegenzug, sondern klinkte mich weichgestimmt mit einem resignierten »So lauf halt!« aus. Eine unverhoffte Gelegenheit, mein Laufdefizit auf weitem Feld ein wenig zu verringern.
Ein Hund, dessen Bewegungsfreiheit wegen der Besorgnis seiner Familie, es könnte ihm sonst etwas zustoßen, gewöhnlich auf die eigenen vier Wände beschränkt bleibt – und wenn er bessergestellt ist, höchstens einen Garten mit einschließt –, läßt sich so etwas nicht entgehen. Haben ihn seine Leute nicht total zugefüttert, so daß er als vollgestopfte Fleischroulade dem Herztod entgegenwackelt, ist ein solcher Geländelauf ein Elixier für seine seelische und physische Verfassung.
Auch ich testete meine Spannkraft, meine Spitzengeschwindigkeit. Anfangs blieb ich dabei in Putzis Nähe, damit er den Eindruck behielt, Herr der Lage zu sein. Nichts ist so frustrierend für den Rufer wie die Erkenntnis, daß der Gerufene nicht auf ihn hört, obwohl er noch in der Nähe ist. Hat man dagegen seine Kreise mit der Zeit scheinbar unbeabsichtigt weiter gezogen und verschwindet plötzlich hinter einem Busch oder einem Erdbuckel, behält der Mensch seine Selbstachtung. Es könnte ja sein, daß sein Hund ihn einfach nicht mehr gehört hat. Sonst wäre er sicher zurückgekommen.

Letzteres hatte ich sowieso vor. Nur kamen mir zwei Hasen dazwischen, die sich in eine Furche gedrückt und geglaubt hatten, mir so zu entgehen. Ich erinnerte mich an Herrn Meiers Behauptung, daß meine Rasse für die Jagd auf sie ganz besonders geeignet sei und schaltete den schnellsten Gang ein.

Leider standen mir die beiden darin nicht nach. Außerdem schlugen sie Haken, denen selbst mein Slalomlauf im Supermarkt nicht standhielt, und liefen dazu ständig über Kreuz. Wahrscheinlich wäre ich ihnen trotzdem nähergekommen, wenn ich mich für einen von beiden hätte entscheiden können. So blieb ich nach einer Weile stehen und machte mich auf den Weg zurück zum Ausgangspunkt. Was gewiß nicht an meiner Kondition lag, sondern an der Einsicht, daß ein Dackel allein nicht genug ist, um zwei Hasen zu fangen.

Mein Leithund hatte das Klügste getan, was er tun konnte: er war sitzen geblieben. Er muß gewußt haben, daß man uns am sichersten wiedertrifft, wo man uns verloren hat. Jedenfalls war er sichtlich erfreut und begnügte sich mit einer sentimentalen Ermahnung: »Ich hab dich bellen gehört und mir gedacht, daß du eine Spur verfolgt hast. Was wäre geschehen, wenn du dem Jäger über den Weg gelaufen wärst! Er hätte dich glatt erschießen dürfen. Kannst du dir vorstel-

len, was Frauchen gesagt hätte, wenn wir heimgekommen wären, und einer wäre tot gewesen?«
Woraufhin ich wieder angebunden und für den Rest des Tages nicht mehr losgelassen wurde. Auch dann nicht, als wir uns beide, vom stundenlangen Marschieren durstig, an einem breiten Bach erfrischten. Daß Putzi sich dadurch etwas schwerer tat als ich, nahm er in Kauf. Zweibeiner sind es an sich schon nicht gewohnt, auf dem Bauch liegend zu trinken. Wenn sich dazu am anderen Ende der Leine jemand bemüht, die Bachmitte zu erreichen, wo das Wasser am schönsten sprudelt, kann halt einiges passieren.
Gleichwohl bewahrte Herrchen Haltung und verlor nicht die wiedergefundene gute Laune. Daß er weiter hineingerutscht war, als es zum Durstlöschen nötig gewesen wäre, weil er mich partout festhalten wollte und nicht einkalkulierte, daß der Bachrand so schlüpfrig war, lastete er einem kleinen Hund nicht an.
Haltung bewies unser sieben Hundejahre alt gewordenes Männchen auch am Abend, für den es seinem Knöpfchen ein intimes Zusammensein versprochen hatte. Dem Plan entsprechend saßen wir in einer diskreten Ecke der entfernten Land-Wirtschaft, als mitten beim Genießen des Hauptgerichts eine Delegation durchs Lokal auf unseren Tisch zu stolzierte.
Putzis Stoßseufzer »Du lieber Himmel, der halbe Gemeinderat!« war noch nicht verklungen, als sich die Gruppe auch schon vor uns aufbaute und der Sprecher mit einer Stimme, die nirgendwo im Raum zu überhören war und zum Applaus verpflichtete, eine Ansprache hielt. Ausführlich wurde über Ehre, Ansehen und Verdienste geredet und dabei Herrchens Pfote festgehalten, als ahnte der Redner, daß der Geehrte andernfalls die Flucht ergriffen hätte.

Schließlich mußten wir die Urkunde in Glas, eine dicke Flasche und einen riesigen Blumenstrauß entgegennehmen und den halben Gemeinderat bitten, Platz zu nehmen, weil sich das so gehört. Als dann auch noch der Chef der Freiwilligen Feuerwehr mit einigen seiner Mannen erschien und seiner Erleichterung Ausdruck verlieh, daß er das Geburtstagskind dank der netten alten Dame in unserem Haus doch noch gefunden habe, brach die Resistenz unseres Leithundes endgültig zusammen. Er brachte sogar so etwas wie einen Dank für die Plakette mit der stilisierten Feuerwehrspritze zustande, die ihm feierlich um den Hals gehängt wurde.
Keiner von denen, die sich erst zu später Stunde verabschiedeten und Putzi endlich sich selbst überließen, ahnte, was er mit seinem Versprechen wirklich meinte: »Am nächsten Geburtstag bestehe ich darauf, daß Oma mitkommt, wenn wir essen gehen!«

*

Viele Eigenschaften der Zweibeiner werden wir wohl niemals begreifen, so sehr wir uns bemühen. Zum Beispiel, daß sich selbst die friedlicheren unter ihnen in die Haare geraten, wenn es um die Erziehung ihres eigenen Jungtieres geht, weil jeder dazu eine eigene Meinung hat, die er für die einzig richtige hält.
Handelt es sich um diejenigen, die »nur« adoptiert worden sind – gleich ob kleiner Hund oder etwas Größeres –, ist eine Einigung erstaunlicherweise oft sogar noch schwieriger. Am besten erzieht man uns gleich in den ersten Monaten,

weil wir uns da am leichtesten anpassen – ob es unserer Natur entspricht oder nicht. Auch nach einem Jahr sind wir noch biegsam. Haben wir das reife Alter von zwei Jahren erreicht, kostet unsere Erziehung mehr Mühe und Geduld, als die meisten, die es bei uns versuchen, aufbringen. Einem verkorksten Artgenossen mit drei Jahren noch gute Manieren beizubringen, grenzt an ein Wunder.
Es gibt mehrere Sorten von Erziehern. Die Ehrgeizigen, für die Erfolg Prestige bedeutet, das sie auf Biegen und Brechen anstreben. Die Strengen, doch gerechten, die ihre Aufgabe mit Nachdruck verfolgen, aber Halt machen, wenn es an der Zeit ist. Die Liebevollen, die uns mit Güte Sitte und Anstand auf vier Beinen lehren möchten. Und schließlich die Sanften, die jeder Art von Druck abhold sind, denen die persönliche Entfaltung der kleinsten Kreatur heilig ist, von denen aus sogar die Bäume in den Himmel wachsen dürften.
Während meine Familie ohne Zweifel zu den Liebevollen zählte, gehörten Reinhard und Ingrid ebenso gewiß zu den Allersanftesten. Zu ihnen paßte überhaupt nur ein Hausfreund, dem die Natur die seltene Gabe verliehen hatte, auf bloßen Blickkontakt zu reagieren oder Gedanken zu lesen. Er allein hätte die Chance gehabt, sich zu dem zu entwikkeln, was die Menschen gemeinhin einen wohlerzogenen Hund nannten.
Reinhard und Ingrid waren nach Herrchens Ansicht »einfach zu gut für diese Welt«. Weshalb er sie zu unseren Freunden gemacht hatte.
Putzis Freunde, die auch unsere Freunde waren, hatten Verständnis für unseren Anführer und ihn am Geburtstag in Frieden gelassen. Dafür erschienen sie am ganz gewöhnlichen Wochenende danach und tarnten selbst das mitge-

brachte Geburtstagsgeschenk durch eine Reihe von Liebesgaben für den Rest der Familie.
Auch die Kontaktaufnahme mit jedem einzelnen war angemessen und zeugte von großer Sensibilität. Edith und Putzi drückten die Besucher die Pfoten und einiges mehr. Kind streichelten sie übers Haar und küßten es zartfühlig auf die Backen. Für Oma, die sich wieder mal nicht wohlfühlte und im Bett geblieben war, hatten sie tröstende Worte und eine Flasche Sekt, der sie aufmuntern sollte.
Mit dem Pelztier steckten sie die Köpfe zusammen wie ein paar Verschwörer und schnurrten sich an. Doch mit mir gingen sie am weitesten: Sie legten sich zu mir auf den Teppich und erwiderten meine Art der Begrüßung mit derselben Vehemenz – ohne mir auch nur im geringsten auszuweichen oder sich das Gesicht abzuwischen. Denn sie wollten ganz offensichtlich meine Gefühle nicht verletzen.
Auch mit ihren Geschenken für den kleinen Teil der Familie bewiesen die Freunde ihren guten Geschmack. Was sie Kind, Kater und mir mitgebracht hatten, waren keine Gebrauchsgegenstände, die wir sowieso bekommen hätten, sondern reiner Luxus, den wir nicht erwartet hatten und über den wir uns deshalb besonders freuten. Dazu war er austauschbar!
Bobbelis singender Kreisel animierte Mau und mich zum Mitspielen. Hinter der aufziehbaren Maus, die eigentlich für den Kater gedacht war, liefen wir anderen genauso her, was meist damit endete, daß die Beute umkippte und sich auf dem Rücken um sich selbst drehte. Mein kleiner Gummidackel gefiel auch Bobbeli. Vor allem, nachdem es herausgefunden hatte, daß man ihn am lautesten zum Quietschen veranlaßte, wenn man ihn mit den Vorderläufen festhielt und hineinbiß.

Die Familie hatte darüber gesprochen, daß Reinhard und Ingrid tier- und kinderlos geblieben waren und darum vielleicht Zeit hätten, auf Oma und uns aufzupassen, damit Herrchen und Frauchen nach Amerika fahren konnten. Als wir am Abend im trauten Kreis zusammensaßen – Bobbeli auf Mamis, das Pelztier auf Reinhards und ich in Ingrids Schoß –, fragte unser Leithund die beiden, was sie von dem Plan hielten.

Die Zustimmung kam spontan. »Mit Freuden! Jederzeit!« antwortete Reinhard. »Ihr braucht uns nur zu sagen, wann wir kommen sollen. Nicht wahr, Ingrid?«

Ich spürte die freudige Erregung im Schoß. »Aber ja. Euere Hexe und Mau sind so lieb, daß sich jeder glücklich schätzen würde, der sich um sie kümmern darf. Wir werden sie wie unsere eigenen Kinder hüten.«

Die Hand, die über mein Fell strich und mich hinter den Ohren kraulte, war voller Zärtlichkeit. Menschen, die selbst keine Kinder haben, bringen einem kleinen Hund wohl besonders viel Gefühl entgegen. Auch der Kamerad auf dem anderen Schoß gab Töne äußerster Befriedigung von sich, als habe er dem Klang des Gesprochenen Lob und Zustimmung und eine zusätzliche Verheißung entnommen.

Zuneigung kennt keine Uhrzeit. Sie läßt sich nicht beliebig abstellen oder unterbrechen und nimmt es nicht ohne weiteres hin, wenn der Gegenstand dieser Zuneigung sich hinter eine Tür zurückzieht, die man nicht öffnen kann. Ist man zudem den ungehinderten Zutritt zu allen Abteilungen im Haus gewohnt, setzt man sich gegen ein plötzliches Verkehrsverbot mit den zur Verfügung stehenden Mitteln zur Wehr.

Nachdem ich lange genug an der Tür gekratzt hatte, hinter

der ich Ingrid und Reinhard witterte, wurde sie einen Spaltbreit geöffnet, so daß ich durchschlüpfen und mich zu ihnen legen konnte. In Anbetracht ihrer Sanftmütigkeit lief ich nicht Gefahr wie bei den eigenen Leuten, daß sie mir den Komfort weicher Federkissen verwehrten. Mit einem besonders anhänglichen »Gute Nacht!« nach links wie rechts bedankte ich mich für die Zulassung und richtete mich dann für den Rest der Nacht zwischen ihnen ein.
Leider hatte ich wieder einmal die Rechnung ohne den Oberhund gemacht. Der mußte irgendwann bemerkt haben, daß ich mich befand, wo ich seiner Meinung nach nicht hingehörte. Wortlos tauchte er im Zimmer auf und riß mich, keinen Widerstand duldend, mitten aus dem schönsten Traum. Den beschwichtigenden Hinweis der Freunde »Laß sie doch; sie stört ja nicht!« nahm er einfach nicht zur Kenntnis und beförderte mich an meinen Ausgangspunkt zurück.
Gegen Morgen, als Herrchen im Vertrauen auf seine Autorität fest schlief, versuchte ich es noch einmal, fand dieses Mal auf mein Begehren aber nicht die erhoffte Resonanz. Frustriert zog ich mich in mein Körbchen zurück. Nur einen Schuh, der vor der verschlossenen Tür gestanden und intensiv nach Ingrid gerochen hatte, nahm ich mit.
Es sprach für die Güte der verehrten Freundin, daß sie mich am nächsten Morgen in Schutz nahm, als der Schuh gefunden wurde. Sie schlug auch Putzis Angebot ab, den Schuh zu ersetzen und erlaubte mir sogar, seine Reste zu behalten.
Ich sah der Zeit mit Ingrid und Reinhard, wenn der strenge Teil der Familie in Amerika sein würde, mit hoher Erwartung entgegen.
Ohne Spiel wäre das Leben nur halb so schön. Das haben

wir Vierbeiner mit unseren Futtergebern gemeinsam. Luxusgeschöpfe wie Arbeitstiere lieben es. Letztere noch mehr als jene, die so verwöhnt sind, daß sie jede Art von Bewegung bereits als Arbeit empfinden.

Als häuslicher Dackel rangierte ich irgendwo dazwischen. Es gab kein reguläres Arbeitspensum zu bewältigen: keine Hasen zu apportieren, keine Schafherde zu treiben, weder Schlitten zu ziehen noch im Zirkus aufzutreten. Auch meine gelegentliche Wachtätigkeit übte ich sozusagen freiberuflich aus. Als Arbeit empfand ich sie nicht.
Dennoch liebte auch ich das Spiel – besonders mit den klei-

nen gelben Bällen aus Ediths Spezialtasche, die sie jedesmal mitnahm, wenn sie selbst spielen wollte. »Ballhaschen« wie Putzi spottete, der für diese Art Spiel offensichtlich nicht viel übrig hatte.

Wenn Frauchen »ballhaschen« wollte, zog es ein kurzes weißes Überfell an, klemmte sich den mit einem Netz bespannten Hascher unter den Arm und fuhr, ohne sich von mir gehörig zu verabschieden, davon – wahrscheinlich in Gedanken schon beim Spiel. Wenn es dann nach längerer Wartezeit zurückkam, mit rotem Kopf und völlig durchgeschwitzt, aber sichtlich zufrieden, nahm es sich um so mehr Zeit, meine Wiedersehensfreude zu würdigen.

»Ballhaschen« mußte trotz Herrchens Desinteresse ein interessantes Spiel sein, wenn es Frauchen so vergnügt und geneigt machte. Ich fand, daß es an der Zeit war, der Sache auf den Grund zu gehn.

Es gab keine direkte Spur, denn Autoreifen hinterlassen keine, mit der unsereiner etwas anfangen kann. Ich verließ mich auf meinen unverdorbenen Instinkt, benutzte nicht die Straße, sondern die Abkürzung querfeldein. Der Versuchung, mich unterwegs ablenken zu lassen, widerstand ich. Der Wildgeruch hätte mich in die entgegengesetzte Richtung geführt. Wenn man ein wichtiges Ziel vor Augen hat, soll man sich nicht durch noch so lockende Nebensächlichkeiten davon abbringen lassen.

Die Dorfstraße zu überqueren war am schwierigsten. Um diese Zeit schienen alle Bauern unterwegs zu sein. Wenn ich es nur mit Pferdewagen zu tun gehabt hätte, die es zu Füßen unseres Paradieses auch noch gab, hätte ich nicht zu zögern brauchen. Doch auf den Traktoren saß viel junges Volk, und das hielt die Monsterautos für Rennwagen, für die auch die Geschwindigkeitsbegrenzung nicht galt. Wer

unter eines der dicken Räder geriet, von dem blieb nur ein Stück Profil auf der Fahrbahn übrig.
Da erinnerte ich mich an den dreibeinigen Dorfhund, eine bekannte Persönlichkeit. Er dehnte seine täglichen Spaziergänge öfters bis zu uns aus und war auch Zaungast in einer gewissen Zeit meiner von der Natur gegebenen erhöhten Anziehungskraft. Trotz seiner weiten Ausflüge auf stark frequentierten Straßen war ihm noch niemals etwas passiert. Jeder beachtete ihn, bemitleidete ihn, lachte, wenn er trotz seines Handicaps ein Stück mitrannte und das Auto verbellte. Und jeder paßte auf, daß er ihn dabei nicht streifte.
Die Idee, ihn zu imitieren und mir dadurch den Vorteil größerer Rücksichtnahme zu verschaffen, schien es wert, ausprobiert zu werden. Und sie wirkte! Auf der anderen Seite angekommen hörte ich hinter mir Leute sagen: »Guck sich einer den Schlawiner an! Bringt den gesamten Verkehr zum Stehen, wenn er sich so erbärmlich hinkend über die Straße schleppt. Und kaum ist er drüben, rennt er auf allen vieren los, als ob er hinter einem Hasen her wäre.«
Ich wußte, daß es nicht mehr weit sein konnte. Zweibeiner, die mir begegneten, hatten die gleichen Kostüme an wie Frauchen, ähnliche Spezialtaschen dabei und rochen auch so nach Schweiß. Die letzten Meter legte ich mit freudigen Ruflauten zurück und setzte mit leichtem Sprung über ein gespanntes Hindernis. Überschwenglich begrüßte ich unser Weibchen, das vor Überraschung seinen Ballhascher fallen ließ und immer noch sprachlos war, als ich ihm den Ball brachte, der gerade vorbeigeflogen war.
Eine halbe Stunde Fußmarsch hügelab und bergan ist für einen Dackel, den nicht nur die Sehnsucht, sondern außerdem die Neugier motiviert, keine nennenswerte Anstrengung. Ich fühlte mich frisch und zu größeren Taten bereit.

Daß Edith, nachdem sie die Sprache wiedergefunden hatte, ihre Freude über mein Erscheinen mit dem Ausruf unterstrich »Hexe, du hast mir gerade noch gefehlt!«, eine ihrer Mithascherinnen mich als Balljungen engagieren wollte und ein drittes Zweibein vorschlug, mit mir ein »gemischtes Doppel« zu versuchen, verstärkte meinen Eindruck, daß ich schon früher hätte auftauchen sollen.
Trotzdem gebot mir Frauchen, »ein guter Hund« zu sein und mich erst einmal an den Spielfeldrand zu setzen, damit das laufende Doppel auf reguläre Weise zu Ende gebracht werden konnte. Selbstverständlich fügte ich mich diesem flehentlich vorgetragenen Wunsch. Man mußte ja schließlich seinen guten Willen zeigen. Die mir zugewiesene Stelle verließ ich auch nur, wenn ein Ball aus dem Nachbarfeld in meine Nähe rollte.
Man hatte nicht vergebens versucht, mir schon in meiner Welpenzeit Höflichkeit gegenüber anderen Leuten beizubringen. Daß die verschlagenen Bälle manches Mal auf kleinen Umwegen zu ihren Besitzern zurückkehrten und ich dabei dem einen oder anderen Spieler zwischen den Beinen herumlief, wurde nur von Frauchen als störend empfunden. Die übrigen Ballhascher erkannten meine Hilfe als anregende Abwechslung. Irgendwann hatte ich sogar den Verdacht, daß man die Bälle absichtlich in meine Nähe schlug, damit ich zeigen konnte, wie man sie am schnellsten und elegantesten wieder einfing.
Mit dem »gemischten Doppel« wurde es übrigens nichts. Meine Tätigkeit hatte zuviel Aufsehen erregt und den Platzwart auf den Plan gerufen. Der verbot mir weiterzuspielen, da der Club ausschließlich für Mitglieder sei. Den Zuruf eines meiner freundlichen Spielgefährten, ich sei Gast, beantwortete der Platzwart mit dem Hinweis, daß

Vierbeiner überhaupt und grundsätzlich keine Spielerlaubnis bekämen.

Daraufhin machte auch mein Frauchen Schluß und brachte mich heim, wo mir keiner untersagte, mit dem Ball zu spielen, der mir aus der Spezialtasche als Ersatz für die entgangenen Freuden zur Verfügung gestellt worden war.

Zwei weniger – und doch noch eine Familie

In Frauchens Kräuterecke war die Erde angenehm weich und feucht. Es hatte lange nicht geregnet, und nur hier grünte und duftete es noch, weil Putzi jeden Abend trotz generellen Spritzverbots heimlich eine Gießkanne Wasser über Kerbel und Petersilie, Dill und Estragon, Pimpinelle und Schnittlauch verteilte.

Wir trafen uns gelegentlich an dieser Stelle, die gleichermaßen Mäusen, Ameisen und Wespen eine Heimstatt bot: Mau und ich, ohne die jener Teil des Gartens längst der Alleinherrschaft der gemischten Gesellschaft zum Opfer gefallen wäre, sowie Bobbeli, das sich meist aufs Zuschauen beschränkte, da ihm zur Bekämpfung der Invasoren das Talent fehlte.

Auch auf die übrige Familie konnten wir nicht zählen. Sie ließ der Natur ihren Lauf und dachte nicht daran, Fallen aufzustellen, Pulver zu streuen oder auszuräuchern, was da so ein- und ausflog. Angeblich, weil jedes Geziefer ein Recht habe, da zu sein und sowieso schon zuviel Gift im Boden sei.

In der Verfolgung der Nager hatte ich mich dank der Übungsmaus von Ingrid und Reinhard soweit verbessert, daß ich dem Pelztier eine wesentliche Hilfe sein konnte. Weil ich nicht einfach geduldig vor dem Mauseloch wartete, sondern Bewegung ins Erdreich brachte, wurden die

Nestbewohner unruhig und kamen ans Tageslicht, um zu sehen, wo das Erdbeben herkam. Hier wurden sie von dem empfangen, der ihnen gerade am nächsten stand.
Diese hundertprozentige Erfolgsquote erreichten wir bei den Ameisen nicht. Mau fand von vornherein keinen Geschmack an ihnen, und ich konnte nur dafür sorgen, daß sich die Brut im Nest wenigstens nicht ungestört vermehrte, indem ich sie auseinanderbuddelte. Dazu wurde mein Vorgehen noch dadurch erschwert, daß ich die Nase hochhalten mußte und sie nicht als richtungweisende Vorhut einsetzen konnte. Ameisenbisse schmerzen halt an den weichen Teilen am meisten – Hund wie Mensch.
Die Wespen hatten ihr Schlupfloch zwischen den Estragonstauden angelegt. Gegen sie verfolgten wir wiederum eine gemeinsame Strategie. Wenn sie beim Start oder bei der Landung die Geschwindigkeit drosselten, ließen sie sich am leichtesten abfangen. Der Kater benutzte dazu die Pfoten, ich zerbiß sie in der Luft. Fing man's richtig an, wurde man dabei nicht einmal gestochen.
Unsere gutgemeinten Anstrengungen lösten übrigens wenig Begeisterung aus. Diejenigen, die uns eigentlich hätten loben sollen, behaupteten, speziell ich hätte mehr Schaden angerichtet als Nutzen gebracht. Und das nur, weil bei meinen Erdarbeiten das eine oder andere Küchenkräutchen seinen festen Halt einbüßte und ein paar Estragonstengel unser Gewicht nicht ausgehalten hatten!
Eines Tages kam Bobbeli brüllend zu Mami gelaufen und hielt ihr die blutigen Vorderpfoten hin. »Kind, was hast du nur jetzt wieder angestellt, mit dir hat man ja fast soviel Aufregung wie mit den Viechern!« entsetzte sich Edith, nahm ihren Wurf unter den Arm und rannte mit ihm ins Badezimmer, wo der Verbandskasten stand. »Hexe, geh

du aus dem Weg, oder willst du, daß wir über dich fallen! O Gott, was für eine Familie!«

Hätte sie mir zugehört, hätte sie nicht herumzurätseln brauchen, was »Balla sticht aua« bedeutete. Ich hätte ihr sagen können, daß die Kugel im Schnittlauch nichts anderes wollte, als in Ruhe gelassen zu werden. Igel haben es nicht so gern, wenn man sie umdreht, rollt oder kickt, und um ihr Vertrauen zu gewinnen, braucht man Zeit.

Da offenbar auch beim Verbinden meine Assistenz nicht gewünscht wurde, begab ich mich an den Ort des Ereignisses zurück und begann dort zusammen mit dem Pelztier, eben dieses Vertrauen zu entwickeln. Zunächst versuchten wir mit vereinten Kräften, die Kugel davon zu überzeugen, daß Fauchen und Knurren nicht immer unfreundliche Absichten bedeuten. Daß diese individuelle Art der Kommunikation mit einem Fremden vielmehr einen gewissen Respekt ausdrückt und zugleich darauf hinweist, daß man sich nötigenfalls auch selbst zu behaupten weiß.

Das noch recht einseitige Kontaktgespräch wurde durch Frauchen unterbrochen, das sich vom bandagierten Nachwuchs zum »Balla sticht aua« hatte ziehen lassen, wo es das stachelige Subjekt zwar identifizierte, sich aber weigerte, es mit ins Haus zu nehmen. »Vielleicht würde der Igel sogar zahm werden und eine Zeitlang bei uns bleiben. Aber er würde auch seine natürlichen Instinkte verlieren, vor allem seine Vorsicht, und könnte später in Freiheit seinen Feinden nicht mehr entgehen.«

Dann wurde auch uns geboten, das »nützliche Tier« in Frieden zu lassen. Frauchen aber holte ein Schüsselchen mit Milch und stellte es vor die Kugel. Als ich später nachschaute, hatte sich aus ihr der eigentliche Igel hervorgetraut

und die Milch fast ausgetrunken. Bei meinem Erscheinen kugelte er sich jedoch sofort wieder zusammen.
Dieses Mal zügelte ich mein Temperament und wartete still, bis die spitze Schnauze vorsichtig wieder zum Vorschein kam und mich zwei dunkle Augen neugierig musterten. Da legte ich mich zum Zeichen meiner Friedfertigkeit auf die Seite. Wer sich hinlegt, hat nichts Böses im Sinn, zumindest bereitet er keinen Angriff vor. Das mußte auch das Igelchen gewußt haben, denn es wandte sich dem Rest der Milch zu und hoppelte dann ohne Eile in den Garten hinein.
Von der Terrasse aus hatte Edith mit angesehen, wie sich zwei vertrugen, die im allgemeinen nicht sehr tolerant miteinander umgingen. Sie freute sich so darüber, daß sie mir sogar ein großes Stück Wurst schenkte und erklärte, ich hätte ihr mit meinem Verhalten eine besondere Freude gemacht. Doch erwies sich die Idylle als trügerisch.
Wieder einmal kam der Blitz aus heiterem Himmel. Am Abend hatte sich unser Leben verändert. Im Garten gab es ein frisches Grab, und ich hatte einen Kameraden weniger. Der Autofahrer, der nicht mehr rechtzeitig hatte anhalten können, erzählte, daß unser Pelztier hinter einem Igel hergelaufen sei und deshalb wohl nicht aufgepaßt habe.
Mau starb in Herrchens Armen, und Frauchen weinte die ganze Nacht.

*

»Geht ruhig und laßt mich hier. Ich möcht noch schlafen«, antwortete Oma. Wir wollten, daß sie mitkam zum Pick-

nicken. Aber sogar ich konnte sie nicht umstimmen, obwohl ich zu ihr ins Bett sprang und auf sie einredete. Sie schien wirklich sehr müde zu sein, denn alles, was ich erreichte, war ihre Bitte an Frauchen, »den schweren Hund« von ihr herunterzunehmen.
»Mutter gefällt mir gar nicht«, sagte Herrchen. »Seit Mau nicht mehr da ist, interessiert sie sich für überhaupt nichts mehr!«
Frauchen lud den mit einem bunten Küchentuch bedeckten Korb auf Bobbelis Buggy, nachdem Kind entschieden hatte, daß auf Papi zu reiten viel aufregender war.
»Als ich gestern zu ihr ins Zimmer kam, saß sie im Schaukelstuhl und streichelte das Kissen, auf dem er lag, wenn er sie besuchte.«
Der Ausflug war Putzis Idee, damit die Familie endlich wieder auf andere Gedanken kam. Denn wenn einem ein Tier in vierzehn Jahren auch noch so sehr ans Herz gewachsen sei und man es an allen Ecken und Enden vermisse, so müsse das Leben doch weitergehen. Immerhin sei ich ja auch noch da!
Am Rande einer Lichtung fanden wir eine Stelle, an der genügend Tannennadeln und Blätter lagen, um unter der mitgebrachten Decke ein ausreichend komfortables Polster für die empfindlichen Hinterteile meiner Begleiter abzugeben. Während Mami das mitgebrachte Futter auspackte, verschwand Putzi im Wald und verbot mir, ihm zu folgen. Es hätte mich interessiert, warum sich Zweibeiner so zieren; andererseits finden sie es ja auch nicht unfein, uns bei der Erledigung unserer Hygiene zuzusehen, um uns bei befriedigendem Resultat entsprechend zu loben.
Als unser Anführer sichtlich erleichtert wieder auftauchte und es ihm gelungen war, den Streit zwischen Bobbeli und

mir um das bunte Küchenhandtuch zu schlichten, konnte sich die Familie endlich ohne weitere Verzögerung dem Verzehr jener Spezialitäten widmen, die unter freiem Himmel besonders gut schmecken.
Kartoffelsalat, hartgekochte Eier, Hühnerbeine und Apfelsinen, dazu Milch und süßer Tee fanden lebhaften Zuspruch – nicht zuletzt bei denen, mit denen ich mich schon im Kräutergarten herumgeschlagen hatte. Meine auf Bequemlichkeit bedachten Vorgesetzten hatten sich bei der Wahl unseres Rastplatzes zu sehr vom äußeren Eindruck leiten lassen. Wären sie der Sache auf den Grund gegangen, hätten sie die Ameisen gleich entdeckt, die unter Tannennadeln und Laub hausten und jetzt hervorkamen.
Zweibeiner bewegen sich am schnellsten, wenn man sie beißt oder zwickt. Kommt die Angst hinzu, jemand, der nicht eingeladen ist, könne sich über ihr Futter hermachen, geraten sie geradezu in Panik. Putzi schlug so wild drauflos, daß man befürchten mußte, er könnte sich selbst verletzen. Frauchen raffte den brüllenden Nachwuchs und die Vorräte zusammen und brachte sie in Sicherheit.
Nur ich blieb bei dem Aufruhr gelassen. Wo sich ein Gegenangriff eventuell gelohnt hätte, konnte ich sowieso nichts ausrichten, weil die Decke noch dalag. Solange die allgemeine Aufmerksamkeit jenen galt, die Frauchen unlängst noch als »nützliche Tiere« bezeichnet hatte, verleibte ich mir lieber ein hartgekochtes Ei ein und versuchte ein Hühnerbein, das mir wahrscheinlich bei regulärem Verlauf des Picknicks vorenthalten worden wäre.
Meine zweibeinigen Freunde waren durch den Zwischenfall so konsterniert, daß sie sich mir gegenüber bei der Fortsetzung des gemeinsamen Picknicks kein kritisches Wort wegen des verschwundenen Eis, des fehlenden Hühner-

beins und des durcheinandergeratenen Kartoffelsalats erlaubten.
Plötzlich hob unser Leithund die Nase. Ich hatte das Gemisch aus Harz und Rauch schon früher gewittert, mich von meiner nahrhaften Tätigkeit aber nicht weiter abbringen lassen. Unsereiner reagiert meist nur, wenn unmittelbar Gefahr droht.
»Irgendwo brennt es«, stellte Putzi fest, und Edith meinte: »Hoffentlich nicht in unserem Wald. Wundern würde es mich allerdings nicht – bei der Trockenheit!«
Nach dem Essen sollte man sich hinlegen und verdauen, damit man möglichst viel davon hat. Leider waren die beiden, die das Sagen hatten, anderer Ansicht: Die Minderheit wurde einfach gezwungen, sich zu bewegen. Mein Widerstand brachte nichts ein. Nicht einmal die tiefe Schleifspur konnte Herrchen bewegen, mich zu tragen oder wenigstens zu Bobbeli auf den Buggy zu setzen. Angeblich, weil ich in letzter Zeit eh schon zu dick geworden sei. Daß ich ihm am Anfang zu klein gewesen war, hatte er anscheinend vergessen.
In den umliegenden Dörfern heulten die Sirenen. Der Rauchgeruch hatte sich verstärkt, und aus der Richtung, die Herrchen eingeschlagen hatte, hörten wir Knistern und Rauschen.
»Laß uns umkehren oder zu den Feldern hinunterlaufen«, bat Edith, »mir ist nicht wohl bei dem Gedanken, daß wir dem Feuer entgegengehn.«
»Keine Angst!« lachte unser Oberhund. »In unserem Wald ist noch keiner umgekommen. Es ist ja sicher nur ein Brändchen, und das hat die Feuerwehr bald unter Kontrolle. Bei der Windstille greifen die Flammen auch nicht unberechenbar um sich. Gehn wir doch noch bis zur nächsten Kreuzung, vielleicht sehen wir da schon mehr.«

An der Biegung trafen wir auf einen Jeep. Der Fahrer rief uns zu: »Hier können Sie nicht mehr durch, die ganze Rückseite des Bergs steht in Flammen. Das Holz ist so dürr, daß es sich bei jedem Funkenflug entzündet. Halten Sie bloß Ihren Hund fest. Es wimmelt von Wild, das vor dem Feuer flüchtet.«
Herrchen hatte es mit einem Mal eilig. Es übernahm Buggy und Kind und überließ mich als den leichteren Teil seinem Weibchen. Ich hatte die Resistenz gegen das Laufen aufgegeben und bildete jetzt die Vorhut wie gewöhnlich.
Wir hatten den Weg verlassen und schlugen uns zwischen trockenen Ästen und Gestrüpp hindurch. Da sich der Buggy als wenig geländegängig erwies, klappte ihn unser Leithund zusammen und setzte sich Bobbeli in den Nacken. Auf die Dauer schien ihm aber auch das zu anstrengend zu sein, denn schon bald darauf verkündete er, daß wir genug gerannt seien und eine Pause verdient hätten.
Aus Erfahrung klug geworden war er jedoch nicht. Auch sein Weibchen dachte nicht daran, den Platz, an dem wir uns ausruhen sollten, zuerst einmal in Augenschein zu nehmen. So mußte sich einmal mehr der Kleinste um die Sicherheit der Meute kümmern.
Es stimmte auch nicht, daß diejenigen, die angeblich immer alles besser wußten, intelligent genug waren, um meine Warnung sofort zu verstehen. Mich einen »hysterischen Hund« zu heißen und mir obendrein den Mund zu verbieten, löste das Problem nicht. Ich mußte schon zu einer drastischen Methode greifen, um sie in letzter Sekunde daran zu hindern, sich genau da niederzulassen, wo der gefährliche Wurm im Laub versteckt lag.
Mit Zähnefletschen und knurrendem Anspringen gelang

es mir schließlich, unseren Anführer an seine Verantwortung zu erinnern. Als er genauer hinschaute, entdeckte er die Ursache meiner Besorgnis und reagierte. Sein Weibchen und mich holte er ein Stück zurück und übergab auch den Knirps unserer Obhut.
In der Nähe fand er einen abgebrochenen Ast mit einer Art Gabel am Ende. Mit der hielt er den Wurm am Boden, um ihn sich näher anzusehn, während Frauchen ihn anflehte, sich nicht in Gefahr zu begeben.
»Eine schwarze Kreuzotter«, stellte er fest. »Giftig, aber nicht aggressiv. Den Menschen greift sie nur an, wenn er auf sie tritt oder sich auf sie setzt, wie wir es beinahe getan hätten. Es gibt kaum noch welche. Die letzte hab ich in meiner Kindheit gesehen. Sie verkriechen sich tagsüber in ihrem Schlupfloch und kommen nur noch nachts heraus. Das Feuer muß sie aufgescheucht haben.«
Putzi hob den Stock hoch, um den sich die Kreuzotter geringelt hatte. »Moment mal! Diese hier ist ja verletzt. Darum also ist sie liegengeblieben, als wir kamen.«
»Was wirst du mit ihr machen?« fragte Edith.
Herrchen legte den Ast mit der Schlange ins Laub zurück. »Natürlich nichts. Vielleicht erholt sie sich. Auch Kreuzottern wollen leben. Gehn wir!«
Als wir nach Hause kamen, begann es zu regnen. Der Regen half, das Feuer endgültig zu löschen. Am Abend erfuhren wir die Ursache des Unglücks. Eine Horde halbfertiger Zweibeiner war wie wir in den Wald gezogen, um dort zu picknicken, hatten sich aber nicht mit Essen und Trinken begnügt, sondern auch noch ein Lagerfeuer angezündet, das davongelaufen war.
»Hoffentlich sind die Eltern versichert«, sagte Putzi, »sonst bedeutet es ihren Ruin.«

»Wie hoch sind wir eigentlich abgedeckt?« wollte Frauchen wissen.
»Mit einer halben Million«, antwortete Putzi. »Und die sollte reichen für zwei halbe Portionen, die etwas anstellen könnten!«

*

»Du, ich glaub, die Hexe kriegt einen dicken Bauch!« Putzis Stimme war voller Mißtrauen. »Sie wird doch nicht ...«
»Wenn jeder, der zunimmt, schwanger wäre, würden wir uns auf einen Schlag verdoppeln«, wiegelte Edith ab. »Sie wird sich überfressen haben. Ich muß wieder mehr darauf achten, daß unser Kleiner und Frau Meier ihr nicht soviel Naschereien zustecken. Du alter Esel bist ja auch nicht klüger!«
»Mir kommt die Figur trotzdem verdächtig vor!« beharrte der alte Esel und hob mich zur Besichtigung hoch wie ein Auktionsstück. »Sieh selbst, sogar die Zitzen sind geschwollen.«
Frauchen betrachtete mich von unten und wurde nachdenklich. »Die Zeit könnte stimmen. Aber ich kann mir nicht vorstellen, wie es passiert sein könnte. Wir haben doch aufgepaßt!«
»Das haben andere auch schon gedacht, bis sie auf einmal einen Korb voll Junge hatten«, erwiderte Putzi, stellte sich mit mir auf die Waage, behauptete, ich hätte um mehr als ein Pfund zugenommen, was für einen Zwergdackel zuviel sei und rief umgehend die Tierärztin an.
Ich trug in diesen Tagen wirklich ein neues Gefühl mit mir herum. Mein Gewicht kümmerte mich zwar wenig, denn

kein Hund macht sich Gedanken darüber, ob er seinem Magen mehr zumutet als ihm vielleicht guttut, solange es ihm schmeckt. Was mich viel mehr einnahm, war mein Gummihündchen. Ich begann, ihm mein ganzes Interesse zu schenken, trug es herum, legte es zu mir, wo immer ich mich niederließ. Wer es mir wegnehmen wollte, riskierte Komplikationen, und Mami brachte ihren Knirps aus meiner Reichweite, weil ich nach ihm schnappte, als er das nicht einsehen wollte. Winkte ein »Leckerli«, zu dem man mich sonst nicht zweimal zu rufen brauchte, wartete ich lieber, bis man es mir brachte – dabei sorgsam darauf achtend, daß man meinem kleinen Schützling nicht zu nahe kam.

Doktor Gabi bestätigte meiner Familie, daß sie ihre Aufsichtspflicht erfüllt habe. Ich sei nur scheinschwanger, was für eine Hundedame, der man gewisse Dinge nicht erlaube, natürlich und nach etwa zwei Wochen vorbei sei. Mir sei mit Sicherheit kein Unbefugter aufs Fell gerückt und somit mein Stammbaum nach wie vor intakt.

Vor allem unser auf Ordnung bedachtes Oberweibchen atmete auf. Es hatte sich bereits ausgemalt, was geschehen wäre, wenn ich ihr ein halbes Dutzend Mischlinge vorgelegt hätte, die viel zu herzig waren, um sie einfach ihrem Schicksal zu überlassen.

Der Zufall wollte es, daß die Familie an diesem Tag genau das bei einem armen Kerl tun mußte, der sich nicht helfen ließ. Die Landstraße in die Stadt war gesperrt, und wir mußten deshalb ein Stück über die Autobahn fahren. Plötzlich wurde ich vom Sitz heruntergeschleudert, ohne daß jemand auf meinen Zustand achtete und sich entschuldigte.

»Mein Gott, er wäre uns ums Haar ins Auto gelaufen«, rief

Frauchen erschrocken, nachdem Herrchen das Steuer herumgerissen und die Bremse malträtiert hatte.
Putzi nahm sich nicht die Zeit, etwas zu sagen. Er hatte den Wagen an die Seite gelenkt und war hinausgesprungen. »Hundele komm, na komm schon her!« rief er, und ich schickte mich an, der Aufforderung zu folgen, wurde aber von Frauchen zurückgehalten.
»Du doch nicht!« wies mich Edith zurecht und zeigte mir die traurige Gestalt, die uns am Rand der Autobahn entgegengelaufen war und auch jetzt, Herrchens Rufe nicht beachtend, die Richtung beibehielt – obwohl es schien, daß sie sich kaum noch aufrecht halten konnte.
»Wieder einer, den sie ausgesetzt haben und der versucht, nach Haus zu kommen«, seufzte unser Anführer beim Weiterfahren, um nach einer Pause hinzuzufügen: »Ich hätte ihm nachlaufen sollen. Er hat doch gar keine Chance!«
»Und hättest dich dabei selbst überfahren lassen!« widersprach Putzis Knöpfchen. »Wahrscheinlich hätte er sich nicht einmal anfassen lassen und um sich gebissen. Ein verzweifelter Hund wie der folgt nur noch einem einzigen letzten Trieb – seiner Sehnsucht nach denjenigen, die ihn gar nicht mehr haben wollen. Aber das weiß er ja nicht!«
Danach wurde nie wieder über den Hund gesprochen, der die Autobahn entlanggelaufen war. Dennoch mußte Herrchen etwas über ihn erfahren haben. Irgendwann nahm es mich beiseite und sagte, ohne daß Frauchen es hörte:
»Du brauchst keine Angst zu haben, daß wir dich aussetzen. Du mußt mir aber auch versprechen, daß du nicht fortläufst. Du willt doch nicht bei Sonne und Regen am Straßenrand liegen und immer weniger werden, bis nichts mehr von dir übrig ist!«

*

Im Herbst erwachte Ediths Jagdleidenschaft für alles im Wald, das sie für wohlschmeckend, nahrhaft oder gar gesund hielt. Kein Pilz war dann vor ihr sicher, es sei denn, sie hatte Angst vor ihm. In aller Frühe spannte sie mich ein – kaum daß Herrchen gegangen war, weil sie den Zweibeinern zuvorkommen wollte, die von einem ähnlichen Fieber ergriffen waren. Am Wochenende, wenn der Boss ausschlafen wollte, wurde er ebenfalls ein Opfer der Trophäensucht seines Knöpfchens.
Dabei hatten wir beide überhaupt kein Talent zum Aufspüren dieser Art von Beute. Der Oberhund apportierte zwar öfters, mußte sich aber meist fragen lassen, ob er die Familie umbringen wolle. Und mich zog es Spuren nach, an denen unser Frauchen nicht interessiert war. Ein Dackel ist halt kein Pilzsucher, und Ediths Wunsch, mich wenigstens vorübergehend in einen Trüffelschnüffler zu verwandeln, konnte ich schon gar nicht erfüllen.
Anders verhielt ich mich, wenn es um Früchte ging, die nicht auf der Erde wuchsen, sondern an Sträuchern und Büschen. Himbeeren und Hagebutten, vor allem Brombeeren und Holunder eignen sich weitaus besser als Ziel gemeinsamer Ausflüge. Wer Beeren pflückte, hatte keine Hand frei, um seinen vierbeinigen Begleiter festzuhalten. Und er erwartete auch keine tätige Hilfe.
»Heute gehts in die Brombeeren«, ordnete das Hausweibchen an. »Ihr Zwerge kommt mit!«
Ich durfte als besondere Vergünstigung Bobbeli an der Leine führen, die Größte von uns trug den Eimer. Das Wetter war ideal zum Beerensuchen. Die Sonne wärmte unser Fell, und ein Lüftchen blies die Schnaken weg, die unsere Sammlerin von der Arbeit abhalten und sich auch an den Zuschauern vergreifen wollten.

Beerensammeln kostet Zeit und Geduld, vor allem die Statisten, die nicht aktiv beteiligt sind und sich mit Warten und bloßem Artigsein begnügen müssen. Nachdem wir nicht direkt Beteiligten uns die Zeit eine Weile mit Übereinanderherfallen, Schwanzziehen und Hosenzwicken vertrieben hatten und wir von der sich daraus spontan entwickelnden Verfolgungsjagd zurückgerufen worden waren, blieb von unserer Geduld nicht mehr viel übrig. In einem solchen Fall ergriff man am besten selbst die Initiative.
Nach Bobbelis ersten Scheinerfolgen versuchte auch ich mein Glück. Doch greift auch die geschickteste Hundeschnauze nicht so akkurat zu wie eine Menschenpfote, selbst wenn sie noch nicht ganz fertig ist. Kind gelang es, ein paar Beeren zu erhaschen und einen Teil davon in die anvisierte Öffnung zu bugsieren. Ich spießte mir gleich beim ersten Ansturm einige Dornen in die Nase.
Wahrscheinlich hätte ich erst gar nicht versuchen sollen, auf eigene Faust Beeren zu pflücken, die zu hoch für mich hingen. Sprünge ins Brombeergebüsch sind noch niemandem bekommen. Diese Erfahrung machte übrigens auch Kind – zu einem Zeitpunkt, an dem ich mich bereits wieder zurückgezogen hatte und überlegte, wie ich ohne eigenes Risiko an der Ernte teilhaben konnte.
Bobbeli, noch unterentwickelt und nicht standfest genug, verlor beim Angeln nach einer dicken Beere die Balance und landete im Strauch. Mami, die bei meinem Mißgeschick zuvor ihre Sammlerei nur kurz unterbrochen und mich anschließend mir selbst überlassen hatte, eilte herbei und fischte das jammernde Menschlein aus dem Gestrüpp. Bobbelis Gesicht, von keinem Fell geschützt, war voll blutender Striemen, und in den Patschpfoten steckten Dornen. Wieder einmal stellte sich heraus, daß unsereins zweibeini-

gen Altersgenossen, wenigstens was die Widerstandskraft betrifft, überlegen ist.

Dementsprechend länger dauerte es, bis Edith mit Hilfe ihres Taschentuchs und einer Unmenge Spucke die Blessuren ihres Wurfs behandelt und die beiden Patscher von den Dornen befreit hatte. Am Ende mußte sie den Eindruck gewonnen haben, daß wir beide für den Augenblick so gut wie möglich versorgt waren und sie fortfahren konnte, becherweise den Eimer zu füllen, den sie am Wegrand abgestellt hatte.

Da Bobbeli, von der Aufregung ermattet, auf Mamis Jakke eingeschlafen war und mich nicht beanspruchte, trat ich dem Eimer näher, in dem süße Früchte ohne Stacheln lagen und darauf warteten, gekostet zu werden. Daß der Eimer nicht einmal zur Hälfte gefüllt und deshalb nicht schwer genug war, um meinen paar Pfund standzuhalten, erwies sich als Glück und Pech zugleich.

Er kippte um, als ich mich auf seinen Rand stellte, um die nötige Übersicht zu gewinnen, und sein Inhalt kullerte mir mundgerecht entgegen. Aber sein Klappern rief auch die ehrgeizige Sammlerin auf den Plan. Sie wollte sich das Ergebnis ihrer Bemühungen nicht schmälern lassen und hing den wieder eingeräumten Sammelbehälter in den nächsten Baum. Mir blieb für dieses Mal nur das Nachsehen.

Weil der Eimer trotzdem nicht voll werden wollte, entschied sich Edith für einen Kompromiß, mit dem ich leben konnte. Am Waldrand stand ein überreifer Hollerbusch. Von dem brach sie die Strünke ab und deponierte sie aufs Gras. Als ein beträchtlicher Berg zusammengekommen war, streifte sie die vor Saft strotzenden Kugeln mit Bobbelis und meiner Unterstützung zu den Beeren im Eimer.

»Butterbrot mit Brombeer-Holunder-Gelee schmeckt prima!« versprach sie und gab uns als Vorgeschmack eine Handvoll Mischobst zu versuchen, wie es sich für echte Partner gehörte. Es war eine Zueignung, die meiner Anatomie entsprach. Denn aus der hohlen Hand ißt es sich nun einmal leichter als vom Dornenzweig.

*

Weil es mehr Menschen gibt als Hunde und sie Platz beanspruchen, den sie eigentlich gar nicht haben, gibt es Regeln, um Zusammenstöße zu vermeiden. Solange sich die Zweibeiner daran halten, kommen sie einigermaßen miteinander aus. Sobald sie diese Regeln vergessen oder denken, sie seien nur für andere gemacht, passiert etwas.
Sie nennen es Verkehrschaos, und diejenigen von uns, die das Pech haben, dabei zu sein, müssen es oft stundenlang in ihren aufgeheizten Blechdosen aushalten, bis sie endlich erlöst werden. So etwas konnte mir nicht passieren, wie sich an einem Tag zeigte, der zunächst wie jeder andere verlief – von ein paar Kleinigkeiten abgesehen.
Wir hatten Ediths große Schwester und ihr Männchen besucht, und ich war zum Abschluß von Putzi ausdrücklich belobigt worden, weil ich die Zeit auf dem Balkon der beiden Antihunde anscheinend mit soviel Anstand durchgestanden hatte. »Siehst du, mit gutem Willen und ein bißchen Disziplin geht es doch!« sagte Herrchen befriedigt.
Was ich wohl zu hören gekriegt hätte, wenn der Mensch, der von der Straße »Rücksichtslosigkeit!« heraufgerufen

hatte, seine Beschwerde persönlich vorgebracht hätte? Mir war die Zeit auf dem Balkon nämlich unerträglich geworden. Zum Glück hatte der Getroffene meinen Bach für pures Wasser gehalten und sich mit der Empfehlung begnügt, die Leute sollten ihre Blumen doch gefälligst gießen, wenn unten niemand vorbeigehe.

Disziplin hätte unser Anführer selbst gebraucht, als wir heimwärts auf der Autobahn im Stau steckenblieben und er Frauchen das Steuer aus der Hand nahm, um auszuscheren. Unbeeindruckt vom Geschimpfe der Gestauten um uns herum kutschierte er uns auf die freie Gegenfahrbahn, ausnutzend, daß wir an einer Baustelle hielten, an der die Leitplanke entfernt war.

»Du bist ja total verrückt!« rief Frauchen erschrocken, während die Autos in der Schlange hinter uns hupten. Daß Putzi als Antwort die Warnlichter blinken ließ, als ob es sich bei uns um einen Notfall handelte, half ihm jedoch wenig. Ein paar hundert Meter weiter stoppte uns die Polizei, die Herrchens Wendemannöver beobachtet hatte.

Der Boss bekam Gelegenheit, seine Kaltschnäuzigkeit zu beweisen. Er kurbelte das Fenster herunter und begegnete dem förmlichen Gruß des Beamten mit einem betont freundlichen »Guten Abend, ich weiß, ich hätte es nicht tun dürfen!« Und zu mir gewandt: »Still, Hexe, die Herren erledigen nur ihre Pflicht.«

Frauchen saß bleich und krank vor Aufregung dabei und sagte kein Wort.

»Steigen Sie bitte aus!« forderte der Beamte, was Putzi mit einem bereitwilligen »Aber gern!« quittierte.

Den weiteren Verlauf der Verhandlung verfolgte ich als an der Leine zurückgehaltener Zuschauer, der seine Abneigung gegen Uniformen unterdrückte, um Putzis Position

nicht noch zu verschlimmern. Nur Kind, das geschlafen hatte und aufgewacht war, drückte seinen Unmut aus.
Unser Anführer mußte seinen Führerschein und was Zweibeiner sonst noch zum Autofahren benötigen hergeben und sich einige Paragraphen vorlesen lassen, gegen die er verstoßen hatte. Doch schon jetzt konnte der sensible Beobachter spüren, wie sich die Atmosphäre leicht entspannte. Während ein in die Ecke gedrängter Hund gewöhnlich zu knurren anfängt, hielt die Nummer eins unserer Meute seinen Ton im Gleichklang, unterlegt mit genau der richtigen Dosis Bedauern und Bereitschaft, mit der Polizei zu kooperieren.
Gleichwohl bestand er darauf, daß er hatte tun müssen, was er tat. Und daß er wahrscheinlich wieder so handeln würde, wenn es das Wohl der Familie, die ihm anvertraut war, erforderte. Die Beamten waren auch sichtbar gerührt, als Herrchen mit ergreifender Stimme schilderte, wie Frauchen sich gequält und die Leibschmerzen kaum noch ertragen hatte. Die einzige Rettung sei der Rastplatz an der Gegenfahrbahn gewesen, den er folgerichtig habe ansteuern müssen.
»Sie würden Ihrer Frau doch auch nicht zumuten, vor all den Leuten öffentlich die Hose herunterzulassen! Ich liebe meine Frau und bin bereit, die Konsequenzen dafür zu tragen.«
Einer der Beamten vergaß, daß gerade kleinere Hunde unberechenbar sein können, wenn man ihnen zu nahe kommt. Er trat neben mich, bückte sich und betrachtete unser Weibchen, das frustriert im Wagen kauerte und wirklich keinen gesunden Eindruck machte.
Dann wechselte er einen beziehungsreichen Blick mit seinem Kollegen, gab Putzi die Papiere zurück und uns mit ei-

nem gnädigen »Aber tun Sie so etwas nie wieder!« den Weg frei.

»Ich glaub, jetzt wird mir tatsächlich übel«, stöhnte Frauchen. Ihr Rüde grinste verständnisvoll und fuhr zum Rastplatz, den er gerade noch als Pro-forma-Ziel angegeben hatte.

Edith verschwand völlig undamenhaft und tauchte erst nach geraumer Zeit wieder auf, einigermaßen restauriert und dem Fahrer das Versprechen abnehmend, sich beim nächsten Mal wie ein Mensch zu benehmen und nicht wie eine wilde Sau.

Ich hatte aber bereits am nächsten Morgen meine Zweifel, daß unser Familienoberhaupt sein Wort halten würde. Denn als es von dem schweren Unfall und dem kilometerlangen Stau auf der Autobahn hörte, der sich erst spät in der Nacht aufgelöst hatte, war ein gewisser Triumph in seiner Stimme nicht zu überhören.

*

Die Familie liebte alles, was das ganze Jahr über ums Haus herumflog. Hinter den Vorhängen versteckt, damit sie das gefiederte Volk nicht verscheuchten, beobachteten Edith und Putzi das Treiben im Garten. Freuten sich, wenn die Piepser, Zwitscherer und Schreier Käfer aus der Baumrinde pulten, den Haselnußstrauch plünderten, im Sommer in dem kleinen Bassin badeten, das regelmäßig nachgefüllt wurde und einem kleinen Hund als Tränke offiziell verboten war. Und auch im Winter ließ ihr Interesse nicht nach, und sie fütterten Spatzen, Meisen, Dompfaffen und Buch-

finken mit Sonnenblumenkernen und sonstigen Körnern durch.
Als Mau noch lebte, wurde sein Jagdeifer ständig gebremst, damit die Zahl seiner Opfer nicht überhand nahm. Daß unser Kater nicht mehr da war, hatte sich indessen bald herumgesprochen, und seitdem trieben sich in unserem Luftraum mehr Insektenfresser herum als je zuvor. Dackel werden von ihnen sowieso als Verfolger nicht ernst genommen – auch von Amseln nicht, obwohl ich ständig ausprobierte, ob ihr Notstart noch funktionierte, wenn sie gerade dabei waren, den Rasen nach Würmern durchzupflügen.
Als im Garten die Trauben reiften, kam der gute Mensch in Putzi zum Vorschein. Hinterm Haus gab es ein Spalier, um das sich die meiste Zeit keiner kümmerte. Nur im Herbst, wenn die Beeren anschwollen und man sich daran erinnerte, daß man sie essen konnte, fand der Rebstock Beachtung. Es zeigte sich wieder einmal, daß am besten schmeckt, was man ernten kann, ohne selbst etwas dafür getan zu haben – auch wenn man sonst vielleicht andere Ansprüche hat.
Nachdem sich herausgestellt hatte, daß vor allem die Amseln nicht gewillt waren, die Früchte denen zu überlassen, denen sie gehörten, und mit dem Ernten begannen, ehe die Trauben richtig reif waren, besorgte Putzi ein Netz und hing es über das Spalier. Denn dort, wo das eigene Futter gefährdet ist, hört die Tierliebe der Zweibeiner zunächst einmal auf.
Leider war der Boss dabei nicht professionell genug vorgegangen. Vor allem hatte er nicht mit der Neugier seiner eigenen Meute gerechnet. Bobbeli fand schnell heraus, daß man die Sperre unterwandern konnte, und prüfte von da an mit meiner Hilfe die täglich zunehmende Süße der Beeren.

Da dies zu Zeiten geschah, in denen das Familienoberhaupt anderswo unser Futter verdiente und Mami genug zu tun hatte, um Ordnung im Haus zu schaffen, blieb unsere Aktivität zunächst unentdeckt – und auch, daß ein paar Vögel den von uns entwickelten Zugang inzwischen mitbenutzten. Dieser Zustand änderte sich erst am Wochenende, als Putzi das Loch entdeckte und gleichzeitig feststellte, daß die tiefhängenden Trauben verschwunden waren.
Er entließ die beiden Vögel unterm Netz, die bei seinem Erscheinen in Panik geraten waren und den Weg nach draußen nicht mehr gefunden hatten, dichtete das Spalier sorgsamer ab und verhängte Stubenarrest über Kind und Hund.
Zwei Tage später lief ihm Edith entgegen, als er nach Hause kam. »Im Traubennetz hängt ein Star. Ich krieg ihn nicht los. Es sieht so aus, als wäre er am Ende!«
Herrchen ließ seine Tasche fallen und eilte mit uns hinters Haus, wo ein schon ziemlich schlaffes Etwas in der Bespannung hing. Dort gebot der Größte der Familie dem Kleinsten, die Schnauze zu halten, um den Vogel nicht noch mehr zu ängstigen und machte sich an die Entwirrung. Wir anderen schauten zu, bis Edith fortgeschickt wurde, um eine Schere und Handschuhe zu holen.
»Er hat sich selbst zu sehr eingewickelt. Da hilft nur noch Rausschneiden!«
Dann gebot er seinem Weibchen, den gefesselten Traubendieb samt seiner Umgarnung festzuhalten und schnitt ihn aus dem Netz heraus. Mit der Schere war der Rest leichte Arbeit. Der Star wurde entfesselt, und als er wieder flattern konnte und seinen Befreiern in die Hand hacken wollte, auf die Erde gesetzt. Meiner Absicht, ihn Dankbarkeit zu lehren, kam Frauchen zuvor: Es nahm mich vorzeitig auf den Arm.

Noch in derselben Stunde rollte Putzi das Netz zusammen, weil er nicht ständig daheimbleiben wollte, um für weitere Rettungsaktionen parat zu sein. Dafür gab es in diesem Jahr weniger Traubengelee. Denn Edith pflückte nur noch die allerschönsten Früchte und ließ die übrigen hängen, damit die Vögel auch noch etwas von ihnen hatten.

*

Nicht jeder Mensch war so geburtstagsscheu wie Herrchen. Es gab welche, die sich dazu Ungewöhnliches ausdachten. Wer etwas auf sich hielt und es sich leisten konnte, ging dafür sogar in die Luft.
Herr Meier zum Beispiel konnte es sich leisten. Er besaß nicht nur ein eigenes Jagdrevier, sondern auch ein Flugzeug, mit dem er seine nächsten Nachbarn zum Essen nach B. fliegen wollte, wo er den Besitzer eines Nobelrestaurants kannte. Es traf sich gut, daß auch unser Leithund Beziehungen in B. hatte: Er wollte bei der Gelegenheit den Chef des großen Kaufhauses besuchen, mit dem er befreundet war.
In letzter Minute durfte ich mich der Reisegesellschaft anschließen. Es war Frauchen gelungen, Ingrid und Reinhard als Babysitter für Oma und Kind zu gewinnen, obwohl die beiden lieben Menschen enttäuscht schienen, daß es mich nicht auch zu betreuen gab. Doch war meine Bereitschaft, Neues zu erleben, stärker als die alte Sympathie.
Zu sechst kletterten wir schließlich in den Bauch des weißen Vogels, der ein erdgebundenes Dackelpaar schneller und höher in den Himmel hob, als es allen Amseln, Finken und Staren im Garten gelang. Stolz erklärte dazu Herr Meier seinen Gästen, die hinter ihm in der zweiten Reihe

saßen, die Vorzüge und das doppelte Sicherheitssystem seiner einmotorigen Fudji.
Meine Wahlverwandtschaft hörte höflich zu, obwohl sie bestimmt ebensowenig verstand wie ich, und schaute zwischendurch hinaus in die Wolken.
Putzi meinte denn auch, als der Pilot einmal Atem holte: »Hauptsache, wir sehen, wohin wir fliegen, und wissen, wann und wo wir landen müssen.«
Wahrscheinlich war ihm nicht entgangen, daß das Ding, in dem wir saßen, gehörig wackelte und von Zeit zu Zeit scheinbar ganz und gar vergaß, weiterzufliegen, wenn es in ein Luftloch geriet. In diesen Augenblicken wurde mir klar, daß ich absolut flugtauglich war. Wer den seelischen und körperlichen Belastungen in einem Amateurflugzeug so souverän widerstand, an dem sich gar das viel mächtigere Weibchen der Familie festkrampfte, der konnte ohne Bedenken in noch größere Höhen steigen und, wenn es sein mußte, übers Meer fliegen nach Amerika. Auch als Hund wird man entweder für die Fliegerei geboren, oder man muß sich eben lebenslänglich mit der primitivsten Art der Fortbewegung begnügen!
Die Wolken veränderten sich von Grau zu Schwarz. Das Positionslicht war nicht mehr zu sehen. Herr Meier sprach mit jemandem, der nicht in der Kabine saß, übers Wetter. Die Antwort hörte sich an wie die Warnschreie der Eichelhäher in unserem halbverbrannten Wald.
Regen schlug gegen den Ausguck unseres Sichtfliegers. Wir schaukelten an Blitzen vorbei, und Frauchen sah aus wie damals, als Putzi mitten auf der Autobahn gedreht hatte. Herr Meier gestand, daß der von ihm in den Himmel gehobene Flieger doch nicht das allerletzte Modell war.
Er murmelte etwas von ADF und NDB und anderes ver-

schlüsseltes Kauderwelsch und entnervte einen Teil der Passagiere am Ende mit der Feststellung, daß die beiden eingebauten Radiokompasse nicht mehr richtig funktionierten. Worauf Putzi fragte, ob wir nicht über den Gewittersturm hinwegfliegen könnten, und Knöpfchen vorschlug, einfach umzukehren und ein andermal nach B. zu fahren – mit der Eisenbahn.

»Ach was«, winkte Herr Meier ab, »wir finden schon ein Loch. Wenn es nicht anders geht, landen wir auf einer Wiese und nehmen ein Taxi nach B.«

»Keine Angst!« meinte auch Frau Meier, die Trixi losgelassen hatte und sich mit einer Landkarte beschäftigte, »mein Johann schafft das schon. Damals in Spanien haben wir uns ebenfalls verflogen und sind sicher an einem Ort gelandet, den wir sonst nie kennengelernt hätten!«

Putzi fand diese Aussicht beruhigend und setzte meine Mutter, die vertrauensvoll auf ihm Platz genommen hatte, auf den Boden zurück – gerade als unser nicht mehr ganz so moderner Flieger wieder einmal den Halt verlor. Luftreisende sollten unbedingt angeschnallt bleiben, um Turbulenzen gewachsen zu sein – egal wieviel Beine sie haben!

Trixi verfolgte kurzfristig eine eigene Flugbahn und plumpste dann unsanft neben unseren Sitz, wo sie benommen liegen blieb, bis sich Frauchen ihrer erbarmte und sie neben mich plazierte. Zweimal sieben Pfund Dackel sind ja ganz schön schwer, aber mit der nötigen Flexibilität haben sie dennoch bequem Platz in einem bereitwilligen Schoß.

Unser Pilot ging jetzt tiefer. Die krächzende Stimme im Sprechfunk wurde fast menschlich. Plötzlich brach die Wolkendecke auf, und wir sahen unter uns die Stadt.

»Na also!« äußerte Herr Meier. »So weit sind wir ja gar nicht vom Kurs abgewichen. Wir fliegen einfach von Norden an

statt von Süden.« Er hatte seine alte Souveränität wiedergefunden und nahm das stolze »Hab ich doch gewußt!« der Menschin an seiner Seite gelassen entgegen.
Auch meine eigenen Leute verhielten sich wieder normal. Sie schnupperten herum und warfen sich fragende Blicke zu. Der Duft erfüllte die ganze Kabine. Allerdings war das daraus resultierende gegenseitige Mißtrauen unbegründet. Denn nach der glücklichen Landung stellte sich heraus, daß keiner von den Zweibeinigen dem psychischen Druck in der Luft nachgegeben hatte.
Dagegen war meiner Mutter der unfreiwillige Raumflug aufs Innere geschlagen. Die Nachwirkung war dadurch noch verstärkt worden, daß Herrchen hineintrat und Frauchen in der Aufregung nicht bemerkte, daß meine nächste Blutsverwandte noch nicht ganz sauber war, als sie sich neben mich legte.

*

Wir promenierten auf zweimal acht Beinen über die noble Straße: zwei fluggeprüfte Rassehunde mit ihren vier Betreuern. Nachdem Herr Meier seinen Rüttelflieger geparkt und der anrüchige Teil der Besatzung sich an der dafür eingerichteten Stelle gesäubert hatte, fühlte sich die Gesellschaft »wie neugeboren«. Wir waren dorthin gefahren, wo auch andere feine Hunde spazierengehen, elegante Halsbänder, Haarschleifen, Pullis und Deckchen anprobieren und sich von den Passanten bewundern lassen.
Für Trixi und mich wurde eine neue Leine gekauft, die angeblich unsere Schönheit doppelt zur Geltung brachte, weil sie uns beieinander hielt. Dabei hatte ich den Verdacht,

daß es unseren Frauchen einfach zuviel geworden war, ständig in zwei Richtungen gezogen zu werden, während sie selbst eine dritte im Auge hatten.
Zusammengebunden mußten wir uns arrangieren, im Notfall sogar parallel unser kleines Geschäftchen verrichten und dafür den amüsierten Beifall fremder Leute entgegennehmen. Herr Meier und Putzi konnten sich im Leinehalten abwechseln, Frau Meier und Edith sich ungestört an dem erfreuen, was reihenweise zu ihrer Verschönerung vorgeschlagen wurde.
Die Regelung hatte außerdem den Vorteil, daß unsere zweibeinigen Aufsichtsrüden genug Autorität besaßen, um anderen feinen Hunden den Weg zu versperren, wenn ihre Absichten zweideutig schienen. Denn auch in B. gab es solche und solche.
Das Essen, weswegen wir uns hauptsächlich auf das Abenteuer eingelassen hatten, war anfangs eine Enttäuschung. Je nobler das Restaurant, desto kleiner die Portion. Hunde sah man sowieso nicht so gern, und wir waren die einzigen – wohl weil Herr Meier den Wirt kannte.
Dafür stellte man uns einen silbernen Teller hin, auf dem sich die Andeutung eines Fleischstückchens befand. Die Fleischprobe lag auf einem Salatblatt, von dem ein Riesenkaninchen satt geworden wäre. Für einen Dackel, der eine anstrengende Reise hinter sich hatte und wieder zu Kräften kommen wollte, war die Zuteilung indiskutabel!
Da man uns aus praktischen Gründen zum Essen entknotet hatte, ergriff ich als die Jüngere die Initiative. Die private Aufsicht war mit sich selbst beschäftigt, die geschäftliche mit dem Servieren und Abtragen. Ich erschnüffelte uns den direkten Weg in die Küche und fand dort nahe der Tür gleich, was ich suchte.

Die Fleischschüssel stand so günstig, daß wir beide keine Mühe hatten, uns zu bedienen. Natürlich bemerkte man uns und schlug Alarm. Wir waren allerdings ohne Umstände tätig geworden, und zur Not kann man ja auch mit vollem Mund davonlaufen, so daß wir fürs erste genug hatten. Zumal man uns die mitgeführte Beute nicht streitig machte, nachdem andere Gäste für uns Partei ergriffen und Herr Meier unsere volle Mahlzeit auf seine Rechnung setzen ließ.

Alle guten Dinge kämen zu dritt, behaupten diejenigen, die unsereinem Lebensart beibringen wollen. Nach dem wider Erwarten geglückten Balanceakt in der Luft und der die kläglichen Anfänge weit übertreffenden Verpflegung im Nobelrestaurant stand noch ein Erfolgserlebnis aus.

Das Kaufhaus war eine Welt für sich und ein Tummelplatz für die ganze Familie. Auch Vierbeiner waren willkommen, besonders wenn man sie in der Einkaufstasche oder im Korb mitführte – beide am Eingang erhältlich, falls man die passende Ausrüstung nicht dabei hatte. Unsere Eskorte entschied sich für den artgerechteren Korb mit waschbarem Karopolster, in dem wir beide Platz hatten.

In diesem auch farblich zu uns passenden Rahmen konnte man es schon eine Weile aushalten. Vor allem, weil das Vergnügen mit keinem Risiko verbunden war. Beim Sammeln neuer Eindrücke lief man nicht Gefahr, zertrampelt zu werden. Und sogar ein Absturz wäre aus dieser Höhe ohne ernste Folgen geblieben.

Hätte der Lift am Arm von Herrchen oder Herrn Meier nicht eine so gute Übersicht geboten, wären Mutter und Tochter bei der sanften Schaukelbewegung wahrscheinlich bereits zu diesem Zeitpunkt eingeschlafen und die folgenden Ereignisse nicht passiert. So aber kamen wir aus

dem Staunen kaum heraus. Wollten uns in einer langweiligeren Abteilung doch die Augen zufallen, beugte sich prompt ein wohlmeinendes Gesicht zu uns herunter, und eine dazugehörige Hand bestand darauf, uns zu streicheln.
An einem Tisch, an dem sich Männchen und Weibchen nicht einigen konnten, ob etwas mit oder ohne Streifen besser aussah, stellten sie uns ab. Wenn Menschen unterschiedlicher Meinung sind, gebrauchen sie halt öfters ihre Vorderpfoten, um die Gegenpartei zu überzeugen. Die paar Augenblicke genügten jedenfalls, uns darauf zu besinnen, daß es sich noch immer gelohnt hatte, auf eigenen Ballen loszuziehen, um seinen Horizont zu erweitern. Auf Umwegen gelangten wir dorthin, wo mehrere Betten standen.
Als die Lautsprecherdurchsage kam, mußten wir schon fest geschlafen haben, den Kopf auf seidenem Kissen, den Rest unterm Federbett von erlesener Eleganz. Wir wurden von dem Gemurmel völlig wach. Um uns herum wimmelte es von Menschen. Zwei von ihnen schossen Blitze auf uns, und einer davon erklärte: »Das kommt in die Zeitung!«
Der andere versuchte, einen aufgeregten Dritten zu beruhigen: »Seien Sie doch nicht so beschränkt, Herr Schmitt. Das ist doch eine gute Werbung für Ihre Abteilung, etwa mit dem Slogan *In unseren Betten fühlen sich sogar die verwöhntesten Hunde wohl!*«
Gleichwohl bestand Herr Schmitt darauf, uns dem Herrn Direktor vorzuführen. Uns und diejenigen, die sich aus der Menge gelöst und als die für uns Verantwortlichen zu erkennen gegeben hatten. Der gute Mann konnte freilich nicht ahnen, auf was er sich da einließ. Denn kaum hatte der Chef des Hauses Putzi und Edith erkannt, lief er auf sie zu, umarmte sie und fragte vorwurfsvoll, warum sie ihm die Freude nicht früher gemacht hätten.

Der Verteidiger der Betten wurde verabschiedet, ohne Genugtuung erhalten zu haben. Derjenige, der die Idee mit der Werbung hatte, erhielt den Auftrag, noch mehr Dackel und möglichst auch ein paar Großhunde in ähnlichen Situationen zu fotografieren. Und uns wurden Erinnerungsfotos und ein Erfolgshonorar versprochen. »Nicht nur, weil wir uns kennen«, sagte der Direktor, »sondern auch, weil wir mit guten Tierbildern mehr erreichen als mit den schönsten Worten.«
Die letzte Stunde in B. verbrachten wir Vierbeiner auf dem Sofa im Chefzimmer, frisch gefüllt mit einem Schinkensandwich und einem halben Liter Milch: Werbestars des größten Kaufhauses im Land. Derweilen tauschten Putzi und unser Gastgeber Erinnerungen aus. Frauchen und die Meierei aber erhöhten den Umsatz verschiedener Abteilungen. Abzüglich zwanzig Prozent Rabatt, die nicht ungenutzt bleiben durften.
»Manchmal macht es sich schon bezahlt, wenn man die richtigen Leute kennt«, bekannte Putzi nach einer Rückreise ohne weitere Zwischenfälle.
»Aber anstrengend ist es, wenn man nicht in der richtigen Begleitung reist!« antwortete unser Frauchen.
Ich hätte zu gerne gewußt, wer damit gemeint war.

*

Wir Hunde sind Gewohnheitstiere wie die Menschen. Ausnahmen gibt es zwar hüben wie drüben, aber der angepaßte Hund lebt nur zufrieden, wenn alles so bleibt, wie er es gewohnt ist. Er kennt den Tagesablauf in der Familie, den

Rhythmus von Arbeitswoche und Feiertag, weiß, wann es wieder soweit ist, daß Herrchen oder Frauchen daheim bleiben und Zeit für ihn haben werden. Darauf ist er eingestellt.
Wer zu einer aufregenden Meute gehört oder selbst immer wieder für Abwechslung sorgt, ist auch daran gewöhnt. Liegt doch selbst in der Unregelmäßigkeit, wenn sie sich wiederholt, Methode. Würden Höhen und Tiefen unversehens in langweilendes Gleichmaß übergehen, brauchte er Wochen oder gar Monate, um den neuen Zustand wiederum als normal zu empfinden. Denn wie immer die Umstände unseres Lebens sein mögen: Die meisten arrangieren sich und sind's am Ende zufrieden – egal wie laut sie gelegentlich dagegen anknurren.
Ich wußte, daß Oma nur noch selten aus ihrem Zimmer herunterkam. Edith brachte ihr meist das Futter hoch. In gewissen Abständen besuchte auch ich sie auf ihrem Schaukelstuhl oder zunehmend auf dem Bett, leckte ihre Hand und, wenn sie sich frisch mit Hautcreme eingerieben hatte, ihr Gesicht. Intime Gespräche wie zu meiner Welpenzeit kamen zwar kaum noch zustande. Doch der alten Gewohnheit folgend hielt ich den Kontakt von mir aus aufrecht. Dasselbe hatte ich an diesem Morgen vor.
Unsere Älteste schien noch zu schlafen. Sie bewegte sich auch nicht auf den üblichen Wecklaut hin. Ich sprang neben sie und stieß sie an. Ihre Haut war kalt wie meine Nase und roch anders als sonst. Was da so still lag, war gar nicht mehr Oma.
Ich lief zu Frauchen und bellte Alarm. Es dauerte eine Weile, bis Edith verstand, daß es mir nicht um meine leere Futterschüssel ging und daß ich auch nicht hinaus wollte, sondern daß etwas im Haus nicht in Ordnung war. Endlich

rannte sie hinter mir her, beugte sich übers Bett und forderte mich anschließend auf, mit Bobbeli zu spielen. Kurz darauf hörte ich sie mit Herrchen telefonieren.
Als Kind mit mir zu streiten anfing, weil ich meinen Gummihund wiederhaben wollte, kam sie zu uns und verlangte, daß wir Frieden hielten, damit Oma ihre Ruhe habe. Daraufhin verlangte das Bobbeli: »Will Oma spielen. Oma nicht schlafen!«
Da nahm Mami den Knirps auf den Arm und sagte: »Das geht nicht, Schatz. Oma schläft jetzt ganz tief und lange. Morgen darfst du wieder herumtoben, dann wirst du sie nicht mehr stören.«
Sie setzte den Knirps neben mich auf den Boden und ließ uns ganz schnell allein. Ich habe den Ton aber noch gehört, den Menschen von sich geben, wenn sie gleich weinen müssen.
»Oma war schon sehr alt und müde; ich glaub, sie wollte einfach nicht mehr«, sagte der Leithund vor der erweiterten Meute, die sich bei uns getroffen hatte. »Vielleicht ist's sogar am besten so. Ich hatte kein gutes Gefühl, wenn ich daran dachte, daß wir ohne sie zu dir nach Amerika fliegen und sie allein zurücklassen wollten!«
»Sterben ist ein Teil des Lebens«, antwortete der Seelendoktor, der aus Florida gekommen war. »Sie wäre nicht mitgegangen, wenn du auch noch so sehr in sie gedrungen wärst. Wahrscheinlich hat sie gewußt, daß ihre Zeit gekommen war. Alten Leuten geht es da wie den Tieren.«
Frauchens große Schwester, die mit ihrem Männchen in sicherer Entfernung von mir saß, stimmte gewichtig zu: »Ja, ja, auch ich hab' manchmal so eine Ahnung!«
Ich dachte an das Pelztier, das bestimmt nichts geahnt hatte, als es hinter dem Igelchen herlief. Reinhard und Ingrid

schienen ähnlich zu fühlen. »Wir passen natürlich trotzdem auf euer Haus auf, wenn ihr drüben seid – und auf das Grab im Garten. Lieber wäre es uns aber, ihr würdet uns die Hexe dalassen.«

Herrchen schüttelte den Kopf. »Wir würden sie zu sehr vermissen, und dem Kind würde der Spielkamerad fehlen. Nein, wir nehmen sie auf alle Fälle mit.«

Die Freunde gaben noch nicht auf. »Denkt doch daran, wie sie empfinden wird, wenn sie während des Transports nach Übersee in einem engen Käfig eingesperrt ist und sich niemand um sie kümmert. Es wird ihr übel werden vor Angst und Heimweh, und vielleicht trifft sie ein Herzschlag. Daß ihr so etwas fertigbringt – ihr, die ihr so an ihr hängt!«

Zum ersten Mal an diesem Tag sah ich Herrchen lächeln und mit Knöpfchen einen verschwörerischen Blick wechseln. Seine Antwort sollte wohl beruhigen, hatte aber die gegenteilige Wirkung, weckte Spannung und neue Unruhe: »Wir bringen es ja auch nicht übers Herz. Aber mitnehmen werden wir sie trotzdem.«

So mächtig sich ein Teil der Gesellschaft in der nächsten Stunde auch anstrengte, er bekam nur zu hören, daß ja noch Zeit bleibe bis zur Abreise. Man werde schon sehen. Im übrigen solle man sich ein Beispiel an der nehmen, die hauptsächlich betroffen sei und die sich, wie man sehe, nicht die geringste Sorge mache.

Ein Argument, das wenig zur Aufklärung beitrug und das, genauer besehen, auch gar keines war. Denn erstens war ich es gewohnt, mich immer auf Herrchen zu verlassen. Und zweitens war mein Einfluß auf wirklich wichtige Familienbeschlüsse mehr als begrenzt.

Immerhin hatte der Hausherr mit seiner Andeutung erreicht, daß endlich ich anstelle von Oma im Mittelpunkt stand. Begräbnisse sind nun einmal kein Thema, das einen Hund interessiert. Da außerdem der Seelendoktor von seinem neuen Haus in Ocala zu erzählen anfing, in dem wir wohnen und uns wohlfühlen würden, endete ein Tag, der traurig begann, mit neuer Hoffnung und Vorfreude.

*

In der folgenden Zeit verhielt sich die Familienleitung so, daß ich mir Sorgen um sie zu machen begann. Man hörte viel von Zweibeinern, die den Verstand verloren hatten, weil sie mit ihrer Situation nicht mehr fertig wurden. Es schien, als ob auch meine Sippe den Verlust von zwei Mitgliedern in so kurzer Zeit nicht richtig verkraftet hätte.
Einen tollwütigen Hund erschießt man oder schläfert ihn ein, bevor er weiteres Unheil anrichtet. Der eigenen Art gegenüber ist man weniger rigoros: Man begnügt sich mit Beruhigungspillen und Spritzen. Bis der Betreffende etwas angestellt hat, das nicht wiedergutzumachen ist. Dann wird er offiziell für krank erklärt und aus dem Verkehr gezogen.
In den meisten Fällen hatte es so oder ähnlich harmlos angefangen wie bei uns. Beim ersten Mal dachte ich an ein Versehen, dann an ein neues Spiel, das Putzi und Edith mit mir ausprobieren wollten. Als ich jedoch auf meine Weise mitspielen wollte, war es ihnen nicht recht. Schließlich ging ich auf ihre verrückten Wünsche ein, um meine Ruhe zu haben.
Ein paar Tage, nachdem der große Bruder aus Übersee abgereist war, ließ Herrchen seinen Mantel über mich fallen

und weigerte sich, ihn aufzuheben. Kaum hatte ich mich freigekrault, lag ich schon wieder darunter. Der Unsinn setzte sich so lange fort, bis ich der andauernden Freiübungen müde wurde und liegen blieb, gerade die Nase frei, um wenigstens ungehindert schnaufen zu können.
Das schien dem Mantelbesitzer zu gefallen. Er schob mir einen Keks zu und sagte »Pssst!« und »Schön liegen bleiben!« und »Guter Hund!«
Später kam Frauchen hinzu, nahm mich in den Arm und schmuste wie seit Wochen nicht mehr. Bis plötzlich der blöde Mantel zwischen uns lag. Beim Freistrampeln verletzte ich versehentlich auch noch meine Liebhaberin und mußte mir anhören, daß ich doch kein so guter Hund sei. Das wollte das liebe Knöpfchen wohl nicht auf mir sitzen lassen; es liftete mich noch einmal und flüsterte mir rechtzeitig zu, stillzuhalten, bis mich der Chef selbst freilege. Mit Unterstützung der streichelnden Hand am Bauch hielt ich durch.
Beim nächsten Mal gingen wir spazieren, als es passierte. Edith und ich waren durch meine Leine verbunden, doch gewährte sie mir die seltene Vergünstigung, mich tragen zu lassen. Die Freude darüber war kurz. Auf dem Waldweg näherten sich Stimmen. Anscheinend wollte Putzi nicht, daß ich gesehen wurde und wickelte mich in den Mantel.
Ich konnte mich zwar nicht aus der Zwangsjacke befreien, aber zumindest zu erkennen geben, daß ich diese Art der Behandlung nicht verdient hatte. Was Putzi bei denen, die neben uns stehen blieben und wissen wollten, weshalb ich so verpackt sei, gelinde ausgedrückt in ein schiefes Licht setzte. Vor allem die Drohung, man werde den Tierschutzverein verständigen, hatte eine nachhaltige Wirkung.
Als die Wanderer außer Sicht waren, erfuhr ich zwar, daß

ich vorlaut, ungehorsam und undankbar war und in einem Käfig landen werde, wenn es so mit mir weitergehe. Trotzdem blieb mir der fliegende Mantel für den restlichen Tag erspart. Denn auch ein sturer Herr, der weiß, was er will und warum, geht Ärger gern aus dem Weg.

Die Fahrt in dem Riesenauto mit einigen fremdriechenden Leuten hätte mir vielleicht gefallen, hätte man mir die Wahl der Sitzplätze überlassen. Nötigenfalls wäre ich selbstverständlich auch mit einem einzigen Platz zufrieden gewesen: dem, den ich innehatte. Doch Frauchens Schoß war kein vollwertiger Ausgleich für verhängte Sicht und Sprechverbot.

Herrchen hatte mich zwar nicht mit seinem Zusatzfell zugedeckt. Dafür saß ich in einer Einkaufstasche, die keinen Vergleich aushielt mit dem komfortablen Aussichtskorb im Kaufhaus in B. Nicht einmal den Kopf durfte man heben und sich die unmittelbare Umgebung anschauen. Dabei war Hunden, Katzen, Meerschweinchen und anderen kleineren Statussymbolen des Menschen das Mitfahren im Bus erlaubt. Wozu also das ganze Theater!

An der Endstation, dem Einkaufszentrum, verunsicherte der Riesenautofahrer Frauchen beim Aussteigen mit der Frage, ob »der Hund« krank sei, weil er während der Fahrt so still in der Tasche gehockt habe. Edith blieb sprachlos, hatte sie doch angenommen, ihr Geheimnis sei nicht entdeckt worden. Erst später erkannte sie die Ursache: das Loch, das ich während der Fahrt gebissen hatte, um wenigstens das Umfeld im unteren Bereich anzuschnuppern.

Ungeachtet der Enttarnung schleppte sie meine Notunterkunft und mich durch sämtliche Läden und verbarg nicht ihre Genugtuung darüber, daß kaum jemand auffiel, welch besondere Bewandtnis es mit der Einkaufstasche hatte. Der

Putzi erstattete Bericht enthielt denn auch die Prognose, daß ich deutliche Fortschritte mache und daß »der Plan« wahrscheinlich wie besprochen verwirklicht werden könne.

*

Es war wie immer. Im Wartezimmer hockten und lagen die gefiederten, geschuppten, befellten Patienten. Die schon Erfahrung hatten, blieben gelassen. Die anderen zeigten je nach Temperament und Phantasie nervöse Erwartung, ängstliche Spannung oder dösige Lethargie.
Doktor Gabi, die gute alte Bekannte, begrüßte mich in gewohnter Weise mit Pfotenschlag, warf einen Kontrollblick auf mein Genick und nickte befriedigt. »Wunderbar verheilt! Haben Sie eigentlich noch etwas von dem Hund gehört, der Ihre Hexe gebissen hat?«
Putzi verneinte. »Nachdem wir die Anzeige zurückgezogen haben, hat der Besitzer nichts mehr von sich hören lassen.«
Doktor Gabi seufzte: »Leider gibt es immer noch Leute, die sich der Verantwortung für ihr Tier nicht bewußt sind oder denen es egal ist. Ich erleb es beinahe täglich. Da kommen welche wegen eines Schluckaufs und meinen, ihr Liebling läge in den letzten Zuckungen. Andere bringen mir ihr Tier, wenn es längst zu spät ist, weil sie sich einfach keine Gedanken gemacht haben. An das Elend derer, um deren Leid sich niemand kümmert, die man einfach sterben läßt, will ich gar nicht denken.«
Es war wie immer – oder vielleicht doch nicht ganz. Die

Einstiche der Nachimpfung spürte ich so gut wie nicht. Eine Frau hat nun einmal die zarteren Pfoten und das feinere Gefühl dafür, wie man unnötiges Wehtun vermeidet. Auch das übliche Gespräch über meine weiblichen Bestandteile nahm Rücksicht auf meine Gefühle.
Herrchen sprach sich weiterhin für eine intakte Hündin aus, ohne auf die alternative Option ganz zu verzichten, und meine Ärztin bestärkte ihn darin. Dennoch war etwas an dieser Visite anders als sonst. Nachdem Doktor Gabi ein Stück Papier beschrieben und gestempelt hatte, das sie »die Dokumente« nannte, drückte sie uns beiden die Pfoten und wünschte uns »Viel Glück!« Als ob wir etwas vorhätten, zu dem Glück nötig war.

Was vom Tag übrigblieb, stand im Zeichen der Koffer, die offen am Boden und auf dem Bett lagen: kleine Koffer und größere. Der größte eignete sich gut als Höhle für Kind und Hund – besonders, nachdem er zugeklappt war. Im Dunkeln zu sitzen und durch einen Spalt Mami zuzusehen, ohne daß sie wußte, wo wir waren, machte Spaß. Um so weniger gefiel uns, daß sie unser schönes Versteck aufheben wollte und wir herauspurzelten. Zumal Frauchens Schrekkensruf den Hausherrn herbeirief, der gleich wieder verwirrt reagierte und zum Mantel griff.

»Da du dich so gern zu verstecken scheinst, wollen wir es gleich noch ein bißchen üben, aber ohne Kompanie!« Damit wurde ich auf den nächsten Stuhl befördert und abgedeckt. »Mal sehen, wie lange du's inzwischen aushältst. Also vorläufig keinen Mucks mehr!«
Da lag ich nun untätig unter dem Mantel, hatte das verrückte Spiel lange satt, durfte nicht einmal wimmern, geschweige denn knurren. Manchmal ist so ein Dackelleben ganz schön hart!
Zu guter Letzt bekam ich sogar noch eins auf die Schnauze, weil ich mich interessehalber zu weit vorgewagt hatte. So konnte ich mich nur noch aufs Gehör verlassen, um im Bild zu bleiben. Dabei hätte ich Frauchen so gern geholfen, die Koffer vollzustopfen und das eine oder andere wieder herauszuholen.
Einig darüber, was eingepackt werden sollte, war sich der Familienvorstand ohnehin nicht. Was mit dem Brief zusammenzuhängen schien, den ich unlängst in Empfang genommen und ungeöffnet übergeben hatte. Seitdem war die Rede davon, daß man die Reise nach Florida ausdehnen könnte; die Gelegenheit, alte Freunde auf ihrer Farm in den kanadischen Bergen zu besuchen, biete sich so schnell nicht wieder.
Als sie vor lauter Nervosität sogar ihrem eigenen Wurf androhten, ihm »den Hintern zu versohlen«, nur weil er versucht hatte, den Wäschestapel auf dem Bett zu erklettern, hielt ich es nicht mehr aus und entwickelte mich. Ohne Zögern schlug ich mich an die Seite meines gefährdeten Kumpanen. Denn Gewalttätigkeit im eigenen Rudel mögen wir Dackel überhaupt nicht.
Von meiner Reaktion überrascht, vergaß Edith, den eingestürzten Wäscheberg wiederaufzubauen und mein Trainer,

daß ich eigentlich noch unter den Mantel gehörte. Mut zur Solidarität scheint den Menschen zu imponieren – besonders wenn das eigene Viecherl ihn aufbringt, weil man sich dann einbilden kann, er sei das Ergebnis der Erziehung. »Immerhin schon fünfundzwanzig Minuten«, erklärte Herrchen. »Das könnte schon genügen. Morgen kommt die Generalprobe!«
Damit überließ unser Erzieher seinen Sprößling großzügig demjenigen, auf dessen Mut er im Augenblick fast ebenso stolz zu sein schien wie auf seine Ausdauer. Und da Kind jäh jegliches Interesse am Verpackungsmaterial und Verpackten verloren hatte, verließen wir gemeinsam die Szene und suchten uns eine andere Beschäftigung.
Die Generalprobe verlief zur allseitigen Zufriedenheit. Beim Wochenendbetrieb im Supermarkt wurde ich ebensowenig gewittert wie im sonntäglichen Gottesdienst. Zwar schnüffelte ein lüsterner Schnauzer unter Frauchens Lodenpelerine, als es den Supermarkt verließ. Die zugehörige Dame schöpfte jedoch keinen Verdacht, sondern entschuldigte sich mit hochrotem Kopf für das ungebührliche Benehmen ihres Rüden.
Auch in der Kirche verhielt ich mich so still wie eine Maus, wenigstens soweit ich mich nachher erinnerte. In der speziell für mich eingenähten Innentasche von Ediths Umhang hatte ich bequem Platz, spürte hautnah die Wärme des vertrauten Körpers und nahm mit jedem Atemzug den beruhigenden Duft des geliebten Wesens auf. Da hätte sich auch jeder andere wohlgefühlt und nicht gerührt.
Allerdings schien die Sache doch beinahe schiefgegangen zu sein. Frauchen erzählte nämlich hinterher dem Planer der geheimnisvollen Versteckspielerei, daß ich zwischendurch wohl eingeschlafen sei und zu schnarchen anfing.

Was ihr einige vorwurfsvolle Blicke wegen der vermeintlichen Blasphemie eingebracht habe. Damit das Schnarchen aufhörte, hatte meine Hüterin mir einen Knuff versetzt, worauf ich mit einem lautem Quietschton reagiert hätte. Den allerdings habe sie nicht zu leugnen brauchen. Denn so etwas Menschliches könne schließlich jedem einmal passieren.
Am Tag darauf zogen Ingrid und Reinhard bei uns ein, damit das Haus nicht so allein war, während die übriggebliebene Familie in der Welt herumreiste. Zum Abschluß fuhren wir alle noch einmal in die Stadt und kauften für mich ein Lederhalsband ohne Metallteile. Dieses Mal blieb ich die ganze Zeit unter Frauchens Lodenpelerine und durfte die letzte Nacht in Deutschland zur Belohnung zwischen Reinhard und Ingrid schlafen.

*

Größere Ereignisse künden sich durch ungewöhnliche Aktivität an. Herrchen war früher wach als meine Freunde und »pssste« mich aus ihrem Bett. Ich wurde trotz des stürmischen Herbstwetters an einen Lederriemen geknotet und in den Wald geführt. Über die prompte Erledigung der erwarteten Handlung schien sich Putzi dieses Mal besonders zu freuen.
Zurückgekommen meldete er Edith: »Alles in Ordnung; sie hat so viel gemacht, daß es aus *der* Richtung keine Probleme geben sollte!«
Frauchen hatte inzwischen den Kaffeetisch gedeckt und die Freunde geweckt. Leider hatte die Tischgemeinschaft kei-

nen rechten Appetit, und die einzige, die Wurst, Schinken und Honig gewürdigt hätte, wurde auf Nullkost gesetzt.
Das Gespräch während der mißglückten Futterzeit drehte sich um unsere bevorstehende Abreise und die Witterung der Schnüffler auf dem Flughafen. Es hörte sich an, als plane die Familie einen Anschlag.
»Vielleicht sollten wir es doch bleibenlassen!« schlug unser Weibchen vor, das sich am ängstlichsten gebärdete.
Die anderen widersprachen heftig, nur das Bobbeli zeigte mehr Interesse am Untergang seines Schiffchens aus Brötchenteig im Milchsee. Die Mehrheit war davon überzeugt, daß man mir etwas nicht zumuten könne, von dem ich noch immer keine Ahnung hatte. Nach dem erfolgreichen Training sei das auch gar nicht nötig.
»Wir haben sogar noch Glück«, behauptete unser Anführer. »Das Wetter spielt mit. Bei strahlendem Sonnenschein wäre ein Lodenumhang zu auffällig, und sie könnten Verdacht schöpfen.«
Die Stärksten der Meute luden die Koffer ins Auto der Freunde und setzten mich obenauf. Frauchens Pelerine wurde mir entgegenkommenderweise unterlegt. Den dazugehörigen Hut hatte Edith bereits auf dem Kopf.
»Laßt uns gleich wissen, wenn ihr angekommen seid, ob es geklappt hat!« bat Ingrid beim Abschied. Für sie war kein Platz mehr im Wagen vor lauter Gepäck. Wenn Zweibeiner verreisen, brauchen sie tausenderlei Dinge, um zu überleben. Ein Hund kommt mit dem aus, was er auf dem Leib hat.

Sie parkten das Auto an einer Stelle, an der uns niemand zusah, wie sie die Koffer ausluden, Frauchen die Pelerine anlegte und mich in ihrem Innenfach verstaute – nicht oh-

ne mir vorher ein letztes Mal Gelegenheit gegeben zu haben, meine Visitenkarte zu hinterlassen.
Putzi vergewisserte sich, daß ich im Untergrund zufrieden war und nahm seinem Knöpfchen die Armbanduhr und die übrige Metalldekoration ab, damit es bei ihr nicht summe. In den letzten Tagen wurde er mir immer unverständlicher. Nach diesen Vorbereitungen gab er den Befehl zum Angriff. Freilich klang sein »Auf in den Kampf!« ein wenig zu forsch für einen, der seiner Sache sicher war.
Wir waren erst kurz vor dem Abflug erschienen, um die Wartezeit zu verkürzen. Das Schlangestehen am Schalter überstanden wir verhältnismäßig gut. Als Familie mit Kind wird man sowieso bevorzugt behandelt. Reinhard verabschiedete sich von Frauchen gleich doppelt: Er drückte es zuerst oben und anschließend noch einmal weiter unten.
Die kleine Verzögerung bei der Ticket-Überprüfung war wohl eingeplant. Die Angestellte der Airline wunderte sich zwar, daß wir nur zu dritt waren, obwohl unser Reiseleiter vier Flugscheine vorlegte. Dieser redete sich aber damit heraus, daß seine Tochter in letzter Minute krank geworden sei. Sein Wunsch, den ungenutzten Schein dennoch zu behalten, löste zwar hörbar den Verdacht aus, hier sei jemand nicht ganz richtig im Kopf. Einzuwenden war gegen Putzis Erklärung, einmal zuviel gezahlt sei besser als schwarzgeflogen, indessen wohl nichts. Wir erhielten die beglaubigten Papiere und wurden zur Paßkontrolle geschickt.
Auch dieses Hindernis passierte meine Eskorte ohne Schwierigkeit. Nur Kind verursachte gleich danach in Mami ein kleines Erdbeben, als es sich plötzlich meiner erinnerte, sein Gesicht an die Pelerine legte und mit weithin

vernehmbarer Stimme wissen wollte: »Geht es dir noch gut, Hexlein?«
Worauf Edith sich nicht anders zu helfen wußte, als sich nicht minder laut zu äußern: »Also dieses Kind, das hat vielleicht eine Fantasie! Jetzt nennt es schon mein ungeborenes Baby Hexlein.« Ehe Bobbeli sie mit einer weiteren Frage noch mehr in Verlegenheit bringen konnte, verbot sie ihm den Mund.
Der jähe Temperaturanstieg unter dem Lodenumhang signalisierte, daß der Moment gekommen war, für den ich in der jüngsten Vergangenheit meine natürlichen Instinkte hatte unterdrücken und den toten Hund hatte spielen müssen. Ich hörte, wie die Leitfigur aufgefordert wurde, die Taschen zu leeren, nachdem ein Summen verraten hatte, daß sie einiges bei sich hatte, das Verdacht erregte.
Dann vernahm ich Ediths liebe Frage, ob sie inzwischen vielleicht auch schon durch die Schleuse gehen dürfe. Wir bewegten uns vorwärts, und alles blieb still. Der Detektor reagierte nicht auf ein paar zusätzliche Pfunde Fleisch, Knochen und Fell. Ich fühlte, wie die Spannung unter der Pelerine nachließ. Das Ereignis hatte stattgefunden. Es war nichts passiert.
Herrchen durfte Schlüssel, Münzen, einen Nagel und Ediths Metalldekoration, mit denen er den automatischen Detektiv herausgefordert und seine menschlichen Kollegen abgelenkt hatte, wieder einstecken. Dann hatten wir es mit einem Mal furchtbar eilig, um dem »letzten Aufruf für alle Passagiere nach Orlando« zu folgen.
Im Laufen raunte unser Leitrüde seinem Weibchen noch hastig zu: »Noch sind wir nicht in der Luft!« Was bestimmt als Warnung gemeint war – und auch als solche verstanden wurde. Denn Edith lehnte das Angebot einer freundlichen

Flugbegleiterin, den warmen Mantel abzulegen und in einem der Ablagefächer zu verstauen, höflich ab.
Ich ahnte, daß sie mir ein weiteres Stillhalten trotz meiner bisherigen Kooperation nicht zutraute, falls ich in den Stauraum gestopft worden wäre. Immerhin liftete sie meine Decke, so daß ich ein bißchen mehr frische Luft schnappen und mich strecken konnte. Dabei sah ich den Aussichtskorb aus dem Warenhaus, der zu meinen Füßen darauf zu warten schien, daß ich es mir in ihm bequem machte.
Die Wölbung unter der Pelerine brachte Frauchen kurz vor dem Abflug noch einmal in Bedrängnis. Die freundliche Stewardesse, die die Sitzgurte kontrollierte, wollte der vermeintlich Schwangeren nämlich unbedingt zu einem günstigeren Platz verhelfen. Es bedurfte der ganzen Überredungskunst meiner Leute und Bobbelis lachendem Charme, sie davon zu überzeugen, daß alles genau so war, wie wir es uns gewünscht hatten.
Eine halbe Stunde später teilte uns die Stimme im Lautsprecher mit, daß wir uns in zehntausend Meter Höhe auf Kurs nach Orlando befanden. Es wurde Zeit, daß Edith die Tarnung ablegte und ich in meinen Korb umzog.

Chaos in Ocala

Die freundliche Flugbegleiterin bemerkte mich zuerst. Sie war schon an unserer Reihe vorbeigegangen, als sie noch einmal zurückkam, um sich zu vergewissern, daß sie nicht geträumt hatte. Bei meinem Anblick entfuhr ihr ein frommer Wunsch, wie ihn Zweibeiner in Augenblicken äußern, in denen sie nicht mehr weiter wissen.

Ihr Blick wechselte von mir zu Frauchen und Herrchen, als ob die an meiner Gegenwart noch etwas hätten ändern können. Als die beiden sich zu keiner Erklärung bequemten und Putzi lediglich harmlos fragte »Süß, nicht?«, verlor sie die Fassung und stürzte davon. Gleich darauf kamen drei von ihnen zur Besichtigung und stellten fest, daß ich ein ganz außergewöhnlicher Fall sei und der Kapitän informiert werden müsse.

Bis dieser erschien, hatte sich ein Bündel von Mitreisenden um uns gruppiert, die mich bewunderten. Putzi hatte mich aus dem Korb gefischt und die Sympathiewerbung mir überlassen. Bei meiner Wanderung von Arm zu Arm sammelte ich allenthalben Punkte – was den Kapitän allerdings nicht zu beeindrucken schien. Er löste die Versammlung meiner Sympathisanten kurzerhand mit dem Hinweis auf, das Mittagessen werde gleich serviert und verlangte von Herrchen »eine Erklärung.«

Da gäbe es nicht viel zu erklären, entgegnete unser Leit-

hund. Er habe mich in Anbetracht meiner Zartheit nicht den Strapazen des Transports in einem der üblichen Behälter aussetzen wollen und mich deshalb mit in die Kabine genommen. Auf den barschen Einwand der offiziellen Autorität, dies sei gegen die Regulationen der Airline, fragte Putzi den Kontrahenten, was er jetzt noch dagegen zu unternehmen gedenke?
Mich vor die Tür zu setzen, sei doch wohl zu komplizert. Abgesehen davon, daß die anderen Passagiere bestimmt nicht damit einverstanden wären und der Vorfall ein schlechtes Licht auf die Gesellschaft werfen würde.
Der Arme tat mir leid. Er hatte seine Vorschriften und konnte nichts damit anfangen. Doch einen Trumpf spielte er noch aus. »Ich werde dafür sorgen, daß Sie bei unserer Ankunft zur Verantwortung gezogen werden. Jeder Passagier braucht gültige Papiere und einen Flugschein. Dieser fliegt schwarz!«
»Aber wie können Sie so etwas von uns denken!« empörte sich unser Leithund, und ich spürte ein Vibrieren der Genugtuung. »Dieser Passagier besitzt einen Paß, der bestätigt, daß er alle für die Einreise gültigen Impfungen erhalten hat. Außerdem darf ich Ihnen diesen Flugschein überreichen. Er ist zwar nicht ausdrücklich auf einen Dackel ausgestellt. Aber Sie sehen, daß der Name ›Hexe‹ stimmt. Das Ticket ist natürlich überzahlt, und wir haben noch nicht einmal einen Sitz beansprucht. Aber das kann Ihrer Gesellschaft ja nur recht sein. Ich schlage vor, daß Sie unter diesen Umständen gute Miene zu unserem eigentlich doch recht harmlosen Spiel machen.«
Herrchen schloß seine Rede mit einer eindrucksvollen Geste. Er hielt meine Wenigkeit der Autorität hin. Der Mensch konnte einfach nicht anders, als sich meiner anzu-

nehmen, weil ich sonst hingefallen wäre. Und das hätte seinem Ansehen in der Umgebung geschadet. Ich legte nach bewährter Methode den Kopf an seine Brust und hatte gewonnen.
Auf seinem Gesicht erschien ein verlegenes Lächeln, und als die Nachbarschaft auch noch Beifall klatschte, setzte er mich höchstpersönlich in meinen Korb zurück. Seine Aufforderung »Aber sorgen Sie dafür, daß sie nichts anstellt!« bedeutete die Anerkennung meines Sonderstatus'.
Das Mittagessen war reichlich. Als ›Special Person‹ durfte ich es bei den Stewardessen einnehmen, ohne daß meine eigenen Flugbegleiter etwas ahnten. Sie hätten mir das Hühnerfrikassee und den Pudding wahrscheinlich noch unter der Schnauze weggezogen. Das dackelnärrische Personal machte sich darüber keine Gedanken und verwöhnte »den hübschen kleinen Kerl« sogar mit Schokolade aus eigenen Beständen. Dazu gab es eine Unmenge Streicheleinheiten und Küßchen.
Beim Verdauungsspaziergang wurde ich öfters aufgehalten. Die ganze Ladung schien aus Hundefreunden zu bestehen. Meine Anwesenheit hatte sich herumgesprochen, und jeder wollte sich mit mir unterhalten – vor allem die jüngeren Passagiere, die sich langweilten. Sie sahen in mir das ideale Schmusetier und jemanden, mit dem man herrlich Nachlaufen spielen konnte.
Dabei reichte ihre Geschicklichkeit nicht einmal aus, Zusammenstöße mit den Futterwagen zu vermeiden, und den günstigsten Durchschlupf zwischen den Pfoten der Passagiere fanden sie schon gar nicht. Wurde die Turbulenz zu groß, entschuldigten sich Putzi und Edith, bekamen aber immer wieder zu hören, dies sei die unterhaltsamste Flugreise seit langem.

Meine Beliebtheit nahm Formen an, die nicht nur der Familie peinlich waren, sondern mich immer wieder in meinen Korb flüchten ließen. Wirklich sicher war ich selbst dort nur, wenn wir durch eine so stürmiche Zone flogen, daß der Kapitän die Sicherheitsgurte anlegen ließ und die Plagegeister auf ihren Plätzen festsaßen.

Die Krönung meines Erfolgs kam nach der Landung. Vor uns verließ ein Paar mit seinen zweibeinigen Welpen den fliegenden Spielplatz. Dem Kapitän gegenüber äußerte es den Wunsch, man möge in Zukunft doch bitte auf Unterhaltungsmaterial wie Malbücher und Mickymaus-Kappen verzichten und statt dessen so etwas wie mich für die Nachwuchspassagiere mitführen.

Anschließend begrüßte mich der Kapitän wie einen alten Freund, äußerte den Wunsch, daß ich mit dem Service zufrieden gewesen sei – und die Hoffnung, mich gelegentlich als regulären Passagier seiner Gesellschaft wiederzusehen. Dann trug er mich persönlich über die Gangway und stellte sich mit mir den Reportern.

Es war das zweite Mal, daß ich im Blickpunkt der Öffentlichkeit stand. Nach dem »Dackel im Himmelbett« galt jetzt das Interesse dem Hund, der mit einem Menschenflugschein wie ein Mensch durch die Luft gereist war. In der Welt unserer Herren und Meister scheinen wir uns einiges leisten zu können. Es muß nur ungewöhnlich genug sein, und sie müssen es für ihre Zwecke nutzen dürfen.

*

Wer nach Amerika hinein will, muß an ein paar Wachhunden vorbei. Stellen sie fest, daß er schon einmal jemanden gebissen hat oder sonstwie unliebsam aufgefallen ist, schicken sie ihn zurück – egal auf wieviel Beinen er daherkommt. Dasselbe geschieht, wenn man nicht beweisen kann, daß man an keiner ansteckenden Krankheit leidet.

Das allerdings gilt nur für Hunde, Katzen und andere den Menschen fell- und federnahe Einwanderer. Bei ihresgleichen setzen die uniformierten Zerberusse den gewünschten Zustand dagegen unbesehen voraus. Will man zum Beispiel als ganz normaler Hund an der Paß- und Gepäckkontrolle vorbei, spielen die offensichtlichen Merkmale strotzender Gesundheit überhaupt keine Rolle.

Entscheidend für die Genehmigung zum Betreten geweihten Bodens sind nicht glänzendes Fell, strahlende Augen, gespitzte Ohren und ein Kraft und Optimismus ausdrükkender Schwanz, sondern bestimmte Stempel. Bestätigen sie, daß man mehrfach geimpft ist und deshalb in gewisser Beziehung theoretisch keinen amerikanischen Hund gefährden wird, darf man passieren.

Auch wenn man die Räude hat, eine Nation von Flöhen mitführt oder ein Virus importiert, dem das gespritzte Serum gegen Hepatitis und Tollwut gut bekommen ist. Wichtig ist eben, daß die Papiere stimmen und man etwas in den Pfoten hat, an das man sich halten kann.

Als ich nach der Pressekonferenz mit meinen Begleitern zum Kontrollpunkt am Ausgang kam, hatten sich die übrigen Passagiere schon verlaufen, und die Wächter des Landes konnten uns ihre geballte Aufmerksamkeit zuwenden. An Frauchen und Herrchen hatten sie nichts auszusetzen. Einer von ihnen äußerte zwar Bedenken gegen Ediths Pele-

rine, da es draußen über dreißig Grad warm sei, wünschte ihr aber trotzdem einen angenehmen Aufenthalt.
Die zu diesem Zeitpunkt nicht mehr erwartete Komplikation betraf mich. »Your dog cannot enter. This vaccination took place just four days ago. Due to regulation it has to be at least ten days old!«
Ich konnte den Zerberus zwar nicht verstehen, aber daß es Ärger gab, war klar. Putzis Haltung drückte Widerspruch aus. »Aber Hauptsache ist doch, daß unsere Hündin überhaupt geimpft ist – egal ob vor vier oder vor zehn Tagen!«
Der resistente Wächter blieb unbeugsam. Die Bestimmung bestehe zu Recht. So eine Impfung wirke nicht sofort, bei mir sei die Karenzzeit noch nicht vorbei – und es sei gut möglich, daß ich von der Tollwut befallen wäre. Eine Behauptung, die Edith als Verleumdung auffaßte. Aus dem sanften Knöpfchen wurde augenblicklich eine fauchende Furie, die verlangte, daß ihr gehegtes Kleinod dem Chef gezeigt werde.
Hinter uns hatten sich einige Nachzügler angesammelt und verfolgten gespannt die Debatte um den Hund mit dem Sonderstatus. Die Aufregung wurde durch Bobbelis Protestgeschrei und die Blitzlichter der nachgerückten Zeitungsleute noch erhöht. Die Story bekam neue Akzente.
Als ich Frauchens Wunsch entsprechend dem obersten Gesundheitswächter des Flughafens vorgestellt wurde, hatte ich wieder einen größeren Anhang. Ein Reporter flüsterte demjenigen, der über mein weiteres Schicksal bestimmte, so laut zu, daß jeder es hören konnte: »She is that special dachshund. You know, the one we are going to write about!«
Später meinte Putzi, der Hinweis, daß ich der bewußte Dakkel sei, über den man morgen im *Orlando Centennial Journal*

lesen werde, habe das Blatt zu meinen Gunsten gedreht. Doch war auch die offizielle Version glaubhaft.
Der Anführer der Wachhunde konnte anscheinend besser lesen als sein Gefolge. Er fand heraus, daß ich vor Jahresfrist schon einmal geimpft worden war. Die zwölf Monate seien noch nicht ganz abgelaufen. Somit entspräche ich allein wegen der früheren Vaccination den Vorschriften. Dann ließ auch er sich mit mir fotografieren.
In der Empfangshalle wartete der Seelendoktor neben einem langen dünnen Etwas mit einer Menge schwarzer Haut, wenig Fleisch und viel weißem Gebiß. »Wir hatten schon befürchtet, ihr kämt nicht mehr – bis wir hörten, es gäbe Schwierigkeiten wegen eines Dachshundes. Da wußte ich, daß ihr auf jeden Fall gelandet seid!«
Nachdem meine Pfleger ihren »lieben Martin« fast zerdrückt und immer wieder betont hatten, wie glücklich sie seien, »es« hinter sich zu haben, nahm mein großer Stiefbruder unseren Nachkömmling und mich auf die Arme. Seine Versicherung, daß er Adam, Sarah und der Menagerie alles über uns beide erzählt habe und sie es kaum erwarten könnten, uns kennenzulernen, klang verheißungsvoll.
Das lange Etwas wurde uns als »der beste Adam«, den mein amerikanischer Wahlverwandter habe finden können, vorgestellt: treu, fleißig, zuverlässig und bescheiden, eine moderne Ausgabe von Onkel Tom also und eine Seele von Mensch. Worauf die Seele von Mensch die Augen rollte und Frauchen mit der Haltung eines Rassehundes eine Pfote reichte. »Oh yeah, madam, das ist wahr. Freuen uns ganz fürchterlich auf Besuch von daddy, mom und kleine Verwandten. Doctor Sir hat viel erzählt von Ihnen – und von beautiful dog, das soviel lustige Spaß macht.«
»Adam hat Abigail und Napoleon vergessen«, schmunzelte

der Doktor. »Wir haben nämlich Hund und Katze – ganz wie ihr. Beide aus dem Tierheim und beide noch Babys. Sie werden euch gefallen. Nur erschrecken dürft ihr nicht. Bei mir geht's momentan drunter und drüber – mit all den Handwerkern im Haus. Aber jetzt laßt uns zum Auto laufen.«
Das Auto war ein Pickup, ein bißchen Auto vorn und viel offene Ladefläche hintendran, auf der sämtliche Besucher in Doktor Gabis Wartezimmer auf einmal Platz gehabt hätten.
»Ich brauch so etwas«, erklärte Frauchens ältester Wurf auf die skeptischen Blicke seiner Familie. »So kann ich Baumaterial und Möbel transportieren und Geld sparen. Ein Neun-Zimmer-Haus will eingerichtet sein!«
Der Nachteil des Pickup zeigte sich, als wir einsteigen wollten und in seiner Kabine nur drei von uns Platz fanden. Frauchens Anregung, Adam und ich sollten hinten aufsitzen, nahm dem Familienpsychiater schier den Atem. »Um Gottes willen, das wäre ja Rassendiskriminierung. Nein, Adam sitzt selbstverständlich neben Mutter, und die kann Bobbeli auf den Schoß nehmen. Du, Dad, und der Dackel macht es euch auf der Pritsche bequem. Es ist ja nur für eine Stunde.«
Solange wir langsam fuhren und mich Putzi neben sich festhielt, war es ziemlich langweilig. Auch Palmen interessieren wenig, wenn man nicht an sie herankann. Wir saßen hinter dem Fahrerhaus, wo kein Wind wehte und einem die Sonne von Florida das Fell sengte.
Erst als wir aus dem Labyrinth um den Flughafen heraus und auf dem Freeway waren, gab der Seelendoktor Gas und sorgte damit für mehr Abwechslung. Die Pritsche begann zu vibrieren und Herrchen auf dem ungenügend ge-

polsterten Hinterteil herumzurutschen. Meine Leine wurde länger und zwischendurch gänzlich losgelassen, wenn derjenige, der Angst hatte, ich könnte hinausfallen, einen Stoß von unten mit beiden Vorderpfoten abfedern mußte.
Ganz hinten herrschte die beste Ventilation. In der Mitte der Pritsche drückten einen die Wirbel in die ungewollte Richtung. Von Putzi am entferntesten war die Strömung am angenehmsten. Mit der entsprechenden Figur ohne zuviel Luftwiderstand konnte man ihr trotzen. Nur das Hinauslehnen über die Brüstung brachte Probleme.
Man bekam so ein Gefühl, als wollten die Ohren sich selbständig machen und davonsegeln. Schlimmer noch: als wolle der übrige Hund den Ohren folgen. Wahrscheinlich war ich doch nicht schwer genug. Aber wozu hatte man schließlich einen Aufpasser. Der kam rechtzeitig angekrochen – auf allen vieren, weil er sich selbst nicht sicher fühlte –, angelte meine Leine und zog mich aus dem Windkanal.
Wir waren schon eine geraume Zeit unterwegs, als das Hühnerfrikassee sich in mir regte. Der stubenreine Hund hatte seit dem frühen Morgen keine passende Gelegenheit gehabt, für die innere Ordnung zu sorgen. Sicher trugen auch die robusten Stoßdämpfer des Lieferwägelchens dazu bei, meine innere Einrichtung in Gang zu setzen.
Meine diversen Hinweise wurden jedoch nicht wahrgenommen. Zunächst mißverstand der Leithund die artikulierte Vorwarnung, dann meine folgerichtigen Bemühungen, erlaubtes Gelände zu gewinnen. Nach der Mahnung »Du willst wohl Selbstmord begehen!« blieb mir nichts anderes übrig, als dem übermächtig gewordenen Druck an Ort und Stelle nachzugeben.
Als mein Nebenmann begriff, war es zu spät. Ich ließ mich

auch nicht mehr davon abbringen und brachte das Geschäft auf dem im Windschatten liegenden Stück Pappe zu Ende. Da beging Putzi in seinem Eifer, meinen Ruf zu retten und seine eigene Autorität nicht gleich am Anfang des Besuchs in Frage zu stellen, einen folgenschweren Fehler.
Er bemächtigte sich des Corpus delicti und versuchte es mit Hilfe der steifen Unterlage seitlich über die Bande zu katapultieren. Unglücklicherweise berücksichtigte er dabei anscheinend nicht die spezielle Windschlüpfrigkeit des Pickup. Die Strömung erfaßte die Überbleibsel meiner Zwischenmahlzeit und verteilte sie auf Pritsche, Seitenwand und Gepäck.
Dem spontanen Wunsch, das Malheur manuell zu beheben, konnte mein frustrierter Schutzengel nur zum Teil nachkommen. Seine Taschentücher reichten gerade für die Koffer. Den Rest verteilte der Wind.
Das Format unseres Familienpsychiaters zeigte sich, als er bald darauf sein Auto auf einen Parkstreifen fuhr. »Ich dachte, es würde allen guttun, sich ein bißchen die Beine zu vertreten.« Putzi druckste zuerst herum und rückte dann damit heraus, daß wir den Auslauf schon früher nötig gehabt hätten.
Der Besitzer warf nur einen kurzen Blick auf sein mißbrauchtes Vehikel, hob gleichmütig die Schultern und meinte: »Was soll's? Mit Wasser geht alles weg. Von meinem Napoleon bin ich ganz andere Sachen gewöhnt!« Wozu die schwarze Seele von Mensch ihr Gebiß entblößte und heftig nickte. »Napoleon verrückt!«
»Napolon rückt!« wiederholte das Bobbeli, und Mammi fragte: »Was für ein Hund ist es denn?«
Ich hatte den Doktor noch nie so lachen gehört. »Eigentlich ist er ein drei Monate alter Husky mit einem kilometerlan-

gen Stammbaum. Er selbst scheint sich für ein Känguruh zu halten.«
»Und deine Katze?«
»Abigail? Die ist pflegeleicht. Ein Fast-gar-Nichts aus Haut und Knochen mit einem hübschen weißen Fellchen drüber. Was immer ich füttere, scheint nicht anzuschlagen. Aber das winzige Kerlchen steckt voller Lebensfreude. Übrigens ist Abigail gar keine Kätzin, sondern ein Kater. Im Tierheim hat man es nicht gewußt, und ich habs auch erst beim Veterinär erfahren. Da hatten wir uns beide an den Namen gewöhnt, und ich wollte ihn nicht mehr ändern.«
Napoleon und Abigail begannen mich zu interessieren. Ich war lange genug mit Kind und denen allein, die einfach nicht lernten, wie man artgerecht spielt, weil sie eben doch nur Menschen und außerdem schon zu alt waren.

*

An der Straße standen wunderschöne Bäume – so dick, daß man sich wünschte, das Beinheben gehöre zu den eigenen Gepflogenheiten. Jedoch versprachen sie auch beim Niederdrücken daneben angenehme Entspannung, sorgten ihre weitreichenden Kronen für kühlenden Schatten. Zudem brauchte man vorher nicht auszuloten, woher der Wind wehte.
Unser Transport wurde vor einem weißen Haus mit vielen Säulen gestoppt. Der Doktor stieg aus und betrachtete es mit Wohlgefallen, der Familie schweigend den Genuß seines Anblicks überlassend. Es war ein altes Haus in einem großen Garten.

»Geht es euch auch so wie mir?« wollte sein stolzer Besitzer wissen, »jedesmal, wenn ich heimkomme, ist mir's, als spräche es zu mir und könne nicht erwarten, daß ich hineingehe.«
Mir kam die Beschreibung merkwürdig vor. Ich hatte geglaubt, ein Haus könne gar nicht reden und ob es freundlich oder unfreundlich war, hänge von denen ab, die drinnen wohnen. Nach meiner Erfahrung gab es überhaupt nur zwei Sorten: Häuser, in denen man willkommen ist – und solche, deren Tür sie uns vor der Nase zuschlagen. Das Haus, vor dem wir standen, hatte zu viele Türen, um unfreundlich zu sein. Mit Gärten war es anders. Dort gab es immer eine Menge Stimmen, denen man nachgehen mußte, Plätze, die erforscht werden wollten.
Ich sprang vom Pickup. Die Mauer an der Straße hatte wohl mehr symbolischen Charakter. Sie war sogar noch niedriger als die Stühle und Sessel zu Hause, auf denen ich täglich saß, um der Meute beim Essen und Fernsehen Gesellschaft zu leisten. Die Rückrufe der Familie störten mich nicht. Putzi hatte selbst gesagt, man sollte stets nach vorn streben. Außerdem würden die anderen sowieso folgen.
Am oberen Ende der Freitreppe erschien eine dunkelhäutige Person mit mächtigem Gesäuge und breitete vor Freude, mich zu sehen, die Arme aus. Sie kam aber nicht dazu, ihr Vorhaben auszuführen, denn gleichzeitig schoß eine braunweiß gescheckte Mischung aus Schnauze, Fledermausohren und viel zu langem Schwanz mit einem zu kurzen Zwischenteil an ihr vorbei auf mich zu.
Instinktiv wendete ich und wetzte in den hinteren Teil des Gartens, gefolgt von dem vor hellem Entzücken quietschenden Wesen. Die wilde Jagd endete erst auf einem Hau-

fen Kartons, Brettern, Zementsäcken und sonstigem Bauschutt, den ich erklommen und in dem mein übereifriger Verfolger sich festgeklemmt hatte. Sein Winseln rief das Zweibein herbei, dem bis jetzt meine gebührende Begrüßung versagt geblieben war. Es schob das Drahtgestell beiseite und befreite »Napoleon, dummen Husky«.
Dann kamen auch die anderen. Der Herr von Haus und »dummem Hund« hatte unser Lasttaxi um den Block herumgefahren und die Einfahrt von hinten benutzt. Von irgendwoher tauchte Abigail auf, das weiße Katerchen mit dem falschen Namen. Es setzte sich zu uns, betrachtete jeden und wendete sich mir als der wahrscheinlich interessantesten Neuerscheinung zu. Der befreite Napoleon demonstrierte, daß er unverletzt geblieben war und umrundete das Haus mit Spitzengeschwindigkeit. »Huskys können bis zu achtzig Kilometer am Tag zurücklegen«, erklärte sein Besitzer.
»Aber schön hast du es hier«, sagte Frauchen und entließ den strampelnden Knirps aus dem Gewahrsam in sicherer Höhe. Kaum unten angekommen, übernahm dieser seinerseits das Katerchen, das sich nicht wehrte.
Zwei fremde Männer traten aus dem Haus. »Plumbers«, berichtete Sarah, Männer, die Leitungen verlegten und dafür sorgen sollten, daß die Toilette nicht mehr überlief.
»Ja, ja, alte Häuser haben es in sich!« bestätigte der Doktor. Darauf verschlug es ihm die Stimme. Napoleon, der gerade um die Ecke fegte, konnte nicht mehr rechtzeitig bremsen und stieß so rasant gegen das Eisenrohr, das die Handwerker mitschleppten, daß er sich überschlug und erst einmal liegen blieb. Bobbeli ließ Abigail fallen und kam herbeigelaufen, und auch die übrigen bemühten sich um den gestrandeten Clown.

Dieser schien die allgemeine Besorgnis zu fühlen. Seine Lebensgeister kehrten ebenso plötzlich zurück wie sie ihn verlassen hatten. Er erhob sich so unvermittelt, daß er mit Putzis Nase zusammenprallte, die zu bluten anfing. Was Napoleon indessen nicht bekümmerte, der – sich gleichzeitig auf allen vier Pfoten abstoßend – davonhüpfte. Gefolgt von seinem maunzenden Hausgenossen und dem Knirps, der allerdings größere Schwierigkeiten mit dem vorgelegten Tempo hatte und jedesmal hinfiel, wenn er es Hund und Katz in einer spitzen Kurve gleichtun wollte.

Ich selbst schloß mich lieber der erwachsenen Gesellschaft an und erlaubte Sarah, mich zwischen der Fülle ihres Gesäuges ins Haus zu tragen. Denn je kleiner von Gestalt man ist, desto mehr schätzt man pralle Mütterlichkeit. Die wogende unmittelbare Umgebung verstellte mir jedoch nicht den Blick auf das weitere Umfeld, und ich erkannte ein Eldorado von Spielmöglichkeiten.

Das alte Haus mußte aus einer Zeit stammen, als die Menschen noch mehr Platz zum Leben hatten. Es gab so viele Abteilungen, daß man sich darin verstecken konnte, ohne gleich aufgespürt zu werden wie in unserer Hütte daheim. Schon die Eingangshalle war so groß, daß ein ganzes Tierheim darin hätte eingerichtet werden können.

War die Küche erst einmal hergerichet und aufgeräumt, konnte man mehr Freunde in ihr bewirten als in der guten Stube, aus der ich kam. Ein Raum, in den sich Zweibeiner zurückziehen, wenn sie etwas zu erledigen haben, bei dem sie keine Zuschauer gebrauchen können, hätte uns Jüngeren als Spielzimmer genügt.

Ein zweiter, eigentlich ähnlichen Zwecken vorbehalten, glich einer überfluteten Schwimmhalle. Als Edith die Nase rümpfte, beruhigte sie der Hausherr. Antike Bauwerke hät-

ten halt ihren eigenen Geruch – und daran werde auch die wiederhergestellte sanitäre Anlage nichts ändern.
Dort, wo wir alle schlafen sollten, stand ein Bett, vor dem ein gewöhnlicher Hund nur staunend verharren konnte. Es war so breit und hoch, daß einer allein darin von Alpträumen überfallen werden mußte. Andererseits schien es mir als Ruhelager für die vereinte Besuchergruppe ideal zu sein. Über die genauen Modalitäten würde ich mit mir reden lassen.
Das allerbeste an dem Haus waren allerdings die Kisten, Kästen, Pakete, Stehleitern und Gerätschaften, die überall im Weg standen. Sie ermöglichten komplizierte Slalomläufe, bei denen ich vor allem den vierbeinigen Mitbewohnern zu zeigen gedachte, wessen ein agiler Dachshund fähig ist. Doch hatte es bis dahin Zeit. Morgen war auch noch ein Tag. Heute hielt ich mich mehr an diejenige, die sich inmitten des Chaos um unser Futter bemühte.

*

Ich erwachte, als Adam sich über mich beugte und meldete: »Dinner is ready!« Mehr als der Ton seiner Stimme sagte mir meine Nase, daß es sich um eine Einladung zur Fütterung handelte. Hatte es bei unserer Ankunft nach Kalkstaub, Farbe und Tapetenkleister gerochen, duftete es jetzt zusätzlich nach Gegartem und Gebratenem. Und nichts verbreitet sich intensiver als das Aroma von verbranntem Fett.
Die Gesellschaft saß bereits mit Napoleon und Abigail auf der Veranda am Tisch. Dem Tisch fehlte ein Bein. An seine

Stelle hatten sie eine Latte geklemmt, die ab und zu herunterfiel, wenn sich Napoleon dagegenlehnte. Da der Hausherr damit zu rechnen schien und jedes Mal geistesgegenwärtig die Platte hielt, bis das Ersatzbein wieder untergebracht war, hielt sich der Schaden in Grenzen.

Die Korbsessel mit hohen Lehnen hatte der Doktor auf dem Dachboden gefunden. »Sie sind bestimmt so alt wie dieses Haus. Aber für die Zeit des Umbaus mit dem ganzen Dreck tun sie es. Gute Stücke würden doch nur ruiniert«.
Abigail saß in einem der Körbe mit Kind und ließ sich füttern. Die beiden hatten mehr Glück mit ihrem Sitz als Herrchen, das sich beim unvorsichtigen Rutschen gleich einen Splitter eingezogen hatte.
»Sarah hat für euch ein traditionelles Dinner gekocht«, erklärte unser Gastgeber, »Barbecued rips, Hühnchen, Mais und Kartoffelbrei. Es wird euch bestimmt hier draußen schmecken. Ich sitze jeden Abend an dieser Stelle, und der Sonnenuntergang hinter den Magnolienbäumen mit ihrem herabhängenden Spanischen Moos fasziniert mich immer wieder.«

»So ramantisch hab ich's mir nicht vorgestellt«, stimmte seine Mutter zu und vergaß vor Begeisterung, sich um uns zu kümmern, die ihr immer am nächsten gestanden hatten. »Zwischen all den Säulen zu sitzen in einem echten Südstaatenhaus und von Sarah so aufmerksam bedient zu werden, erinnert mich an die Geschichte von Scarlett und Rhett Butler.«
Die Romantik wurde von einem Regenschauer beeinträchtigt. Auch daran gewöhne man sich, meinte der Seelendoktor. »Sonne am Horizont und ein paar Meilen weiter ein Thunderstorm. Das ist Florida.«
Dann raffte jeder, der konnte, Teller, Schüsseln und Gläser zusammen und was Zweibeiner sonst noch bei ihrer Fütterung brauchen. Denn das Verandadach zeigte sich den Fluten nicht gewachsen und ließ genau da, wo wir gerade noch gesessen hatten, eine Unmenge Wasser durch.
Sie suchten den künftigen Salon für die Fortsetzung des Mahls aus. Dort gab es einen Tisch, der sich dafür eignete, sobald er von Tapetenrollen, Stoffresten, einem Stapel Bücher und diversen Werkzeugen geräumt war und Sarah von irgendwo ein trockenes Tischtuch herbeigezaubert hatte. Nachdem noch einige andere hier gelagerte Gegenstände zur Seite gerückt worden waren, gedachte man weiterzuspeisen.
Auch für Vierbeiner hat ein solches Durcheinander seine Reize. Die Familie hatte ihr Geschirr vor der Salontür abgestellt, und Sarah schickte sich jetzt an, es von neuem aufzutragen. Ihr »Jesus, Mary and all saints!« schreckte den zweibeinigen Teil der Meute, der schon erwartungsvoll Platz genommen hatte.
Wir anderen waren weniger überrascht davon, daß einige gegrillte Rippen und ein guter Teil der Barbecuesauce fehl-

ten. Woher soll ein überhaupt noch nicht ausgebildeter Husky wissen, daß man mit dem Zuschnappen wartet, bis man sein Essen vorgesetzt kriegt. Daß Abigail seinem Beispiel folgte, wenn auch in geringerem Maß, war auch nicht verwunderlich. Ich allein hatte mich zurückgehalten und mich im Vorübergehen mit einem kleinen Stückchen Huhn begnügt.

Wie mein amerikanischer Wahlbruder sich anschließend gebärdete, verstärkte meinen Verdacht, daß Psychiater zum Fatalismus neigen. Hatte ihn schon die unfreiwillige Zweckentfremdung seines Pickup die Laune nicht verdorben und er in dem Wasserfall aus dem Dach lediglich einen Grund gesehen, ins Trockene umzuziehen, so regte ihn auch die erzwungene Minderung des Begrüßungsessens nicht weiter auf. Eigentlich sei man selbst daran schuld. »Wenn ich Hund wäre, hätte ich wahrscheinlich auch zugegriffen!«

Der Hauptschuldige dafür, daß die Restmahlzeit des Hausbesitzers und seiner Gäste neben den nachträglich servierten gefrorenen Melonen vorrangig aus Maisgemüse und Kartoffelbrei bestand, ließ sich vorerst nicht mehr blicken. Putzi ertappte ihn später dabei, wie er unter einem Stuhl aus dem vorigen Jahrhundert lag und den kunstvoll geschnitzten Fuß zerkaute.

Die diesmal fällige Strafpredigt fiel aus, weil Adam mitten in der Diele einen Teil des gestohlenen Menschenfutters fand, gemischt mit ordentlich Verdautem, und laut auf »dumme Husky« zu schimpfen begann. Auch mit dem Hinweis des herbeigeeilten Seelendoktors, es mache keinen Sinn, jemand für etwas zu tadeln, an das er sich garantiert nicht mehr erinnere, war die Seele von Mensch nicht einverstanden.

»Wenn Adam das täte, Doctor Sir ihn längst feuern. Napoleon darf machen, was er will. Nicht richtig!«
Worauf sein Chef ihn daran erinnerte, daß das etwas völlig anderes wäre. »Sie sind doch auch kein junger Hund. Wenn Sie unsere Eingangshalle mit dem WC verwechseln würden, wären Sie krank und gehörten ins Sanatorium. Bei Napoleon sind es Unarten, Übermut und höchstens Ungezogenheiten, die sich auswachsen werden. Es besteht also wirklich kein Grund, sich darüber aufzuregen.«
Sagte ich eigentlich schon, daß ich glaubte, es sei etwas Fatalistisches an unserem Familienpsychiater?

*

Nichts verbindet Hund und Mensch so sehr wie ein gemeinsames Bett. Nur die ganz großen müssen meist alleine schlafen, weil sie Herrchen und Frauchen zuviel Platz wegnehmen. Leider versäumen gerade ihre Pfleger zu oft ihre Abendtoilette. Ein ordentlicher Hund will nämlich grundsätzlich gekämmt und gebürstet sein, bevor er sich zur Ruhe begibt – und zwar gründlich! Das kommt nicht nur seinem Fell zugute, sondern auch seiner Selbstachtung. Außerdem kann er Haare, die herausfrisiert worden sind, im Bett nicht mehr verlieren. Familien, die zusammenschlafen, wissen das.
Das Bett aus dem vorigen Jahrhundert war so hoch, daß ich mich von Edith hinaufheben ließ. Die Einteilung empfand ich zwar nicht als ideal. Da ich jedoch gewohnt war, mich anzupassen, machte ich es mir zu Füßen des Rudels so bequem wie möglich – den guten Willen der Mitbenutzer

anerkennend, die mir die Decke auf dem Fußboden erspart hatten. Nachdem ich Herrchen, Bobbeli und Frauchen eine gute Nacht gewünscht hatte, überließ ich sie der wohlverdienten Rast nach einem langen Tag.

Die Menschen glauben, daß sie uns im allgemeinen überlegen sind. Was im besonderen die Kondition angeht, trifft das bestimmt nicht zu. Zum Beispiel wird ein kleiner Dakkel mit dem Zeitunterschied zwischen Deutschland und Amerika besser fertig als die großen Zweibeiner. Als Frauchen mitten in der Nacht aufstand, weil es dort, wo wir herkamen, schon heller Tag war und ihm die Klimaanlage unentwegt kalte Luft ins Gesicht blies, hätte ich ohne Problem noch schlafen können. Selbst die Fußtritte von Putzi hätten mich nicht gestört.

Edith bahnte sich mit ihrem Kissen und einem Buch in der Hand den Weg ins sogenannte Wohnzimmer. Dort legte sie das Sofa frei und sich dafür hin. Auf der Suche nach einer Stelle, an der wir die Zeit bis zum Morgen in Florida überbrücken konnten, waren wir durch die Eingangshalle gekommen und hatten dort die Pelerine gefunden.

Ich fühlte mich auf ihr so wohl wie unter ihr und verbrachte die nächsten Stunden mit angenehmen Träumen. Die Harmonie wurde auch durch Abigail nicht beeinträchtigt, der sich irgendwann schnurrend bei uns einrichtete. Erst als der Hausherr Napoleon aus seinem Zimmer herausließ und der verrückte Husky die Treppe herunter und schnurstracks auf unser Sofa stürmte, waren für uns die Stille und die Nacht endgültig vorbei.

Beim Frühstücken auf der abgetrockneten Terrasse teilte Mami ihrem erwachsenen Nachwuchs mit, daß sie von dem Gebläse über unserem Bett einen steifen Hals gekriegt habe. Dazu sei die viktorianische Antiquität im Gastzimmer für vier Personen doch nicht breit genug. Sie werde sich deswegen eine eigene Liege besorgen und sich dafür eine freie Ecke suchen. Es war eine Ankündigung, die vor allem ihr Männchen zu überraschen schien, das sich an dem von Sarah kredenzten Obstsaft verschluckte.

Außer Obstsaft gab es Speck mit Eiern, Cornflakes und gekochte Grütze, die angeblich auch unsereinem guttun sollte, obwohl sie wie kleingehacktes Stroh mit Tapetenleim schmeckte, der überrall herumstand. Adam stampfte derweil im Garten ein Loch zu, das der Hund des Hauses vor dem Frühstück am Zaun gebuddelt hatte. Abigail saß zur Abwechslung auf Putzis Schoß und naschte Brösel ausgelassenen Specks.

»Ihr werdet heute ohne mich auskommen müssen«, verkündete der Doktor. »Ich hab eine volle Praxis und muß vorher noch ins Krankenhaus. Es wird einfacher sein, sobald ich meine eigene Klinik habe.«

»Deine eigene Klinik?« echote Herrchen. »Davon wissen wir ja gar nichts! Und wo willst du die aufmachen?«

»Aber Dad! Hier natürlich, wo denn sonst? Habe ich euch das denn nicht gesagt? Dafür sind doch die ganzen Umbauten!«

»Lieber Bub, übernimmst du dich dabei auch nicht?« fragte die wieder einmal überängstliche Mami.

»Bestimmt nicht, das hier gibt ja kein Kreiskrankenhaus mit zweihundert Betten, sondern nur eine kleine Privatklinik für einzelne Patienten, die ich gern stationär beobachten möchte.«

»Aber der Hund, der paßt dann doch nicht mehr hier her?« wollte Frauchen wissen.

»Im Gegenteil!« lachte der Psychiater. »Hunde und Katzen können Teil der Therapie sein, gerade in depressiven Fällen.

Also macht euch mal keine unnötigen Gedanken. Ihr werdet sowieso wahrscheinlich nicht mehr hier sein, wenn es losgeht.« Dann wechselte er das Thema wie Bobbelis Mami, wenn der Knirps unentwegt Fragen stellte, deren Antwort er ohnehin nicht verstand.

»Übrigens braucht ihr ein Auto, sonst sitzt ihr hier fest. Ich hab mit Adam und Sarah gesprochen. Für heute geben sie euch ihren alten Chevy. Ab morgen nehmt ihr euch am besten einen Leihwagen. Die kosten hier nur 39 Dollars die Woche mit unbeschränkter Kilometerpauschale.«

Hinter dem Haus schrie Mamis Jüngster, gleich darauf hörte ich Napoleon. Auch Adams Stimme klang beunruhigend. Kind war während der Diskussion am Tisch aus seinem Sessel gerutscht und in den Garten gelaufen. Ich hatte es bemerkt, mich indessen lieber an die gehalten, die das Sagen hatten.

Jetzt war es fast zu spät. Der Knirps saß tränenübergossen auf der zerbrochenen Treppe der Hütte am Ende des Grundstücks, hielt sein blutendes Bein und ließ sich nicht von Adam trösten. Die Tür des Schuppens stand offen, und drinnen tobte der Husky herum, als kämpfe er gegen eine Rotte von Höllenhunden.

Ich stürmte allen voran und stürzte mich auf die erstbeste Ratte, mit der sich der unerfahrene Hausgenosse bis dahin anscheinend ergebnislos herumgeschlagen hatte. Daß sich das Biest fauchend zwischen zwei Latten zurückzog, nutzte ihm nichts. Wo es für den korpulenteren ersten Angreifer unerreichbar gewesen war, kam der schlanke Dachshund leicht durch und durchbiß ohne Zögern sein Genick.

Leider polterte die Nachhut herein, ehe ich mit dem nächsten fertig war und vertrieb die Bande.

»Als nächstes muß Adam den Schuppen ausräumen und

Rattengift legen«, ordnete der Hausherr an und nannte mich »einen brauchbaren Gast«, der getrost schon eher hätte kommen können. Dann lud er Kind und Mami in seinen Pickup und nahm sie mit ins Krankenhaus, wo er dafür sorgen wollte, daß sein neuester Patient gegen Wundstarrkrampf und Tollwut geimpft wurde.

Napoleon schien ähnliche Gefühle der Anerkennung für mich zu empfinden wie sein Herr. Er stieß mich begeistert an – und zwar gleich vorne und hinten – und legte mit einer um Freundschaft bittenden Geste eine Pfote auf mich. Im Grunde war er ja doch ein ganz netter Hund!

*

Der Chevy war ein Kombi und paßte zum Haus. Auch er hatte einen eigenen – oder besser eigenwilligen – Charakter und vermutlich das gleiche historische Alter. Er schnaufte und leckte und hatte überall Roststellen. Nur wurde er im Gegensatz zum Haus nicht restauriert. Edith entschied nach kurzer Probefahrt, daß unser Vorstand und Bobbeli spazierengehen und die subtropische Vegetation genießen sollten. So sei wenigstens sichergestellt, daß der Knirps nicht Vollwaise werde.
Mir erlaubte sie mitzufahren, nachdem sie einige Vorkehrungen getroffen hatte. Den anfänglichen Versuch, mich festzuzurren, gab sie schnell wieder auf. Statt dessen ließ sie sich von Sarah einen Sack geben. Den band sie am Rücksitz fest und verstaute mich in ihm. Daß ich dabei fürchterlich nießen mußte und im Nu aussah wie ein frischgepuderter Christstollen, nahm sie im Interesse meiner angeblichen Sicherheit in Kauf.
Nach den intimen Kontakten mit Rucksack, Korb, Einkaufstasche, Mantel und Pelerine konnte mich nichts mehr erschüttern. Ich machte zum x-ten Mal geduldige Miene zum alten Spiel, hätte doch alles Wehren höchstens dazu geführt, daß ich ebenfalls dableiben mußte. Und auf den Spaziergang mit Herrchen bei 30 Grad im Schatten und 98 Prozent Luftfeuchtigkeit verspürte ich nicht die geringste Lust. Außerdem sagte mir die Erfahrung, daß sich unter-

wegs schon eine befriedigende Lösung finden würde, solange der Sack nicht zugebunden wurde, was ich bei Ediths Mentalität für ausgeschlossen hielt.
Dort, wo in Ocala der Verkehr am dichtesten war, schlüpfte ich aus meiner Zwangsjacke. Die Fahrerin hätte nicht einmal etwas gemerkt, wenn ich mich nicht, einer angeborenen Veranlagung folgend, als erstes gründlich ausgeschüttelt, sondern mich in den toten Winkel im Hinterteil des Vehikels gedrückt hätte. Doch kann halt niemand so leicht aus seinem Fell!
Als ich auch noch auf dem Beifahrersitz erschien und von dort aus meine Freude über die veränderte Situation auszudrücken begann, verlor Frauchen für einen Moment die Übersicht. Beinahe wären wir dem vor uns fahrenden Verkehrsteilnehmer zu nahe gekommen, meisterten die Gefahr aber gerade noch mit quietschenden Reifen.
Glück war es ebenso, daß Edith ihren Paß dabei hatte. Da sie dem Verkehrspolizisten, der eigentlich nur ihren Führerschein haben wollte, damit bewies, daß wir erst einen Tag im Lande waren, entschuldigte er uns. Er muß wohl gedacht haben, daß wir uns noch nicht an die hiesigen Regeln gewöhnt haben konnten.
Überhaupt schienen die Leute in Ocala besonders entgegenkommend zu sein. Der Verkäufer im ersten Möbelgeschäft zeigte uns geduldig sämtliche Betten und hatte nichts dagegen, daß ich etliche davon ausprobierte. Selbst ohne etwas an uns verdient zu haben, hielt er uns beim Hinausgehen die Tür auf und wünschte uns anderswo mehr Glück.
Im zweiten Laden, in dem sich der Inhaber persönlich um unseren künftigen Schlafkomfort bemühte, hätte Edith beinahe ein Nachtlager gekauft, bis sie den Preis erfuhr und

resignierte. Auf Empfehlung des guten Mannes endeten wir an einem Platz vor der Stadt, an dem allerlei Tische, Stühle und Kommoden im Freien auf jemanden warteten, der vorbeikam und sie mitnahm.
Die dazugehörige Bretterbude mit der Aufschrift USED FURNITURE schien eine Promenadenmischung als ureigenes Territorium zu betrachten. Sie empfing uns mit Tönen deutlichen Mißfallens und trollte sich erst, nachdem wir sie einfach ignorierten. Frauchen wäre gewiß weitergefahren, wenn es durch die Mißerfolge der letzten Stunde nicht frustriert gewesen wäre und sich nicht vor einer weiteren Nacht auf der luftgekühlten Monsterlage gegraust hätte.
Trotzdem wurden wir hier fündig. In der Bude stand an die Wand gelehnt eine Matratze mit Beinen, die keine Flecken hatte und sympathisch roch. Als sie auch noch den Liegetest bestand, bezahlte unser großes Weibchen erleichtert fünfzig Dollar und ließ das Ding in den Kombi schieben. Auf die dazu angebotene Decke aus leuchtendem Rot mit goldenen Blumen verzichtete es mit der Begründung, wir hätten etwas Ähnliches zu Hause.
Die Promenadenmischung versuchte es noch einmal. Als ich auch dieses Mal nicht reagierte, ließ sie ihre Enttäuschung an unserem Auto aus, richtete jedoch keinen Schaden an, der nicht abwaschbar gewesen wäre. Edith sagte zuletzt um des guten Abgangs willen noch etwas von einem »Nice dog!« – was ebenso gelogen war wie die Behauptung über die Decke.
»Trödler sind auch Menschen«, bekam ich auf der Heimfahrt zu hören. »Man muß ihre Gefühle ja nicht mutwillig verletzen. Natürlich fand ich die Decke scheußlich und den Kläffer alles andere als nett.«

Ich stimmte nur zur Hälfte zu. Die Decke wäre mir schon recht gewesen. Nur behielt ich meine Meinung für mich, denn über Geschmack lassen unsere Vorbilder ja sowieso nicht mit sich reden.

*

»Your dog will love this super car«, behauptete der Gebrauchtwagenhändler, während ich die Limousine besichtigte. »And it's just ten thousand!«
»Ein sehr schöner Wagen«, stimmte Putzi zu und holte mich aus dem Superauto, das ich nach Meinung des Verkäufers so geliebt hätte. Zehntausend Dollar seien uns jedoch zuviel. Wir brauchten etwas Preiswerteres. Es solle ja nur für ein paar Monate sein, bis wir nach Europa zurückkehrten.
Der Familienrat hatte beschlossen, daß ein Leihwagen für die ganze Zeit doch zu teuer käme und man mit einem gebrauchten Auto, das man schließlich wieder verkaufen könne, besser fahren werde. Nach dem Besuch von Florida stand ja auch noch Kanada auf dem Programm. Dem Doktor war es recht gewesen, Kind und mir egal. Hauptsache, wir hatten alle genug Platz, das Polster war abwaschbar und die Bremsen funktionierten, wenn Edith neben mir am Steuer saß.
Da habe er noch etwas ganz Besonderes, meinte der Händler und führte uns zu einem Modell in Grün, aus dem mir mein Ebenbild entgegenleuchtete. Frisch lackiert sei es und so gut wie neu. Einer alten Dame habe es gehört, die damit nur zum Supermarkt und zur Kirche gefahren sei. Die Familie könnte es mitnehmen nach Europa und damit Aufse-

hen erregen. Dabei koste es nur neunzehnhundert, sei also fast geschenkt.
Edith und unser Leithund tauschten Blicke. »Das Ding erinnert mich an Sarahs Wagen – mit mehr Farbe über dem Rost!«
Der Verkäufer, der kein Deutsch verstand, lächelte verbindlich.
Meine Begleiter entschieden sich für einen »stationwaggon« mit zwei breiten Sitzbänken und viel Stauraum dahinter. Einen Kompromiß zwischen dem größtenteils unbedachten Pickup und dem geschlossenen, aber lebensgefährlichen Wagen, mit dem Frauchen und ich die Bettenjagd unternommen hatten.
Der Gebrauchtwagenhändler jammerte: Noch mehr solcher Geschäfte seien sein Ruin, nahm aber die Fünftausend, die Putzi ihm bot. Er spendete sogar noch passende Fußmatten, damit auch der »liebe Hund« es bequem habe. Der Boss schaute mich an, sagte aber nichts. Wahrscheinlich versuchte er sich vergebens zu erinnern, wann ich das letzte Mal auf so einer Matte gelegen hatte.
In der Neuerwerbung stellte sich diese Frage für mich sowieso nicht. Ihre Überführung in unser historisches Viertel durch Frauchen und mich gelang ohne Komplikationen. Ich lag, angeschmiegt an die Fahrerin, auf dem Ledersitz und gab ihr keinen Anlaß, die Bremsen zu strapazieren. Und das, obwohl alle Fenster offen blieben, weil Edith ja bekanntlich von der Luft aus künstlichen Klimaanlagen einen steifen Hals bekam.
Bei der Ankunft erwarteten uns Napoleon und Abigail. Der Husky war vor die Tür gesetzt worden, nachdem er begonnen hatte, das Kabel der Maschine anzuknabbern, mit der die Handwerker die Wand im künftigen Speisesaal ab-

schmirgelten. Er war bei uns im Wagen, bevor wir eine Chance hatten, ihn daran zu hindern. Und da der Boss nach dem Autokauf zu seinem Sohn ins Krankenhaus gegangen war, gab es auch keinen, der genügend Autorität besaß, den verrückten Hund am Markieren des Innenraums zu hindern.

Während die hinzugekommene Sarah die Hände über den Kopf zusammenschlug und »Jesus and all saints« anrief, entschloß sich unser Weibchen, die Sache von der komischen Seite zu betrachten. Ich hatte allerdings den Eindruck, daß Edith vor allem froh war über die glückliche Wahl, die sie mit mir getroffen hatte.

Jedoch hat auch ein zivilisierter Hund seine Bedürfnisse. Zum Beispiel will er trinken, wenn er Durst hat wie andere Leute auch. Und sein Durst ist um so größer, je wärmer es draußen ist. Leider fand mein artikulierter Wunsch kein Gehör. Frauchen war damit beschäftigt, Sarah bei der Beseitigung von Napoleons Ablaß zu helfen. Adam ließ den Knirps zur Zeit glauben, daß es auch zweibeinige Pferde gäbe und galoppierte schrecklich wiehernd durch die Gegend. Mein großer Stiefbruder war auch nicht da, den ich als letzte Instanz hätte anrufen können.

Napoleons Beispiel folgend die Schlammpfütze anzulekken, die sich neben der Klimaanlage hinterm Haus gebildet hatte, entsprach nicht meinem Niveau. Da kam mir das hochgeschobene Fenster gerade recht, durch das ich auf direktem Weg zur nächsten Wasserquelle gelangte. Wobei mir half, daß die meisten Zweibeiner den Deckel der Schüssel nicht schließen, wenn sie die Toilette verlassen.

Ich war mitten im Auftanken, mich dabei mit den Hinterpfoten auf den Schüsselrand stützend, als die Tür aufging. Vor Überraschung konnte Edith zuerst anscheinend nicht

klar sehen. Mit einem »O Pardon!« wollte sie sich zurückziehen, ehe es ihr dämmerte, daß der Benutzer keine Ähnlichkeit mit ihresgleichen hatte, Diskretion also gar nicht angebracht war.
Ihr »Was fällt denn dir ein, du Dreckspatz!« war aber ebenso unnötig wie beleidigend. Wer so unsensibel reagierte, nachdem er selbst seiner Verantwortung anderen gegenüber nicht gerecht geworden war und sie dadurch praktisch gezwungen hatte, obskure Quellen anzuzapfen, verdiente keine Antwort. Ich richtete mich auf und verließ den Ort dieser Begegnung auf demselben Weg, den ich eingangs benutzt hatte.
Meine eindeutige Haltung mußte das trotzdem im Grunde herzensgute Frauchen zum Nachdenken veranlaßt haben. Bald darauf brachte es mir als Friedensangebot eine Schüssel Milch und konnte es nicht fassen, daß ich die Liebesgabe Napoleon und Abigail überließ.
Einem richtigen Hund, der seinen Brand gerade in vollen Zügen gelöscht hat, steht der Sinn nach Deftigem. Das aber war allein bei Sarah zu erreichen, die inzwischen Hamburger fürs Abendessen vorbereitete und sich von mir überzeugen ließ, daß man Hackfleisch auch roh essen kann.

*

Der Tag begann mit einer Panne, die vermeidbar gewesen wäre, wenn sich Edith rechtzeitig mit der Anatomie junger Huskys vertraut gemacht hätte. Neben dem Zimmer, in dem der Doktor mit seiner Menagerie übernachtete, hatte sie mit Adams Hilfe ihre Matratze hingelegt. Ich war mit ihr

umgezogen, obwohl das historische Lager der Familienmehrheit nach Frauchens Kapitulation vermutlich mehr Variationsmöglichkeiten geboten hätte.
Anscheinend tickte in Knöpfchen noch immer die Uhr der alten Zeit. Viel zu früh stand es auf, huschte schnell zu der noch schlafenden Meute und ließ anschließend den hinter seiner Tür schon aufgeregt piepsenden Napoleon hinaus, damit sein Herr noch ein bißchen länger ruhen konnte.
Der Anfang der Aktion verlief folgenlos. Die Wand, gegen die die vierbeinige Temperamentsbombe am Fuß der Treppe prallte, war von einer vorsorglichen Hilfskraft mit Sitz und Lehne eines Sessels gepolstert worden. Der harte Rest des Sessels wartete irgendwo auf normale Zustände.
Auch die Zeit im Garten schien programmgemäß zu verlaufen. Zwar hatte ich Mühe, unter den ungestümen Attakken des losgelassenen Welpen meine Morgentoilette zu vollenden, kam aber schließlich doch zum Erfolg, da sich Napoleon irgendwann zu gleichem Tun bequemte. Ediths Fehler war, daß sie glaubte, die Angelegenheit sei damit erledigt.
Denn nicht jeder Bello, der sein Geschäft verrichtet hat, ist endgültig fertig. Ein dreimonatiges Huskybaby, das einige der eigenen Leute für nicht ganz normal hielten, schon gar nicht. Napoleon freute sich zwar ungemein, wieder ins Haus zu dürfen, um drinnen mit dem Besuch zu spielen. Das hielt ihn allerdings nicht davon ab, an ihm geeignet erscheinenden Punkten hübsche kleine Nachlässe zu plazieren, bis ihn auch die letzten Überbleibsel seiner gestrigen Mahlzeiten verlassen hatten.
Was wiederum ein Malheur war, für das unser Psychiater gewiß Verständnis aufgebracht hätte, war er doch darauf

trainiert, den Gemütszustand seiner Patienten zu bedenken und zudem vom eigenen Trabanten ähnliches gewöhnt. Unglücklicherweise fand Sarah auf ihrem Kontrollgang nicht die gesamte Hinterlassenschaft.
Eine von Napoleons duftenden Visitenkarten lag so gut getarnt auf einer Vorlage unter dem Schreibtisch des Doktors, daß dieser sie erst wahrnahm, als sie an seinen Schuhen klebte. Sein Gleichmut geriet einen Moment lang ins Schwanken, und er warf seiner Mutter vor, sie habe sein Hündchen nicht lange genug draußen gelassen.
Das sollte anders werden. An diesem Tag tauchten Männer auf, die den Fußboden in einigen Räumen abschleifen und anschließend lackieren sollten. Die Hausbewohner wurden deshalb angewiesen, sich fernzuhalten, um die Arbeiten nicht zu behindern. Eine Anordnung, die allgemein gehalten war, aber offensichtlich vor allem denjenigen galt, denen man nicht zutraute, nur dort aufzutreten, wo sie keine Spuren hinterließen.
Praktisch bedeutete es, daß wir ausgesperrt wurden und sogar unser Futter im Freien zu uns nehmen mußten. Und das bei einer Hitze, die kein Zweibein einem anderen zugemutet hätte. Selbst der zunächst unermüdlich scheinende Napoleon gab gegen Mittag auf und suchte sich eine schattige Stelle. Zu diesem Zeitpunkt war der Schlamm in seinem Fell zu einer Kruste verhärtet, während sich der kleine weiße Kater selbst rechtzeitig abgeleckt hatte.
Wahrscheinlich war Napoleon diesmal dennoch der Klügere. Die Schlammschicht hielt nämlich die Sonne von ihm ab, während der beim wilden Toben besonnen gebliebene Dackel diese Schutzschicht nicht besaß. Dabei hätte ich nur wie der Husky hinter Abigail herzurennen brauchen.
Die alten Häuser in Florida sind auf Stelzen gebaut worden,

damit ihnen das hohe Grundwasser nichts anhaben konnte, wie uns der Doktor erklärt hatte. Vom Regen und der neuen Klimaanlage hatten sich unterm Haus Pfützen gebildet, die kanalisiert werden sollten, sobald die wichtigeren Arbeiten getan waren.

Das Katerchen hatte herausgefunden, daß es beim Nachlaufspielen dem Verfolger am leichtesten entwischte, wenn es im Untergrund verschwand. Denn der viel größere Husky mußte sich dort ducken und durch den Matsch robben, während der Verfolgte das schlüpfrige Terrain längst am anderen Ende verlassen hatte.

Auch ich beteiligte mich anfänglich an dem Spiel, kehrte aber vor dem Schlußteil um und erwartete das Kerlchen lieber gleich dort, wo es wieder ans Tageslicht kam. Wenn Ausnahmen die Regel bestätigen, daß sich Intelligenz auszahlt, war ich an diesem Tag eine solche Ausnahme.

Es begann damit, daß sich alles um mich herum drehte. Das bißchen Futter, mit Mühe hinuntergewürgt, wollte plötzlich unbedingt wieder hinauf und hatte es so eilig, daß es sogar durch den Eingang hinausstürzte. Danach grub ich mir eine Mulde unter dem nächsten Bougainvillea-Busch und wartete auf das Ende.

Ich weiß nicht, wie lange ich so dalag, den Kopf mit Preßluft gefüllt, Pfoten und Schwanz abgefallen, der verbliebene Rest in Flammen. Wenn man so ausgebrannt ist, daß man glaubt, eigentlich könne von einem gar nichts mehr übrig sein, verliert man jedes Gefühl und die Hoffnung, daß jemand kommen und helfen wird.

Als man mich endlich vermißte und mich fand, muß ich schon einige Zeit ohne Bewußtsein gewesen sein. Der Seelendoktor habe mich untersucht und auf eine Vergiftung getippt, erzählte mir Frauchen später. Er habe vermutet, daß eine tote Ratte, an der ich mich vergriffen hatte, schuld an meinem Zustand sei.

In der Tierklinik berichtigte der Notarzt die Diagnose und informierte die Familie, daß auch unsereins vor einem Sonnenstich nicht gefeit sei. Deshalb sei es auch unverantwortlich, Haustiere stundenlang der Sonne auszusetzen – vor allem solche, die hohe Temperaturen nicht gewohnt sind. Das gelte übrigens auch für Katzen, obwohl die sich einem Gerücht zufolge gelegentlich sogar freiwillig auf heiße Blechdächer legten.

Was nun mich betreffe, so sei vorläufig aufmerksame Pflege angebracht. Strikte Diät, wasserbildende Tabletten und kalte Umschläge würden helfen – und natürlich Bettruhe in einem vollklimatisierten Raum. Ich bekam noch eine Spritze und wurde mit den besten Wünschen zusammen mit meiner mehr oder minder zerknirschten Verwandtschaft heimgeschickt.

In der nächsten Zeit nahm ich wieder das historische Lager der ersten Nacht ein, wie eine Königin behandelt und meist in Gesellschaft von Napoleon und Abigail, denen das ausgedehnte Sonnenbad nicht geschadet hatte. Oft saß auch Frauchen bei mir – einen dicken Schal um den Hals – und erzählte mir Geschichten von guten und bösen, kleinen und großen Tieren. Bis Herrchen protestierte, weil es der Auffassung war, daß sein Knöpfchen vor lauter schlechtem Gewissen übertreibe und daß ich sowieso das meiste davon nicht verstünde.

Meine Pflegerin und ich waren uns jedoch darüber einig, daß aus Putzi nur die pure Eifersucht sprach und daß er selber gerne an meiner Stelle gelegen und Märchen gehört hätte.

*

Der Doktor hatte bestimmte Theorien, wie er gegen Depression und andere seelische Leiden angehen wollte. Hund und Katzenkater, dazu vielleicht noch ein Pferdezwerg, ein paar Schildkröten und ein radschlagender Kakadu, spielten in seinen Plänen eine Rolle. Auch ich hätte ein Teil seiner Therapie sein können, wenn ich dageblieben wäre, wie er mir glaubhaft versicherte.

Der Minizoo sollte selbstverständlich nicht das einzige Hilfsmittel neben der Schulmedizin sein. Der Chef der demnächst eröffneten Heilanstalt »Blue Heaven« kalkulierte ein, daß viele Menschen sich von streichelfreundlichen und anhänglichen Exemplaren aufmuntern lassen, daß unsereins zum Kindersatz und neuen Lebenszweck werden kann. Er wußte aber auch, daß eine Menge Zweibeiner hüben wie drüben herumlaufen, die jeden von uns, der für sie ungenießbar ist, für unnützes und oft störendes Beiwerk halten.

Er hatte deshalb beschlossen, daß Adam einen Pflanzengarten anlegen sollte, in dem sich aus der Balance geratene Artgenossen beschäftigen und grüne Erfolgserlebnisse sammeln konnten. Denn Buddeln und Hacken, um Blumen und Gemüse dabei gedeihen zu sehen, überzeuge auf natürliche Weise, daß nicht alles schlecht und sinnlos sei auf der Welt.

Damit die herbeigeschaffte Erde nicht nur Kümmerlinge hervorbrachte und die mit ihr Beschäftigten noch mehr an sich zweifeln ließ, mußte sie von besonderer Qualität sein. Adam hatte sich dazu etwas ausgedacht. Er hatte einige Särge gebaut, die voller Leben waren und Napoleon erwartungsgemäß in Schwierigkeiten brachten.

Die Särge waren »wormbins«, Zuchtkästen, gefüllt mit nassem Torf und Regenwürmern. Adam mästete sie mit alten

Pferdeäpfeln, die er mülltonnenweise auf den Farmen rings um Ocala besorgte. Die Würmer dankten es ihm, indem sie sich vermehrten und den Mist zu »bestes Dünger, was gibt« verarbeiteten. Der Hund des Hauses schien denselben positiven Eindruck gewonnen zu haben.

Nachdem er eines seiner zahlreichen Geschäfte oben auf einem frisch geschütteten Hügel Gartenerde verrichtet hatte und dabei mehrfach eingebrochen war, grub er sich eine Mulde in einem der Wurmkästen und machte es sich darin gemütlich. Dabei etliche der Insassen zu Mus quetschend. Der Seele von Mensch waren seine Würmer indessen anscheinend so sehr ans Herz gewachsen, daß sie die Geduld mit »dumme Husky« verlor. Die Schaufel traf den Täter dort, wo sie besonders wehtat und vertrieb ihn von dem feuchtkühlen Lager. Empört zog er zur Küchentür und kratzte solange, bis ihn jemand einließ. Was sich wiederum als Fehler erwies.

Als der Doktor heimkam, beschwerte sich nicht nur Adam, sondern auch Sarah. Napoleon habe zuerst einen Haufen Gewürm ins Haus gebracht und sich dann mitsamt dem ganzen Dreck im Pelz aufs gute Sofa gelegt. Wahrscheinlich hätte man auch das noch hingenommen, wenn dort nicht die neuen Vorhänge zum Aufhängen ausgebreitet gewesen wären.

Mit einem tiefen Seufzer gestand unser amerikanischer Verwandter, daß ihn sein verrückter Hund zwinge, jeden Tag einen Patienten mehr zu verarzten. Dann fragte er die Eltern, ob sie nicht einen Ausflug vorhätten und Napoleon mitnehmen wollten. So wurde beschlossen, daß wir am nächsten Morgen alle ans Meer fahren würden.

Noch am Abend packte Edith die Verpflegung für den kommenden Tag zusammen, damit wir in aller Frühe losfahren konnten. Putzi hatte die Führung, Mami und Kind saßen vorläufig in der zweiten Reihe. Napoleon und ich durften die Aussicht von hinten genießen, wo auch der Freßkorb stand.

Leider verderben nicht nur bei den Zweibeinern schlechte Beispiele die guten Sitten. Die Versuchung war wohl auch zu groß, zumal das Bobbeli seine Mutter während der Fahrt überzeugte, daß hinter dem Rücksitz genug Platz für drei war. Als dann Knöpfchen zu seinem Männchen kletterte, entstand ein Vakuum in der Mitte, das den Aufpassern die Sicht auf das rückwärtige Geschehen nahm.

Von da an interessierte uns der Straßenverkehr überhaupt nicht mehr. Gemeinsam rückten wir dem Tagesproviant zu Leibe, mit zwei Schnauzen und zwei Pfoten das Untere nach oben kehrend. Das dem individuellen Geschmack Zuträgliche zuerst vertilgend. Zum Glück verspürte Kind keinen allzu großen Appetit, räumte den Korb sozusagen nur zum Spaß mit aus und begnügte sich mit Gurkenlutschen. Alles übrige unterlag unserer Inspektion.

Als die Expeditionsleitung von dem Gelage erfuhr, weil das Bobbeli mit seiner Gurke zu den Eltern gekrabbelt war, bestand kein Grund mehr zu intervenieren. Wir waren bereits beim Mundabwischen. Allerdings hatten wir neben der gesamten Rohkost die für empfindliche Hundegaumen zu scharf gewürzte Salami und die Sandwich-Hüllen für Herrchen und Frauchen übriggelassen.

Auch an Cola, Bier und Wasser waren wir nicht herangekommen. Bekanntlich haben Hunde zwar scharfe Zähne, die sich aber leider nicht zum Dosenöffnen eignen. Das holte Putzi später nach. Er trank sogar auf unser aller Wohl und schluckte seinen eventuellen Ärger über unsere Voreiligkeit hinunter.

Dackel sind keine Schwimmfanatiker. Im Meer zu baden, überlassen wir lieber den Großen, die mit den Wellen besser fertig werden. Auch was die Dünen angeht, ist man mit kurzen Beinen gehandicapt: man geht zu leicht unter. Am besten bewegt man sich dazwischen – dort, wo die Flut den Sand glattgebügelt und die Sonne ihn festgebacken hat.
Die Gegend am Meer war um diese Zeit fast menschenleer. Putzi wußte, warum. »Die meisten Leute müssen arbeiten, und die Touristen schlafen noch«, meinte er befriedigt. »Die paar Unentwegten stören uns nicht. Der Strand gehört uns so gut wie allein. Von mir aus rennt. Aber daß ihr mir in der Nähe bleibt, sonst kommt ihr an die Leine!«
Natürlich hatte Napoleon anderes im Sinn. Ihn interessierten die Sandberge ebenso wie das Wasser. Im Galopp erstürmte er die nächste Düne, sah sich oben triumphierend um, hob das Bein an einem imaginären Baum, rutschte jauchzend wieder herab, um mit weiten Sätzen und hohen Sprüngen dorthin zu jagen, wo sich das Meer verlief. Da setzte er sich hin und überließ es der folgenden Welle, seinen Abfall zu entsorgen.
Erleichtert probierte er anschließend die Rennpiste am Ufer entlang aus. Mir war die Sache nicht ganz geheuer, und ich beschränkte mich darauf, Kreise um die Familie zu ziehen, darauf achtend, daß ich nicht naß wurde. Die erste Reklamation kam von einem uralten Zweibein, das von Napoleon beim Joggen umgerannt worden war, die zweite von einer frühen Beachpatrouille.
Sie forderte uns auf, den Strand sofort zu verlassen. Andernfalls würden wir, die wir hier nichts zu suchen hätten, konfisziert. Die Antwort auf die Frage, ob wir denn nicht die Schilder NO ANIMALS ALLOWED gesehen hätten, versuchte Putzi mit Nichtverstehen zu umgehen. In gebro-

chenem Englisch bestätigte er, daß es sehr warm und Florida ein Traumland sei.
Doch dieses Mal half die alte Methode nichts. Ich wurde angebunden und der wilde Raser mit Unterstützung der Obrigkeit und einiger Strandläufer eingefangen. Die Polizei erlaubte nicht einmal, unseren panierten Kompagnon auszuwaschen, so daß unser Leithund gezwungen war, ihn auf der Uferstraße solange auf und ab zu führen, bis die Luft ihn getrocknet hatte. Dann kraulten Frauchen und Herrchen den Sand aus ihm heraus.
Bobbeli beteiligte sich nicht an der Aktion. Es war nicht einmal dazu gekommen, den Graben um die geplante Strandburg auszuheben und nahm seinen Eltern übel, daß sie sich nicht durchgesetzt hatten. Was sein Vater als Entschuldigung anführte, beeindruckte den Knirps überhaupt nicht. Die sogenannte höhere Gewalt konnte ihm gestohlen bleiben, wenn er wegen ihr nicht im Matsch spielen durfte.
Das Versprechen, wir würden als Ersatz für den verloren gegangenen Strand Oma besuchen, traf auch bei mir auf Unverständnis. Ich wußte schließlich, daß Oma gestorben war.

*

Unsere Herren und Meister sorgen immer wieder für Überraschungen und sind selbst überrascht, wenn wir nicht ohne weiteres mit ihnen fertig werden. Auch der beste Hund vergißt die eigene Mutter, sobald er von ihr wegadoptiert worden ist. Mein andauerndes Verhältnis zu Trixi war eine Ausnahme, weil wir Nachbarinnen blieben.
Unsere wirklichen Ahnen lernen wir niemals kennen. Eine

Oma kommt höchstens in der Familie vor, die uns angenommen hat. Aber sie hat nur zwei Beine und ist eigentlich überhaupt nicht mit uns verwandt. Und da erfuhr man aus heiterem Himmel, daß es noch eine zweite gab, die ich ohne jede Vorwarnung treffen sollte, nur weil man uns den Tag am Wasser verdorben hatte.
Auch Frauchen äußerte Bedenken. »Wir hätten vorher anrufen sollen! Margot hat uns heute nicht erwartet und wird der Invasion vielleicht nicht gewachsen sein. Du weißt ja auch, wie komisch Frank sein kann.«
»Papperlapapp!« antwortete der Boss. »Sie wird froh sein, wenn sie ihre Tochter wiedersieht. Ihre beiden Katzen muß sie eben vor den Hunden in Sicherheit bringen.« Dann drehte er sich zu seinem Sprößling um, der hinten im Wagen seinen Protest noch immer nicht beendet hatte. »Wir fahren ein anderes Mal allein ans Meer. Wenn du jetzt nicht sofort aufhörst mit dem Terror, halte ich an und versohle dir den Hintern!«
Ich hätte gerne gewußt, weshalb er dem Knirps vorenthielt, daß er mit dem Spiel am Strand nicht lange zu warten brauchte. Denn als wir bei Oma Nummer zwei eintrafen, stellten wir fest, daß ihr Haus an einem See lag. Was dazu führte, daß drei von uns an der Begrüßungszeremonie nicht teilnahmen, weil sie sofort bei Ankunft ums Haus herum ans Wasser liefen.
Bobbeli und ich ließen uns auf den samtweichen Rasen fallen, der bis ans Ufer reichte, wälzten uns vor Behagen, tranken zwischendurch und beobachteten den Husky, der zuviel Schwung gehabt hatte und in den See gefallen war. Dort blieb er, sich offenbar nicht weniger wohl fühlend als wir, bis die ganze zweibeinige Gesellschaft erschien und ihm befahl, herauszukommen.

»Das ist unsere *amerikanische* Oma, stellte Edith uns die fremde Frau vor, die vor lauter Sonnenöl und Freude übers ganze Gesicht glänzte und uns unbedingt alle gleichzeitig umarmen wollte. Allerdings traf sie dabei auf den entschiedenen Widerstand von Kind, das darauf bestand: »Oma tot!«
Napoleon zeigte sich weniger widerspenstig. Zuerst sprang er an der noch lebenden Oma hoch, danach an dem Männchen, das mit ihr aus dem Haus gekommen war und als »Frank, der größte Hundenarr in der Stadt« angepriesen wurde. Es sah also danach aus, als ob Ediths Bedenken gegen den Überfall unbegründet gewesen waren.
Margot zeigte sich als ein besonders nettes altes Zweibein, das sogar Verständnis hatte für den verrückten Welpen des Doktors. Der aber hatte im Augenblick nur noch Augen für Frank, balgte sich mit diesem im Gras herum, zerrte ihm die Hose herunter und ließ sich dafür von ihm ins Genick beißen.
Nur wenn der echte Hund den falschen dazu bringen wollte, mit ihm ins Wasser zu springen, schreckte der vor dieser letzten Konsequenz zurück. »Frank kann nämlich nicht schwimmen«, erklärte Margot, die immer noch bemüht war, den Knirps überall dort abzuküssen, wo sie ihn in den Griff bekam.
Angeregt vom Übermut des achtfüßigen Duos gab ich meine Zuschauerrolle auf und beteiligte mich an der Balgerei, mich bald auf die Seite des einen, bald auf die des anderen schlagend. Irgendwann schloß sich uns auch Kind an, das sich der Fummelei von Oma Nummer zwei entwunden hatte. Mit ihm auf dem Rücken wurde Frank zwar erheblich unbeweglicher, jedoch durch Tätscheln und wiederholtes Loben wie »Frank braver Hund« entschädigt.

Die Idylle dauerte an, als die Zweibeinerweibchen am See den Tisch deckten und jeder wieder die normale Haltung einnahm. Von den beiden Katzen hatten wir bis dahin nichts gerochen. Frauchen hatte am Anfang nach ihnen gefragt und sich mit der Auskunft zufrieden gegeben, daß Susi und Prinz sich in ein höher gelegenes Bücherregal zurückzögen, wenn Besuch da sei.
Beim Futterschleppen von der Küche zum Seeufer blieb die Terrassentür einen Spalt breit offen, und zwei der Besucher nutzten die Gelegenheit. Ich entdeckte die beiden Pelzträger zuerst. Man hätte sie glatt für Chow-Chows halten können, wenn sie nicht so gefaucht hätten. Mein Bellen rief Napoleon auf den Plan, der sich auf dem Weg zu den Kochtöpfen befunden hatte. Gemeinsam forderten wir Margots Fauchetiere auf herunterzukommen.
Der Lärm lockte das ganze Rudel herbei. Sechsstimmig versuchten wir die Miezen davon zu überzeugen, daß wir alle sieben Katzenfreunde waren. Nur Margot verhielt sich alternativ. Einigen von uns schien sie doch nicht so recht zu trauen, obwohl wir uns die größte Mühe gaben, einen guten Eindruck zu machen.
Dabei war ihre Angst um ihre Lieblinge schon deswegen unbegründet, weil die sich durchaus selbst zu wehren wußten. Edith erfuhr es am eigenen Leib. Nachdem sie die Hand Susi entgegengestreckt hatte, um sie zu streicheln, mußte sie sich Linderung in der Hausapotheke verschaffen.
Die Katzenmutter nahm die Übeltäterin auch noch in Schutz. »Susi war nur erschrocken. Sonst ist sie nicht so.« Zum Beweis holte sie einen Hocker, kletterte hoch – und holte sich eine ähnliche Abfuhr. Ihre Behauptung »Das war ein Liebesbiß!« brachte sogar Frank zum Lachen.
Herrchen aber konnte wieder mal den Mund nicht halten,

obwohl ihm sein Knöpfchen heimlich unterm Tisch auf den Fuß trat. »Wenn sich unser Kater eine solche Unverschämtheit erlaubt hätte, wäre er in hohem Bogen aus dem Haus geflogen!«

Napoleon hatte sich nur widerstrebend von der Belagerung abbringen lassen. Seine Katzenerfahrung beschränkte sich auf Abigail, und die zählte hier nicht. Instinktiv fühlte er, daß im Haus jemand war, der ihm an den Kragen springen würde, wenn er könnte. Jetzt saß er bei uns und wendete kaum den Blick ab von der Terrassentür.

Mit dem bißchen Stimme, das ein Husky von der Natur mitbekommt, versuchte er ein Knurren zustande zu bringen und verstummte lediglich, um zwischendurch Frauchens lädierte Hand abzulecken oder sich von Frank füttern zu lassen. Ich aber dachte an unseren toten Kater. Mau hätte der ungezogenen Katze gute Manieren beigebracht! In eine dargebotene Hand beißt man nicht – egal wem sie gehört.

Für den Rest des Tages achtete die Hausfrau darauf, daß uns der Zutritt zu ihren Katzen verwehrt blieb. Frank erholte sich irgendwo drinnen von den vorangegangenen Strapazen. Mami und Kind badeten und benutzten den weichen Rasen zum Trocknen. Napoleon hatte sich in die offene Garage zurückgezogen und weigerte sich, von Franks Motorrad abzusteigen, um mit mir und Herrchen einen Spaziergang am See entlang zu unternehmen.

Von der Schlange, die sich zusammengerollt am Ufer sonnte, zog mich mein Leithund weg. »So, wie die aussieht, ist sie giftig!« Der Wurm hatte den dreieckigen Kopf gehoben und züngelte in unsere Richtung, blieb aber liegen, als wir weiterliefen.

Kurze Zeit darauf rannten wir zurück. Das Quietschen war

unverkennbar und unsere Ahnung begründet. Der unberechenbare Husky hatte sich doch noch entschlossen, seine unorthodoxe Sitzbank zu verlassen und uns zu folgen. Auf unserer Spur mußte er der Schlange begegnen. Da er keinen Führer dabei hatte, der ihn warnte, wollte er das fremde Ding anscheinend beschnuppern, fuhr zum Glück rechtzeitig zurück und beschimpfte das unheimliche Wesen, das sich aufgerichtet hatte und ihm immer wieder drohend entgegenschnellte, aus sicherer Distanz.

Als die Verstärkung eintraf, wurde es der Schlange zuviel, und sie glitt ins Wasser. Ums Haar wäre ihr der verrückte Hund nachgesprungen, wenn ihn Putzi nicht gerade noch am Schwanz festgehalten hätte. Danach wurde ich als die Zuverlässigere abgeleint und Napoleon an meiner Stelle angebunden.

Gerechterweise muß hier gesagt werden, daß wir auf der verbliebenen Strecke nicht mehr in nennenswerte Schwierigkeiten gerieten. Napoleon watete zwar an einer seichten Stelle noch einmal ins Wasser, um zu trinken. Aber der unbekannte Spaziergänger, der die beiden »beautiful dogs« bewunderte, nahm es nicht übel, daß Napoleon mit seinen nassen Pfoten an ihm hochsprang und sich für das Kompliment bedanken wollte. Die meisten Amerikaner scheinen wirklich ein Herz für uns zu haben – wenn sie nicht von Amts wegen verpflichtet sind, uns zu reglementieren.

Bevor wir nach Ocala zurückfuhren, trat die deutschamerikanische Gesellschaft noch einmal zu Milch, Kaffee und Kuchen zusammen, und Frank drückte den Wunsch aus, daß wir alle bald wiederkämen.

Der Seelendoktor freute sich auch, als ihm am Abend berichtet wurde, daß der Tag am Strand schön gewesen und ohne besondere Zwischenfälle verlaufen sei.

»Ich mal ein Bild von deinem Haus!« versprach Mami ihrem Doktorsohn. »Es soll mein ganz persönliches Weihnachtsgeschenk für dich sein.«
»Tu mir den Gefallen und mal es so, wie es aussehen wird, wenn es renoviert ist«, bat der demnächst Beschenkte.
»Ich zeig's ja nicht von innen«, lachte die Künstlerin, »die frische Farbe, die es außen nötig hat, pinsele ich einfach im voraus drauf!«
Damit machte sie sich auf den Weg, um die Einzelteile für das Bild zu besorgen. Denn Weihnachten stand angeblich fast schon wieder vor der Tür. Uns ließ sie zurück, um uns keine Gelegenheit zu geben, »in Farbtöpfe zu treten, Pinsel wie Apportierhölzchen zu behandeln und Bilderrahmen mit offenen Türen zu verwechseln«.
Je länger ich mich in Napoleons Gesellschaft befand, desto öfter scherte mich Frauchen mit ihm über einen Kamm. Wenn wir uns nicht in Amerika befunden hätten, hätte ich's ihr verübelt. Aber in einem fremden Land soll man zusammenhalten!
Am nächsten Tag war Edith nicht zu sprechen. Sie hatte einen alten Tisch auf die Veranda geschleppt – dort, wo es nicht durchregnete – und ihr Atelier auf ihm errichtet. Ein Kasten mit Tuben und Flaschen, mehrere Becher mit Wasser und Pinseln und ein Bogen Papier nahmen ihre Konzentration so in Anspruch, daß sie sämtliche Anstrengungen, sie für andere Belange zu interessieren, ignorierte.
Als geschulter Familiendackel beschied man sich und wartete bessere Zeiten ab. Der weniger feinfühlende Husky versuchte es mit Gewalt, bekam jedoch eins auf die Schnauze, als er mit ihr und den Vorderpfoten über der Tischkante erschien. Verstimmt trollte er sich und suchte bei Adam im Pflanzengarten Zerstreuung.

Während das Kunstwerk entstand, durfte ihr niemand – nicht einmal das eigene Männchen – über die Schulter sehen. Indessen schien sie mit ihrer Arbeit und sich recht zufrieden zu sein. Gegen Abend gestattete sie sich sogar eine Pause und erledigte einiges, das im Angesicht der faszinierenden Aufgabe beinahe schon zu lange zurückgehalten worden war.

Der entsetzte Schrei bei ihrer Rückkehr brachte die Hausbewohner auf die Veranda, wo wir Knöpfchen in Tränen aufgelöst fanden, uns mit einer Geste der Verzweiflung ein buntes Stück Papier entgegenhaltend, das nach den Angaben seiner Schöpferin ruiniert war.

Ich verstand nicht, weshalb sich Edith so aufregte (Dackel haben ihr eigenes Kunstverständnis), spürte jedoch, wie sehr sie gerade jetzt des Zuspruchs bedurfte und legte mich tröstend auf ihre Hinterpfoten. Auch Napoleon, der die Maulschelle längst vergessen hatte, bekundete sein Mitgefühl durch einen langgezogenen Heulton.

Adam und Sarah drückten der »poor missis« die Hand, als sei jemand gestorben, der ihr besonders nahestand. Nur Herrchen blieb ungerührt. Sein Rat: »Du hast ja noch mehr Papier und Farbe, versuch's noch einmal und paß besser auf!« trug ihm einen bösen Blick ein.

Die Katze, die ein Kater war, ließ sich nicht blicken. Wahrscheinlich leckte Abigail in einem stillen Winkel die Farbe ab, die beim Überschreiten des nassen Aquarells an Ballen und Fell hängengeblieben war.

Am eigenartigsten reagierte der Hausherr bei der Ankunft aus der Klinik: »Ich habe einen Patienten, der malt nur mit den Füßen und verdient eine Menge Geld damit. Ich finde das Bild originell. Bitte, überlasse es mir – aber mit Signatur!«

So kam es, daß Ediths ruiniertes Gemeinschaftswerk nicht im Müll landete, sondern auf dem »Ocala Festival of Fine Arts«, wo ihm das Blaue Band für das beste Aquarell verliehen wurde. In der Tageszeitung stand ein Bericht darüber. Der Seelendoktor, der das Bild heimlich eingereicht hatte, verlas schmunzelnd, was der lokale Kritiker dazu schrieb.

Gast-Künstlerin ausgezeichnet
Auf der vorweihnachtlichen Kunstausstellung am Palm Square fand die eigenwillige Arbeit einer Malerin besondere Beachtung. Ihr Bild in Wasserfarben mit dem Titel HAUS IN WOLKEN zeichnet sich durch die geradezu übersinnliche Sublimierung eines realen Motivs aus. Wie wir aus zuverlässiger Quelle erfuhren, diente ein Sanatorium für die psychisch Kranken unserer Stadt, das in Kürze er-

öffnet werden wird, als Vorlage. Der Betrachter kann sich des Eindrucks nicht erwehren, daß hier die Synthese konkreter Formen mit den abstrakt empfundenen Irrungen menschlichen Geistes zu einer Aussage von bleibendem Wert gelungen ist. Die in dem Kunstwerk zweifellos enthaltenen unterschiedlichen Elemente lassen den Schluß zu, daß es sich bei der Künstlerin um ein Multitalent handelt. HAUS IN WOLKEN wurde übrigens vom Museum of Fine Arts für 3000 Dollars angekauft und ist dort künftig täglich zwischen 10.00 und 18.00 Uhr zu bewundern.

Edith, die den Preis persönlich entgegennehmen mußte, wies in ihrer kurzen Dankesrede darauf hin, daß das Bild eigentlich das Ergebnis eines Zufalls sei. Das zwölfbeinige Trio in ihrer Begleitung wurde von den Teilnehmern der Feierstunde als typische Lebensform einer eigenwilligen Künstlerin aus der alten Welt empfunden. Frauchen erhielt sogar besonders starken Beifall für die skurrile Idee, den Pfotenabdruck ihrer kleinen weißen Katze als Autogramm zu verwenden.

*

Das weiße Katerchen lag auf dem Kaminsims in der Halle und beobachtete die herumstehenden Menschen. »Wie eine Sphinx!« sagte jemand. Ich hielt mich an Sarahs Rock und half ihr, den Gästen die leeren Gläser aus den Pfoten zu nehmen. Nachdem ich mich im Gedränge zweimal freigebissen hatte, paßte man auf, wohin man trat, und ich blieb für den Rest des Abends ungefährdet.

Adam stand in seinem besten Fell neben dem Christbaum und sorgte dafür, daß er nicht umgestoßen wurde. Die Familie hatte zwar keine Wunderkerzen an ihn gehängt wie jene, deren Hütte in der historischen Nachbarschaft gerade abgebrannt war. Dafür hatte der Gastgeber auf Wachskerzen bestanden, weil er elektrische Beleuchtung ebensowenig mochte wie die in Florida üblichen Xmas-trees aus Plastik.

Das Risiko, das einer der vierbeinigen Trabanten oder ein gar zu fideler Besucher die Tanne aus Kanada ein zweites Mal fällen könnte, wollte unser amerikanischer Verwandter trotzdem nicht eingehen. Und so wimmelte Adam jeden ab, der dem Baum zu nahe trat. Auch Napoleon, der vor der Veranstaltung in den rückwärtigen Teil des Gebäudes verbannt worden war. Anscheinend war es ihm aber gelungen, ein unverriegeltes Fenster hochzuschieben. Mit einigen neuen Gästen betrat er wieder das Haus von vorn und stürzte sich freudig auf jeden, der einigermaßen vertrauenerweckend roch. Ehe er wirkliches Unheil anrichten konnte, fing sein Besitzer ihn ein und verwahrte ihn ausbruchsicher in seinem Schlafzimmer. Den Schlüssel steckte er vorsichtshalber in die Tasche, damit ihn keine mitleidige Seele vorzeitig herauslassen konnte.

Ich hörte ihn noch einige Zeit oben rumoren und an die Tür seines Gefängnisses kratzen. Schließlich fand er sich scheinbar mit seiner Lage ab und hielt Ruhe. Wie er seinen Frust losgeworden war, erfuhr sein Vormund, als er sich nach dem Empfang ins Bett legen wollte und Napoleons Denkzettel ihn daran hinderte.

Nachdem mir Napoleon in der Gesellschaft nicht mehr die Schau stehlen konnte und Katzen nicht jedermanns Sache sind, war ich bald Mittelpunkt der Weihnachtsparty. Ich bekam zu spüren, daß viele, die sich vorher nur an ihrem Glas festgehalten hatten, froh waren über meine Anwesen-

heit. Ich war ein neues Thema, das nichts zu tun hatte mit Krankheit und Krankenhausklatsch.
Zumal Herrchen die Gelegenheit nutzte, Geschichten über mich zu verbreiten, die schamlos übertrieben und darum besonders interessant waren. Daß er mir einiges andichtete, was dem Hund des Hauses zukam, nahm ich ihm nicht übel. Für mich zählte der gute Wille, den man erfühlt, wenn man viel mit Zweibeinern zu tun hat.
Auch die Zuhörer, die herzhaft über meine Abenteuer lachten und sich gerne amüsierten, schienen es mir nicht nachzutragen, daß ich als kleines Monster geschildert wurde. Denn wer einen wohlriechenden süßen Hund mit einem anschmiegsamen weichen Körper im Arm hält, findet selbst seine verrücktesten Streiche noch liebenswert.
Besonders hatte ich es einem Knorpelmännchen angetan, das auf dünnen Beinchen wie ein Gnom unter Riesen herumlief, offenbar schlecht hörte, mit krächzender Stimme Gespräche anfing, denen es dann nicht zu folgen vermochte, aber mit »Professor« angeredet wurde und ein bedeutender Kollege von unserem Doktor zu sein schien.
Zunächst war der Professor ziemlich allein geblieben, bis sich Edith seiner erbarmte. Da stellte sich heraus, daß er HAUS IN WOLKEN gesehen hatte und gewisse Zweifel an der Integrität des Bildes hegte – die er auf die höflichste Weise zum Ausdruck brachte. Zur Begründung nahm er Frauchens Arm und näherte sich dem Katerchen, das noch immer auf dem Kaminsims vor sich hinträumte.
Der Gnom mag etwas von Malerei verstanden haben, von kleinen Raubtieren hatte er jedenfalls keine Ahnung. Als er nach den Extremitäten Abigails langte, wurde in diesem der Tiger wach. Erschrocken wich der Professor zurück und wandte sich demjenigen zu, der ihm die Pfoten freiwil-

lig zeigte. Und hier kam der Kunstkenner schnell zu dem Ergebnis, daß sich meine Ballen und Zehen nicht zum Pinseln eigneten.
Das übrige besorgten mein Charme und die Äußerung einiger Gäste, daß ich dem Professor gut zu Gesicht stünde und wohl auch ein wenig in ihn verliebt sei. Da aber die menschliche Eitelkeit wieder einmal größer war als der Verstand und ich nicht aufhörte, ihm zu schmeicheln, gab er auf und entschuldigte sich bei der Künstlerin am Ende für seinen Verdacht.
Um ihn restlos zu überzeugen, zeigte ihm Frauchen HAUS IN WOLKEN II, das sie später gemalt hatte, ohne daß jemand mit andersgeartetem Kunstverstand es verfälschen konnte. Zur Ehre des Professors muß gesagt werden, daß er – wiederum mit der gebotenen Höflichkeit – das ursprüngliche Werk nach reiflichem Überlegen doch als das anspruchsvollere wertete.

*

Keep America clean! Diese Aufforderung, ihr Land sauber zu halten, nahmen die Leute in Ocala sehr genau. Wer ein Bonbonpapier aus dem Auto warf und dabei erwischt wurde, zahlte 500 Dollar Strafe. Wer im Park Sandwichpapier fallen ließ, mußte dort einen Monat lang Abfälle auflesen. Rückfällige fanden sich bei der Städtischen Müllabfuhr, mit Sonderaufgaben betraut, wieder.
Vor dem »Gericht für kleine Fälle« mußte sich mancher verantworten, der seinen abgebrannten Zigarettenrest in einen Vorgarten geschnickt hatte. Und Zweibeiner, die sich

an einem Baum oder hinter einem Strauch Erleichterung verschafften, machten sich genauso strafbar wie ihre vierpfotigen Mitläufer, die sich ins Blumenbeet setzten.
Dafür rutschte in Ocala niemand auf einer Bananenschale aus oder trat in einen Hundehaufen. Übrigens war es uns auch streng verboten, ohne Leine herumzulaufen – eine Anordnung, die mir nichts ausmachte, war ich doch an eine feste Verbindung mit meiner Aufsicht gewöhnt, wenn wir unterwegs waren. Jetzt im Winter, der in Florida seinen Namen geändert hatte und dort »die dritte Saison« hieß, ließ es sich so recht gemütlich Gassi gehen.
Die Familie hatte herausgefunden, daß Spaziergänge morgens nach dem Frühstück und abends vor dem Schlafen am schönsten waren. Dann schwitzte man nicht wie am hellen Tag und mußte seinen müden Dackel nicht nach der Hälfte des Weges tragen. Für unseren täglichen Auslauf hatten sich meine Pfleger eine Spezialausrüstung besorgt, die dem Gesetz entsprach.
Immer wenn ich ein konkretes Bedürfnis verspürte, konnten sie es seitdem kaum erwarten, den Beweis dafür mit diesem Gerät von der Straße aufzuschaufeln und in dem dazugehörigen Beutel verschwinden zu lassen. Dann beseitigten sie mit einer Sprühkanne die letzten Spuren und zogen mich – ihrerseits befriedigt – weiter.
Wo die Häuser so alt waren, gab es wenig junge Bewohner. Der Doktor war eine Ausnahme, aber er hatte ja auch besondere Pläne. Normalerweise begegneten uns deshalb auf unseren Rundgängen nur ein paar alte Hunde, die mit ihren ebenfalls nicht mehr jungen Besitzern ihre Pflichtübung absolvierten. An diesem Morgen war das plötzlich anders. Wir befanden uns noch gar nicht lange auf der Strecke, als uns bereits Vertreter verschiedener Rassen folgten. Zuerst

fielen sie meiner Eskorte nicht auf, doch als sich ihre Zahl vermehrte und ein paar Autos im Vorüberfahren hupten, wurde es Frauchen peinlich. »Ich glaube, Hexlein ist wieder soweit!« Putzi beugte sich zu mir herunter und bestätigte die Vermutung.

Danach beschleunigten die beiden fürsorglichen Menschen das Tempo, konnten aber den Abstand zu den Verfolgern nicht verringern. Einem besonders aufdringlichen Basset, der mir eigentlich ganz gut gefiel, entzog er mich buchstäblich in letzter Sekunde. Während ich von Herrchens Schulter aus zusah, versuchte Edith, den forschen Verehrer fortzuscheuchen.

In ihrem Übereifer vergaß die Verteidigerin meiner Ehre, daß sie noch immer den Beutel mit meiner eingesammelten Innerei festhielt. Mit ihm dem armen Rüden vor der Nase herumzufuchteln, konnte einfach nicht die richtige Methode sein. Da brachte Putzi mit dem Hinweis, daß man Feuer nicht lösche, indem man Öl hineingieße, sein Knöpfchen auf eine Idee.

Der Abfallbehälter an der Ecke war sicher für andere Zwekke an die Laterne gehängt worden. Dennoch half er der Familie aus ihrer momentanen Verlegenheit. Mit der duftfreien Hand waren Frauchens Abwehrbewegungen nicht nur weitaus wirksamer. Das deponierte Päckchen übte auch auf die übrige Verfolgerschar eine Anziehungskraft aus, der sie sich nicht entziehen konnte. So mancher Nachbar mag sich an diesem Vormittag gewundert haben, weshalb ein Dutzend Hunde um eine Laterne schwänzelten und sie anbellten.

Im Haus des Doktors stellte Frauchen mit Bedauern fest: »Hexes rosa Höschen ist zu Haus geblieben. An alles haben wir gedacht, bloß daran nicht!«

Putzi meinte zwar großzügig: »Es wird auch ohne gehen. Mach dir deswegen keine Sorgen.« Als allerdings die ersten Flecken auftraten, wo sie sich farblich nicht einordnen und auch nicht völlig entfernen ließen, schlug der Hausherr vor, ein Höschen selbst anzufertigen.
Sarah erklärte sich sofort bereit, die eigene Leibwäsche dafür zu opfern. Der Seelendoktor, der eigentlich an etwas »Maßgeschneidertes« aus möglichst undurchlässigem Material gedacht hatte, überlegte. Dann stimmte er zu.
Hinterher sagte er zu seinen Eltern: »Aus einem einzigen Stück von Sarah kommen bestimmt Hexen-Höschen für die ganze Woche zusammen. Auch was die Durchlässigkeit angeht, brauchen wir uns wahrscheinlich keine Gedanken zu machen. Wenn ich mir die Wäsche auf der Trokkenleine vorstelle, bin ich fast sicher, daß Sarah Nessel trägt. Und das Zeug ist ziemlich saugfähig.«
Am meisten von meinem Zustand beeindruckt zeigte sich Napoleon. Aus dem Wirbelwind, der immer nur Unsinn im Kopf hatte, wurde über Nacht mein treuer Diener. Er hing ständig an mir, stellte sich über mich, wenn ich mich hinlegte, knurrte jeden an, der zu mir wollte, und brachte mir sogar den Hamburger, den er in der Küche gestohlen hatte. Seine Bemühungen, unsere Beziehung noch tiefer zu gestalten, scheiterten indessen nicht nur an Sarahs Höschen und bestimmten anatomischen Höhenunterschieden, sondern auch daran, daß der junge Husky wohl schon wußte, daß er etwas Sensationelles empfand, es aber noch nicht in die Tat umzusetzen vermochte.
Da half es auch nicht, daß meine Betreuer das Höschen nach ein paar Tagen wegließen, weil ich Nessel am Bauch offensichtlich schlechter vertrug als die ursprüngliche Trägerin. Sie hätten Napoleon danach auch nicht von mir fern-

zuhalten brauchen. Seine Zeit war einfach noch nicht gekommen, und so blieb er, was er schon vorher gewesen war: ein lieber, kurzweiliger Spielkamerad.

*

»Haben Sie eine kleine weiße Katze?« Die Frau, die an der Haustür geläutet hatte, machte ein ernstes Gesicht. Es mußte etwas Dramatisches geschehen sein. Der Seelendoktor, der an diesem Wochenende daheim geblieben war, bejahte.
»Sie ist eben beinahe überfahren worden«, sagte die Frau. »Sie sollten sie nicht auf die Straße lassen!«
»Wir werden darauf achten. Danke, daß Sie uns gewarnt haben.«
Wir saßen im kleinen Salon, in dem der Doktor künftig die Insassen seines Heims beraten wollte. Es war einer der Räume, in die inzwischen Ordnung eingekehrt war. Wir benutzten ihn zum Essen und für andere wichtige Familientreffen.
»Die Frau hatte recht«, meinte Edith. »Weder die Mauer zur Straße noch der Zaun hinten können Abigail zurückhalten. Katzen springen höher. Du solltest dir etwas einfallen lassen, sonst ergeht es dir wie uns mit unserem armen Kater.«
»Laßt ihn einfach nicht mehr raus«, schlug Putzi vor. »Hier drinnen hat er genügend Bewegungsfreiheit. Ich kenne Katzen, die in kleinen Wohnungen leben, noch nie vor der Tür gewesen sind und nichts vermissen.«
Manchmal kann man sich nur wundern, wie Leute, die selbst noch nie eine Katze waren, wissen wollen, was so ein Pelztier möchte! Sonst war Herrchen einfühlsamer!

Prompt wurde er von unserem Psychiater widerlegt. »Die wissen es halt nicht besser. Aber Abigail ist ans Herumstreichen im Garten gewöhnt. Ich glaube nicht, daß er freiwillig im Haus bleiben würde. Außerdem gehen bei uns so viele Handwerker ein und aus. Glaubt ihr denn, die achten darauf, daß der Winzling nicht entwischt?«
Abigail, der sich uns wieder angeschlossen hatte, saß derweil auf der Fensterbank und maunzte, weil draußen etwas war, dem er gern nachgegangen wäre. Ich lag auf Frauchens Schoß und ließ mich kraulen, und Napoleon probierte unter uns aus, ob ein Sesselbein ebenso schwer kleinzukriegen war wie der Knochen, den er aus der Tonne mit den Küchenabfällen geholt und den ihm Sarah vorzeitig abgenommen hatte.
Vor dem Fenster spielte Kind auf der Veranda. Es hatte sich aus Kartons ein Haus gebaut und empfing sonst dort auch seine drei Freunde. Wahrscheinlich brachte sein Anblick unseren Amerikaner auf den Einfall, daß man es mit einer langen Leine versuchen sollte. An einer Säule festgebunden, wäre es Abigail möglich, auf der Veranda zu spielen – sogar in Gesellschaft.
Der Plan wurde augenblicklich unter Anteilnahme sämtlicher Hausbewohner realisiert – und erwies sich als buchstäblich unhaltbar. Vielleicht kann man einen in Freiheit aufgewachsenen Welpen plötzlich festzurren, wenn man die Nerven hat, sein Geheul zu ertragen. Eine Katze schreit nicht, aber sie wird verrückt, weil sie nicht versteht, daß sie nicht mehr kann, wie sie will.
Die erste Erfahrung mit dem Seil machte Abigail, als sein langhaariger Kumpan ihn mit einer Scheinattacke zur Verfolgung anregte und er unversehens unsanft zurückgerissen wurde. Als der Husky, dem das Fortrennen ohne Ver-

folger keinen Spaß machte, zurückkam und die übliche Balgerei anfing, verhedderten sich die beiden so heillos, daß Putzi und sein großer Sohn sie entknoten mußten.
Auch ein Abstecher in Bobbelis Kartonanlage war kein Erfolg: das Bauwerk war der gespannten Kordel nicht gewachsen und stürzte über Bewohner und Gästen zusammen. Die Betroffenen begannen daraufhin, mit Zähnen und Klauen gegen die Beschränkung anzugehen. Doch da hatte die höhere Instanz bereits eingesehen, daß es doch keine so gute Idee war, Abigail anzubinden.
Die Gefahr, daß er sich selbst erdrosselte, von der Veranda sprang, auf halbem Weg hängenblieb und sich das Genick brach oder sonstwie Schaden erlitt, war zu groß. Lieber wollte man es mit Hausarrest versuchen, der zwar auch seine Risiken mit sich brachte, das Katerchen aber wenigstens nicht in den Selbstmord trieb.
Alles, was Beine hatte, begleitete den Losgeknüpften ins Haus. Dort verschwand er und tauchte selbst dann nicht auf, als Sarah eine Dose mit Krabbenfutter öffnete – mit einem Geräusch, das ihn bis dahin unfehlbar herbeigelockt hatte.
»Abigail hat einen Schock«, befürchtete unser mitfühlendes Weibchen. »Ich denke, wir haben einen Fehler gemacht!«
Worauf der Seelenexperte hilflos die Schultern hob und zugab, daß die beste Absicht oft nicht genüge und er ein zusätzliches Studium benötige, um seine Menagerie endlich zu begreifen. Gleichwohl setzte er sich an die Spitze des vereinigten Suchtrupps.
Bis es dunkel wurde, hatten wir unter allen Möbeln, in sämtlichen Ecken und zwischen den verbliebenen Kisten nachgesehen. Putzi war sogar in die Kaminöffnungen gekrochen und hatte danach Ähnlichkeit mit Adam und

Sarah. Abigail hatten wir noch nicht entdeckt. Die Zweibeiner unter uns befiel eine merkliche Unsicherheit.
Ein intelligenter Hund mit Verständnis für seine Meute erlebt es immer wieder: So mancher Leithund verliert an Statur, wenn er mit seiner Weisheit am Ende ist. Dreht er sich ratlos im Kreis, überläßt er das Suchen einer erfolgversprechenden Richtung auch schon mal einem anderen, der sonst weniger zu sagen hat, aber vielleicht eine einfache Lösung weiß.
Vom oberen Stockwerk führte eine Treppe zu einer Klapptür. Den Dachboden darüber hatten wir noch nicht aufgesucht, obwohl er nach Aussage des Hausherrn »vollgestopft mit Gerümpel« und »noch nicht ausgemistet«, also ideales Terrain für Schnüffelexpeditionen war. Steile Stufen sind nun einmal mehr etwas für Klettertiere wie Katzen.
Napoleon schien ähnlich zu denken. Er blieb vor der untersten Stufe sitzen und quietschte. In dem Moment hörte die Klimaanlage unterm Dach zu brummen auf, und wir hörten Abigail jammern. Der Gedanke, daß das frustrierte Kerlchen unters Dach geflüchtet sei, war keinem gekommen, weil niemand es für möglich hielt, daß ein Kater eine Falltür öffnen konnte.
Dem Hausherrn bereitete es jedenfalls keine Mühe. Kaum hatte sich die Klappe ein bißchen aufgetan, schoß ein weißer Blitz miauend an uns vorbei nach unten in die Küche, wo es Wasser und Krabbencocktail gab und Adam ein Geständnis ablegte. Mit rollenden Augen der Reue berichtete er, daß er am Morgen einen zerbrochenen Stuhl auf den Dochboden getragen habe. »Poor little Abigail« habe er – Jesus sei sein Zeuge – nicht bemerkt und deshalb die Tür hinter sich wieder geschlossen.
Bis in die Nacht hinein blieben wir beisammen sitzen – und

jeder von uns bemühte sich um denjenigen, dem an diesem Tag so übel mitgespielt worden war, obwohl ihn alle liebten.

*

»Heute darfst du mit dem Glasboot fahren!« versprach der Oberhund dem Bobbeli. »Wir besuchen die Silver Springs.«
Mein kleiner Freund stellte eine Bedingung: »Nur, wenn Hexi mit darf!«
»Sei vernünftig«, mahnte unser Anführer, »Silver Springs ist für Hunde off limits. Dort gibt's Affen, Schlangen und viele Fische, aber so etwas wie unsere Miniatur lassen sie nicht hinein.«
»Ich könnte mein Cape tragen«, dachte Edith laut. »Für Januar ist es ziemlich kalt heute. Martin hat auch seinen gestrickten Pullover angezogen, bevor er in die Praxis gefahren ist.«
»O nein«, wehrte Putzi ab, »ich mache das Theater nicht noch einmal mit!«
Der Knirps setzte seine Tränen ein, die so wirksam waren wie traurige Dackelaugen und eine bittende Geste mit der Pfote. »Hexi will aber zu Affi!«
Gegen uns drei zusammen kam der Boss nicht an. Nur Napoleons Ansinnen widerstand er, denn ein Husky ließ sich nicht so leicht am Körper tragen wie meine wenigen Pfündchen. Außerdem war mein Mitbewerber viel zu undiszipliniert und hätte Frauchen gleich bei den ersten Schritten in Verlegenheit gebracht.
Die Familie beschloß, die Meile bis zum Eingang von Sil-

ver Springs zu laufen. Man konnte schließlich nicht ahnen, ob ich in »Central Floridas biggest outdoor attraction« die Möglichkeit haben würde, auf anständige Weise meine Geschäftchen zu verrichten. Für alle Fälle führten wir das Räumgerät mit.
Vor den Silberquellen steckte mich Putzi seinem Knöpfchen unters Fell und bezahlte an der Kasse dreißig Dollar. Bobbeli und ich hatten freien Eintritt: der eine, weil er noch so klein, die andere, weil sie unsichtbar war.
»Was fingen wir ohne mein Lodencape bloß an!« freute sich Edith nach der neuesten Schmuggelei.
»Wir hätten weniger Herzklopfen«, antwortete der egoistische Oberhund.
Wir befanden uns unter den ersten Besuchern. Die Familie setzte sich ans Ende des Glasboots, wo der Fahrer uns nicht direkt vor sich hatte. Der Boden war durchsichtig, damit man die Fische und die sprudelnden Quellen beobachten konnte. Es war das klarste Wasser, das ich je gesehen hatte, und ich hätte gern davon getrunken. Frauchen hatte sich zwar nach vorn gebeugt und den Umhang dabei ausgebreitet. Den Versuch, an die Quellen heranzukommen, unterband es jedoch.
Nach der Landung führte uns Putzi auf eine Halbinsel, auf der es einen Kinderzoo gab mit Ziegen und Lämmern zum Anfassen. Da unser Kind das einzige im Gehege und kein Aufseher in der Nähe war, durfte ich mitmachen. Leider lief das dumme Volk bei meinem Anblick davon. Dafür verwöhnte mich der Knirps mit dem Futter, das eigentlich für die Määäher und Meckerer bestimmt war. Und ich erledigte ganz schnell noch ein größeres Geschäft.
Vom Automuseum hielt ich nichts. Putzi interessierte sich dafür und schleppte seinen Nachwuchs mit, damit dieser

einen Eindruck bekam, wie er herumkutschiert worden wäre, wenn er sich früher eingefunden hätte. Frauchen besorgte inzwischen zwei Portionen Eiscreme und setzte sich mit mir auf eine verborgene Bank. Selbstverständlich durfte ich die Delikatesse neben meiner Gönnerin sitzend schlecken. Denn Eiscreme kann man seinem Hund, der unter einem Cape hockt, nicht blindlings vorhalten. Man würde die Hälfte davon verlieren und dazu das eigene Fell beschmieren.

Die Bank war übrigens so gut hinter einem Azaleenbusch verborgen, daß genügend Zeit blieb, um mich unter den Umhang zu schieben, als sich Stimmen näherten. Zum Glück ruhte sich das Paar Zweibeiner nur für kurze Zeit neben uns aus und ging dann weiter. Meine Eisportion hätte Edith deswegen auch nicht so voreilig mitzuessen brauchen, selbst wenn sie gewisse Schwierigkeiten mit ihr hatte, weil sie zu schmelzen anfing.

Eine besondere Attraktion sollte die Fahrt mit der »Jungle Queen« auf dem Urwaldfluß sein.

»Hier ist alles noch so wie vor hundert Jahren«, behauptete der Kapitän. »Sämtliche Tarzanfilme wurden hier gedreht.«

Tatsächlich kamen die Affen von den Bäumen herunter und holten sich Bananen von den Passagieren. Wilde Schweine suhlten sich im Uferschlamm und schwammen auf die Lockrufe des Schiffsführers hin herbei, um die Brotbrocken aus dem Wasser zu fischen. Nur die Alligatoren blieben träge liegen und rührten sich nicht.

Bobbeli hatte seine helle Freude an allem und teilte mir lautstark Einzelheiten von der Außenwelt mit. Die anderen Fahrgäste lachten, aber was Kind sagte, verstanden sie nicht, denn es war nicht ihre Sprache. So glaubten sie, der

kleine Mensch schreie mit seiner Mutter und schöpften keinen Verdacht.
Auch ohne die Schlangen-Vorführung hätten wir genügend Spaß gehabt. Doch Putzi wollte unbedingt sehen, wie Klapperschlangen gemolken und so lange gereizt wurden, bis sie ihre Fangzähne in die vorgehaltenen Ballons schlugen. Frauchen gab wieder einmal nach, und ich hing mit drinnen.
Dabei wäre es klüger gewesen, mich nicht in die Nähe von giftigem Gewürm zu bringen. Ein Jagdhund reagiert zwar nicht unbedingt auf Affen, aber der nahe Dunst von Schlangen weckt seinen Instinkt, und er stellt sich zum Kampf. Ich löste mich aus dem Umhang und schickte mich an, über die Balustrade zu springen, die Zuschauer und Schlangen trennte.
Zu meiner aktiven Teilnahme an der Vorstellung kam es indessen doch nicht, weil mich der nächste Wärter packte und an seinen Kollegen weiterreichte, der mich zuerst in die sogenannte Sicherheit und anschließend zum Ausgang brachte. Die übrigen Teilnehmer unserer Safari liefen notgedrungen hinterher, und Herrchen mußte sich von seinem Weibchen sagen lassen, daß er ein sturer Hund sei und bleibe und daß man den ganzen Aufruhr hätte vermeiden können. Putzis Antwort, wir hätten das Wichtigste ohnehin schon gesehen und wären bald heimgegangen, ließ Edith nicht gelten. Sie hatte einfach etwas dagegen, daß wir in letzter Zeit öfter als normal auffielen.
Aber vielleicht waren wir ja auch keine normale Familie!

*

»Euere Hexe gehört unbedingt dazu. Meinen Napoleon schicke ich auch hin. Auf jeden Fall wird es ein Riesenspaß!« Der Doktor verbreitete Hoffnung und Zuversicht, als hätte er es mit seinen kranken Patienten und nicht mit der eigenen verhältnismäßig gesunden Meute zu tun, die er zur Teilnahme an »Floridas greatest annual dog show« überreden wollte.

Meine Leute zeigten sich von der Idee weniger begeistert. Ob es tatsächlich der großartigste Schönheitswettbewerb des Jahres mit meinesgleichen sein werde und ob die Vorgeführten oder die Vorführenden mehr Spaß dabei hätten, sei fraglich, behauptete Putzi. Und Edith wollte wissen, warum ausgerechnet wir daran teilnehmen sollten.

»Es wäre eine amüsante Abwechslung«, argumentierte mein großer Adoptivbruder. »Natürlich ist es eine Parade der Eitelkeit. Aber ihr würdet ja nicht aus Prestigebedürfnis mitmachen. Außerdem: wer weiß! Florida ist nicht gerade überlaufen von Dachshunden dieser Größe, und Huskies gibt es auch nicht allzu viele. Als Exoten in den Subtropen hätten die beiden sicher eine Chance, dekoriert zu werden. Außerdem hättet ihr etwas zu erzählen, wenn ihr heimkommt.«

Herrchen prustete los. »Das ist der Witz des Jahres! Dazu brauchen wir doch nicht auf die dog show zu warten. Was wir hier bis jetzt erlebt haben, reicht schon für einen abendfüllenden Vortrag – nur daß die meisten glauben werden, wir übertreiben. Aber wenn du meinst, können wir es ja versuchen. Zu verlieren haben wir schließlich nichts.«

Die Dame vom Aufnahmekomitee betrachtete uns mit sichtbarem Wohlwollen. »Wirklich zwei prächtige Exemplare. Den Dachs werden wir in die Kategorie der Jagdhunde einreihen, der Husky fällt in die Klasse der Gebrauchshunde.« (Wenn das Zweibein mit dem grauen Pudelkopf gewußt hätte, daß ich nur nominell ein Jagdhund, ansonsten aber zu mehr zu gebrauchen war als beispielsweise Napoleon!) »Jetzt hätte ich gern die Papiere der Kandidaten«, sagte die Dame, die sich offenbar von Standardvorurteilen leiten ließ und sich keine Mühe gab, unseren wahren Begabungen auf den Grund zu gehen.

Der Seelendoktor, der sich zusammen mit Putzi herbemüht hatte, um unsere offizielle Auszeichnung in die Wege zu leiten, präsentierte Napoleons Ahnentafel. Die Dame nickte befriedigt und wandte sich an den für mich Verantwortlichen.

»Diese kleine Lady hat einen Stammbaum von hier bis nach New York«, übertrieb Herrchen. »Nur beweisen können wir es jetzt nicht. Wir sind bei meinem Sohn zu Besuch, und ihr Stammbuch liegt jenseits des Atlantiks.«

»Sorry«, sagte die Dame mit der Pudelfrisur. »Ohne Geburtsschein können Sie sie nicht mit Rassehunden zusammen zeigen. Sie darf höchstens mit den Mischlingen konkurrieren. Schade, aber so sind nun einmal die Regeln!«

Zu Hause plädierte Frauchen dafür, daß ich dem Wettbewerb fernblieb, bei dem der Papierkram wichtiger sei als unleugbare Klasse. Doch der amerikanische Verwandte überzeugte die Familie, daß eine Gräfin unter gemeinem Volk mehr auffalle und ich sozusagen einen Wettbewerbsvorteil hätte. »Besser die Erste unter Proletariern als eine unter vielen Snobs!« war ein Argument, dem man sich beugte.

So lief ich denn an dem besagten Abend im Vorfeld der Edelrassen mit Edith zwischen einer bildhübschen Chow-Chow-Dogge und einem lustigen Dalmatinerspitz durch die Manege. Meine Fürsorgerin hatte mich vorher noch einmal gründlich gekämmt und gebürstet und ein paar von den Blutsaugern geknackt, die sich in letzter Zeit zwischen meinen Beinen und am Unterbauch eingenistet hatten.

»Wer in Florida wohnt, lernt mit Flöhen zu leben«, hatte der Seelendoktor gesagt, den die um mein Wohlbefinden besorgten Alten um Rat fragten. »Sie sitzen überall im Sand und Gras – und wenn man nicht aufpaßt, bald auch in den Teppichen. Alles Pudern und Sprühen nützt nichts. Hast du eine Generation los, wartet schon die nächste. Flöhe vermehren sich millionenfach!«

Zum Glück seien weder Abigail noch Napoleon überempfindlich gegen die Pest. Die chemischen Kampfstoffe vertrügen sie dagegen überhaupt nicht. »Ihr bleibt ja nicht mehr lange hier. Versucht halt, den Dackel mit dem Gartenschlauch zwischendurch abzuspritzen. Das ist immer noch die gesündeste Art der Schädlingsbekämpfung.«

Es war eine Prozedur, die mir ganz und gar nicht gefiel – im Gegensatz zu unserem Schneehund, der sogar zu seinem Herrn in die Badewanne hüpfte und mit ihm um die Wette planschte. Jedenfalls war die Methode nicht so wirksam, daß der Juckreiz gänzlich ausblieb. Wahrscheinlich genügte ein einziger Blutsauger, um den Zwang, sich kratzen zu müssen, auszulösen. Während des Promenierens vor der Jury schien es indessen ein Dutzend zu sein, das sich plötzlich in mich hineinbiß.

Meine unmittelbare Reaktion führte zu meiner augenblicklichen Disqualifikation und zum Platzverweis. Frauchen und die Mixtur, die wie ein Dackel aussah und voller Ungeziefer zu sein schien, wurden auf ähnliche Weise hinausbefördert wie aus den Silver Springs. Nur war es Knöpfchen dieses Mal noch viel peinlicher, denn es geschah vor den Augen eines teils mitleidig lächelnden, teils schadenfroh grinsenden Publikums.

Unser zweiter Vertreter im Wettbewerb wurde später heimgebracht. Er trug keine Siegerschleife, machte jedoch im Unterschied zu seinem Besitzer einen durchaus zufriedenen Eindruck. Der Doktor verschwand erst einmal in der Küche und braute sich einen Kaffee. Mit der Tasse in der Hand gesellte er sich zu uns, um uns mitzuteilen, daß es ein sehr interessanter Abend gewesen sei und er nichts bereue.
Es dauerte eine Weile, bis die gespannte Familie Einzelheiten vom Auftritt unseres Freundes erfuhr. Nach den dürftigen Auslassungen seines Herrn mußte er für viel Heiterkeit gesorgt und einen bleibenden Eindruck hinterlassen haben. Keiner von denen, die gewohnt waren, auf Befehle zu hören, die er nicht einmal kannte, ging er von Beginn an seinen eigenen Weg.
Nachdem er sich als erstes aus der Schlinge um den Hals befreit hatte, nahm er sich die Preisrichter einzeln vor. Einer korpulenten Dame, die er wohl besonders attraktiv fand, machte er einen unfeinen Antrag. Am Stuhlbein eines anderen Jurymitglieds hob er ein Bein. Einem dritten fuhr er an den Kragen, als dieser ihn festhalten wollte. Nicht bösartig, wie jeder wisse, der Napoleon kenne, betonte der Doktor. Leider habe sich der Betroffene hinterher außerstande gesehen, seine Funktion noch zu erfüllen.
Über Lautsprecher sei die Anweisung ergangen, daß sich alle Hunde mit ihrer Führungsperson an den Ausgangspunkt zurückbegeben sollten. Jeder, außer Napoleon, habe sich daran gehalten. Der habe in der Saalmitte einem natürlichen Drang nachgegeben. Als sich niemand fand, die Sache zu bereinigen, habe er als der Verantwortliche sein Taschentuch geopfert, um die Schau nicht länger aufzuhalten. Selbstverständlich habe der gute Hund danach überhaupt keine Chance mehr gehabt.

Bliebe nachzutragen, daß Herrchen mit mir am nächsten Tag zum Tierarzt fuhr. Dort teilte man uns mit, daß es inzwischen eine Pille gegen Flöhe gab. Für einen gesunden Hund sei sie unschädlich, aber kein Floh fände nachher noch Geschmack an ihm.
Woran man erkennt, daß man sich nicht auf Doktoren verlassen soll, die sich in einer anderen Disziplin spezialisiert haben!

*

Eigentlich fing der Tag gar nicht so schlimm an. Ich wurde für mein frühes Aufstehen und meine Wachsamkeit gelobt und erhielt ein Extraei zur Belohnung. Nachdem die Feuerwehr wieder abgezogen war und der Klempner versicherte, die am Abend zuvor montierte Dusche sei jetzt richtig abgedichtet, es werde kein Wasser mehr durchsickern, saßen wir gemütlich beim Frühstück.
Der Doktor war zuversichtlich, daß die Versicherung den Schaden bezahlen werde und die ersten Patienten einziehen könnten, sobald die Decke getrocknet und das heruntergefallene Stück ersetzt worden seien. Nur Sarah machte ein besorgtes Gesicht wegen der Radiomeldung, daß vom Golf ein Unwetter heranziehe.
Ihr mit den Verhältnissen vertrauter Chef nannte sie daraufhin ein ängstliches Kaninchen, das sich ja im Kamin verstecken könne, wenn Regen und Wind kämen. Und Edith, die wissen wollte, ob es sich um einen großen Sturm handele, erklärte er: »Jedenfalls nicht um einen Hurrikan. Aber selbst dem würde dieses Haus standhalten, wie es das in

den vergangenen hundert Jahren schon oft getan hat!« Mit dieser beruhigenden Versicherung ließ er uns allein.
Der Thunderstorm, der über Ocala hereinbrach, machte aus Napoleon einen Berserker, der Blitz und Donner beschimpfte und sich am liebsten sogar mit dem Wind angelegt hätte. Abigail verwandelte sich dagegen in eine Maus, die an jene Stelle kroch, die der Seelendoktor Sarah empfohlen hatte.
Diese und ihr Männchen hatten übrigens gar keine Zeit, sich zu ängstigen. Adams Würmer verspürten nämlich plötzlich den Drang, ihre Brutstätten zu verlassen und sich in sämtliche Richtungen zu verteilen.
»Ist Elektrizität in Luft, Sir!« brüllte Adam Putzi zwischen zwei Donnerschlägen zu. »Thunderstorm macht Wanderlust, Sir. Adam nicht aufpassen, alle Würmer fort, wenn Gewitter vorbei!« Dabei schaufelte er einen weiteren Klumpen seiner Humusproduzenten in den Kasten zurück.
Napoleon, der mit mir hinausgerannt war und im Regensturm eine Art Veitstanz begonnen hatte, beruhigte sich in einer Sturmpause und begann, sich an der Sammelaktion zu beteiligen. Da er jedoch nicht daran dachte, die aufgeleckten Regenwürmer an ihren Bestimmungsort zu bringen, jagte ihn Putzi ins Haus zurück. Und mich dazu.
Drinnen nahm uns Edith in Empfang. Sie wickelte mich in ein Badetuch, vergaß aber, daß ein Husky viel mehr Wasser aufnimmt, wenn er im Warmen groß geworden und sein Fell nicht imprägniert ist. Napoleon schüttelte seine Enttäuschung über die mangelnde Anerkennung seines guten Willens direkt vor Bobbeli ab.
Der Knirps krähte vor Vergnügen und rief: »Noch mal, noch mal!« Was sich der Wassersprüher nicht dreimal sagen ließ und damit für eine neue Überschwemmung sorgte.

Der Knirps, der sich partout kein frisches Fell überziehen lassen wollte, mußte sich am Ende natürlich der Übermacht seiner Mutter beugen. Bis die beiden wieder erschienen, machten wir anderen es uns zwischen den Kissen im Wohnzimmer bequem.
Das Telefon klingelte im selben Moment, in dem die bis auf die kahle Haut durchnäßten Wurmwärter vor dem Unwetter kapituliert hatten und ihr Heil im Trockenen suchten. Dort, wo sie ihre Überpfoten auszogen, bildete sich eine Pfütze, die der von Napoleon verursachten nicht nachstand. Proteste wurden nicht laut. Die kriegen nur wir zu hören oder der echte Nachwuchs, dem die Alten Ordnung beibringen wollen, solange sie es noch können!
Edith, die sich als einzige bewegen konnte, ohne Spuren zu hinterlassen, nahm den Hörer auf. »Ja, lieber Martin, wir haben alles unter Kontrolle ... Nein, die liegen beide neben mir und sind brav ... Nein, er hat nichts angestellt ... Aber so etwas würde er doch nie tun! ... Ist doch ein guter Hund.«
Der gute Hund vertrieb seine Langeweile während Ediths Gespräch mit seinem Herrn, indem er sich mit einem Brokatkissen auseinandersetzte. Oma hatte es vor langer Zeit für die Familie bestickt, und die übernächste Generation hielt es seitdem in Ehren. Als das Licht ausging, weil der Strom wegblieb, hatte Edith das gute Stück gerade wieder so zusammengeflickt, daß man die Reißwunden nur noch wahrnahm, wenn man sehr genau hinsah. In die plötzliche Finsternis hinein hallte schaurig Napoleons gebrochene Stimme.
Gespräche bei Kerzenlicht sind immer etwas Besonderes – auch für einen Hund, der Romantik wohl zu schätzen weiß. Genau wie diejenigen, die sich dazu, freiwillig oder notgedrungen, zusammenfinden. Wer uns Unsensibilität nach-

sagt, hat noch nicht beobachtet, wie wir uns dabei vor Wohlbehagen strecken und wälzen und selbst Blitz, Donner und Regensturm uns unbeeindruckt lassen.
Sogar Abigail gesellte sich hinzu und ließ sich von seinem fürsorglichen Kumpan den Ruß abputzen, den er aus dem Kamin mitgebracht hatte. Damit das Kerlchen die durch die feuchte Zunge erzeugte klebrige Paste nicht irgendwo abwischte, nahm sich Edith seiner an und brachte es zur nächsten Badewanne.

Napoleons Ansinnen mitzubaden wies Frauchen nur anfangs zurück. Denn in unmittelbarer Gesellschaft des schwimmfreudigen Vertrauten hörte der wasserscheue Weißling zu beißen und zu kratzen auf. Dafür durfte der Husky auch noch ein bißchen länger herumplanschen. Und da Mami es allen recht machen wollte (vielleicht auch, damit der Knirps endlich zu weinen aufhörte), vergnügten sich zum Schluß Hund und Kind zusammen in der Wanne, während draußen der Thunderstorm weitertobte.

*

Wo ich herkam, reinigten Gewitter die Luft, der Thunderstorm schien sie aufzuheizen. Im Haus wurde es langsam ungemütlich – trotz Kerzenschein. »Achtundneunzig Prozent Luftfeuchtigkeit!« berichtete der Seelendoktor, der mit seinen Patienten im Dunkeln gesessen und die Behandlung für heute aufgegeben hatte.

Als es endlich zu regnen aufhörte, besah sich die Familie, was das Unwetter angerichtet hatte. Das Haus stand noch, aber aus dem alten Leck im Dach über der Veranda tropfte es wieder, und Putzi behauptete, es sei damals wahrscheinlich mit Kaugummi abgedichtet worden.

Die Rattenhütte in der Gartenecke lag im Wasser. Adams frisch angelegte Gemüsebeete waren weggeschwommen. Seine nervösesten Würmer hatten doch noch das Weite gesucht. Der abstehende Ast der Zypresse hinter der Küche brauchte nicht mehr abgesägt zu werden, wie der Doktor es vorhatte. Der Wind hatte die Arbeit besorgt.

Überall lagen herabgestürzte Baumteile herum, die nur bei den wendigeren Hausbewohnern Glücksgefühle auslösten. Wir erkannten sofort ihr spielerisches Potential, wobei sich das Katerchen am geschicktesten erwies. Ich war Napoleon in der Nutzung der Zweighöhlen überlegen, denen es leider an verfolgbarem Kleinvieh mangelte.

Dem Husky blieb die Genugtuung, daß sich wenigstens

der Knirps nach ihm orientierte, weil auch er nicht mehr klein genug war, um zwischen den spitzen Aststielen durchzuschlüpfen, ohne sich das Fell zu beschädigen. Die Erwachsenen versuchten erst gar nicht, sich im nassen Gestrüpp zu verstecken.

Auf der Straße heulten die Sirenen der Feuerwehr und der Power Company, die unterwegs waren, um die umgestürzten Bäume wegzuräumen und die Stromversorgung der Stadt wiederherzustellen.

»Das wird lange dauern!« orakelte der Doktor und bewirkte damit, daß Edith mit ihrer Mutter in Daytona telefonierte.

»An der Ostküste ist alles in Ordnung«, meldete sie hinterher. »Wir können kommen und bleiben, bis sich hier die Verhältnisse normalisiert haben. Den Dackel nehmen wir mit. Die Katzen will sie ins Schlafzimmer sperren, solange wir da sind, damit Hexe sie nicht beißt. Frank hat übrigens aus dem Hintergrund gerufen, er freue sich auf den Hund. Ich glaub allerdings, er hat dabei nicht an unseren gedacht.«

Der Hund, den Frank meinte, blieb in Ocala. Putzi entschied, daß wir in den vergangenen Wochen genug Turbulenzen erlebt hätten und unser Bedarf vorerst gedeckt sei.

Kleine Turbulenzen blieben jedoch auch ohne Napoleon nicht aus: Wenn dreieinhalb Individualisten über Land fahren und sich nicht einig sind, ob sie sich dabei von der Klimaanlage im Auto anblasen lassen oder die Fenster öffnen sollen, damit der Wind von draußen für Ventilation sorgt, wird es zwar nicht langweilig, aber von der einem Dackel genehmen Harmonie ist nichts zu spüren.

Es muß am Gewitter gelegen haben, das schon Adams Würmer gereizt hatte. Edith beschwerte sich, daß die Aircondition zu kalt sei. Der Boss ließ daraufhin demonstrativ sämtliche Scheiben herunter, so daß umhergewirbelt wurde, was nicht schwer genug oder nicht gründlich verstaut war. Knöpfchen nannte seinen Putzi einen Sturkopf, der von einem Extrem ins andere falle. Der Knirps verlangte, daß das Gebläse anblieb. Außerdem wollte er unbedingt die Hand aus dem Wagen halten. Mir hätte ein einziges offenes Fenster genügt.

Vermutlich hätten sich unser Reiseleiter und seine Assistentin noch ineinander verbissen, wenn ihnen nicht plötzlich die Luft zum Streiten weggeblieben wäre. Herrchen trat nämlich so heftig auf die Bremse, daß man in die Gegend katapultiert worden wäre, wenn man nicht in seinem Spezialsack gesessen hätte.

Die Zweibeiner waren artgerecht angebunden, und so war ihnen nichts geschehen. Aber der Schreck hatte ihnen wohl den Atem genommen, und nur Kind schwankte zwischen jämmerlichem Weinen und wütendem Gebrüll. Herrchen und Frauchen stiegen aus und prüften gemeinsam, ob sie den Baum heben konnten, der die Straße blokkierte.

»Nichts zu machen!« erklärte Putzi, als sie zurückkamen. »Wir müssen umdrehen und einen anderen Weg versuchen. Doch was soll's, Hauptsache, es ist uns nicht passiert!«

Der Streit war vergessen. Wenn Zweibeiner gerade glücklich einer Gefahr entgangen sind und ihr Fell heil geblieben ist, besinnen sie sich meist auf das wirklich Wichtige und einigen sich über Nebensächlichkeiten.

Die künstliche Kaltluftzufuhr blieb abgeschaltet. Die vorderen Fenster wurden hochgedreht. Nur hinten bei mir ließ der einsichtig gewordene Fahrer einen Spalt breit offen – gerade genug, daß es nicht zu sehr zog, ich den Kopf durchstecken und die Ohren segeln lassen konnte. Unzufrieden blieb nur der Knirps. Aber der hatte sowieso nur halb so viel zu sagen.

*

Es wurde spät, bis wir ankamen. Das Haus war beleuchtet wie des Seelendoktors Christbaum zur Weihnachtsparty. Margot empfing die Meute mit der Versicherung, sie habe geglaubt, wir seien verunglückt. Im Fernsehen hätten sie Autos gezeigt, die auf der Staatsstraße 40 von Ocala nach Daytona in umgefallene Bäume gerast seien. Sie habe Hühnersuppe gekocht, die seit zwei Stunden fertig sei und uns nach der aufregenden Fahrt bestimmt schmecken werde.
»Wir sind doch nicht blöd!« sagte der Boss, und es war nicht klar, ob er die Gefahr auf der Straße meinte, die wir umgangen hatten, oder die Einladung zum Essen. Frank setzte sich ein wenig mißgestimmt zu uns an den Tisch. Der »größte Hundenarr in der Stadt« war mir auf sämtlichen Pfoten entgegengekrochen und hatte versucht, den Eindruck von meinesgleichen durch eine Art Bellen zu verbessern. Ich hatte sein Gehabe ignoriert und war an ihm vorbei dem Küchengeruch gefolgt. Denn auch Mitfahrern knurrt irgendwann der Magen.
Am Futterplatz hockte noch jemand, an den ich nicht gedacht hatte. Einer von Margots eingesperrten Katzen war es gelungen freizukommen. Sie versuchte gerade das für mich bereitgestellte Kaninchenragout. Bei meinem Eintreffen sprang sie auf den Tisch, von wo sie, noch während sie sich das Maul abwischte, hinausbefördert wurde. Denn Haare in der Suppe findet selbst der tierliebende Zweibeiner nicht so gern.

Da wird ein gut gebürsteter Dackel, der sich nach dem Kaninchendinner auf den freien Stuhl setzt, schon eher toleriert. Vor allem, wenn er nicht versucht, an die Suppenterrine heranzukommen und artig darauf wartet, daß man ihm Geflügelteile zuschiebt, die Zweibeinerzähnen nicht genehm sind.

Nach dem Essen versuchte Frank bei mir noch einmal sein Glück. Auf Frauchens Geheiß und um die Atmosphäre nicht zu trüben, tat ich ihm den Gefallen und spielte ein bißchen mit. Zum Schein verbellte ich ihn wie ein Stück Wild, und wenn er zu menschlich wurde und um Gnade bat, ließ ich ihn liegen.

Da er weder besonders schnell war, noch unters Sofa paßte wie Abigail oder Napoleon, blieb das Spiel ziemlich einseitig. Sich von einer Attrappe anknurren zu lassen, ist auf die Dauer langweilig. Da machte ich mich lieber auf die Suche nach den vierbeinigen Hausbewohnern, und hierbei erwies sich Frank als brauchbar. Er öffnete eine Tür und ließ mich ein. »Da sind sie!«

Sie lagen auf dem Bett und reagierten verschieden. Die eine machte einen Satz zum Vorhang und kletterte an ihm hoch, um mich aus sicherer Höhe anzufauchen. »Verrücktes Viech!« lachte Frank, der uns beobachtete. Die andere, die ich am Freßnapf getroffen hatte, blieb liegen und wartete ab. Vorsichtig betrat ich das Bett.

Nach meiner Erfahrung mit anderen Pelztieren ohne Rassenvorurteile hielt ich eine Verständigung für möglich. Unter Franks Anfeuerungsrufen kraulte ich näher, hinten das waagerechte Friedenszeichen wedelnd, vorn die Lefzen in die Decke gedrückt, das Gebiß geschlossen, mit den freundlichsten Augen der Welt gute Absichten signalisierend. Schon glaubte ich die Andeutung eines erwartungs-

frohen Schnurrens zu hören, als der Fortschritt jäh unterbrochen wurde.
Die Hausfrau erschien in der Tür und mißverstand die Situation. Ihr lediglich Kontakte förderndes Männchen wurde der Perversität bezichtigt und des Raumes verwiesen. Mich ergriff sie mit einem ans Hysterische grenzenden Schrei und trug mich mit ausgestreckten Pfoten wie ein giftiges Reptil aus ihrem Katzenrefugium. Derjenigen, der sie nach eigenem Glauben das Leben gerettet hatte, schlug sie in ihrem Übereifer dabei noch die Tür gegen die Nase, als sie mir nachlaufen wollte. Mit den Instinkten mancher Menschen ist es eben nicht allzuweit her.
Dagegen entpuppte sich der von Margot Gescholtene als jemand, der zwar ein miserabler Dackelimitator war, aber von der Mentalität einiger Tiere eine Menge mitbekommen hatte. Vor allem schien er nichts von der Theorie zu halten, daß Katzen und Hunde unbedingt auseinandergehalten werden müssen, solange sie sich fremd sind, weil sonst Blut fließt. Denn wie sollen zwei sich schätzen, wenn sie sich nicht kennenlernten!
Frank hatte sich vorgenommen, der angebahnten Beziehung zwischen wenigstens einer seiner beiden Katzen und der Besucherin aus Europa noch eine Chance zu geben. In der Nacht machte er ihr den Weg zu mir frei, ohne daß die strenge Aufsicht etwas ahnte.
Hunde, die nicht völlig erschöpft sind, erwachen bei der geringsten Veränderung in ihrer Umgebung. Ich hörte das Tappen der Samtpfoten, noch ehe sie neben mir anhielten und das zarte Miau als leise Anfrage in mein Ohr geflüstert wurde. Am Morgen entdeckte Kind als erstes unsere Schlafgemeinschaft, zerrte sein Kissen herunter und legte sich zu uns, es bereitwillig mit uns teilend.

Auch die übrige Familie zeigte sich nicht überrascht. Sie wußte, daß es spontane Sympathie auch zwischen Artfremden gibt und gar mancher manche Freundschaft schlösse, wenn man ihn ließe.

Putzi konnte sich allerdings eine sarkastische Bemerkung nicht verkneifen: »Natürlich ist die Katze wieder ein Kater. Wenn er ein Frauenzimmer wär, hätte er sich wohl kaum an unsere Hexe herangemacht. Paßt nur auf, daß Susi nicht eifersüchtig wird und ihm die Augen auskratzt.«

Das Fauchetier tauchte aber nicht auf – auch nicht, als Frank es suchte, um das gelungene Experiment zu wiederholen und Margot längst eingesehen hatte, daß sich Geschmack nicht vorausberechnen läßt. So fand im Garten am See ein Frühstück ohne Susi statt. Mein neuer Freund und ich teilten uns einen Sessel und den ausgelassenen Speck, den Frank um des lieben Friedens willen stückchenweise in der Mitte auseinanderbrach und mit beiden Händen zugleich austeilte.

Die sichtbare Sympathie des edlen Pelztiers hielt an, als die Familie einen Verdauungsspaziergang um den See herum unternahm. Kater Prinz ließ es sich nicht nehmen, mit

hocherhobenem Schwanz mitzulaufen, als wollte er jedermann sagen: »Seht her, das sind alle meine Freunde – auch die wunderschöne Hündin!«
Leider war das Glück nur von kurzer Dauer. Ein paar Stunden waren alle Zeit, die uns blieb. Am Mittag rief der Doktor an. Im alten Haus sei wieder Strom, und man erwarte uns für den Abend zurück. Margots »Auf Wiedersehen« klang dieses Mal wie ein endgültiges Lebewohl, Franks »Good bye« nicht weniger bedrückt. Einer stand stumm dabei. Ob er fühlte, daß es ein Abschied für immer sein konnte? Wir verließen ja nicht nur Daytona, sondern morgen oder übermorgen schon Florida. Wer konnte heute wissen, ob wir jemals wiederkämen!

*

Am letzten Tag nahm mich der Psychiater der Familie mit in seine Praxis. Er wollte mich drei Patienten vorstellen.
»Du glaubst also immer noch, daß Tiere für manchen deiner Kranken besser sind als Psychopharmaka?« fragte Edith.
»Ich weiß es«, antwortete mein großer Stiefbruder, der seine Klinik BLUE HEAVEN eröffnen wollte, sobald wir abgereist waren.
»Was ich nicht weiß, ist die Antwort auf die Frage, wie groß das Tier sein soll. Jeder Fall ist halt anders. Dem einen Patient wäre mein Napoleon vielleicht zu anspruchsvoll, einen anderen würde er aufheitern. Mancher mag an einem Schäferhund sein Selbstvertrauen aufrichten, mancher neue Ängste durch ihn aufbauen. Wieder andere sind nie in der Lage, Gemeinsames mit kleinen Tieren wie euerer Hexe

zu empfinden, und es wäre nicht zu verantworten, sie ihrer Obhut anzuvertrauen. Die Therapie mit Hilfe von Tieren setzt sich immer mehr durch, gerade in Amerika. Aber sie bleibt problematisch und kann sogar gefährlich sein – für beide Teile!«

Allzu begeistert war ich nicht von der Idee. Viel lieber wäre ich bei meinen Kameraden geblieben als mich auf etwas einzulassen, von dem ich keine Ahnung hatte.

»Stell dich nicht so an, geh mit und benimm dich anständig!« forderte Herrchen mich auf. »Es tut ja nicht weh, du kriegst keine Spritze, und keiner schneidet dir etwas ab!«

Auch der Seelendoktor schien meinen Widerstand zu spüren. Mit einer Assistentin, die nicht wollte, konnte er nichts anfangen. Er hob mich hoch und versuchte mich auf gleicher Ebene zu überzeugen. Als treuer Freund des Menschen sei es meine Pflicht, ihm zu helfen. Er wolle mich schließlich nicht als Mittel zum Zweck mißbrauchen. Ich sei vielmehr eine wichtige Persönlichkeit, die durch ihre bloße Anwesenheit dazu beitragen könne, ein paar Probleme zu lösen.

Die Jobbeschreibung schmeichelte mir, und der Kuß auf die Stirn stimmte mich milde. Den Ausschlag gab indessen das zuletzt genannte Angebot: der Antragsteller versprach mir eine große Tüte Eiscreme als Honorar. Wer seinem Hündchen einmal Eiscreme spendiert hat, kennt die Freude darüber. Das Wort allein übt von da an eine unbeschreibliche Faszination aus. Ich kletterte von selbst in den Pickup.

Die Praxis sah ganz anders aus, als ich sie mir vorgestellt hatte. Mein amerikanischer Wahlbruder war halt kein Tierarzt. Das Wartezimmer glich unserer Diele daheim, die Sprechstunde wurde in einer Art Bibliothek abgehalten. Hinter einer Theke saß ein freundliches Zweibein an einem

Fernsehschirm und begrüßte mich wie einen Ehrengast, ohne mich nach Personalien und früheren Krankheiten zu fragen.
»Mister Kummer ist noch nicht gekommen«, sagte das Zweibein, das mir als Doktors Sprechstundenhilfe vorgestellt wurde. »Missis Welsh hat darum gebeten, sie schon von elf bis zwölf anzuhören, und die kleine Sandra wird ihren Vater nicht dabei haben, weil er etwas Dringendes zu erledigen hat. Er holt sie hinterher ab. Sie wird sich über Ihre Begleiterin am meisten freuen!«
Wir empfingen Mister Kummer in der Bibliothek. Der Doktor hatte scheinbar vergessen, seinen weißen Kittel anzuziehen. Er hockte auf der Schreibtischkante und ließ die Hinterbeine baumeln. Der Besucher saß im Ledersessel, in den eigentlich sein Psychiater gehörte. Ich lag auf der Couch und wartete darauf, daß es ein Problem zu lösen gab, von dem ich nichts wußte.
Vorläufig kam ich mir überflüssig vor. Mister Kummer redete nur vor sich hin, der Doktor hörte nur zu – und ich lag nur so da und schlief irgendwann ein. Ich erwachte davon, daß mich jemand anfaßte. Es war der Besucher, der mich schluchzend abtastete wie eine Weihnachtsgans und seinem Seelenarzt dann gestand, daß ich zu mager für ihn sei. Er habe an etwas Großes gedacht!
»Mister Kummer ist ein Patient, der einen Partner braucht, auf den er sich stützen kann«, erklärte mir der Chef der Psychiatrie, nachdem der Kranke gegangen war. »Ich werde versuchen, ihn dazu zu bewegen, sich ein Pferd anzuschaffen. Zu reiten wird sein Selbstvertrauen mehr stärken, als sich hinterm Autosteuer abzureagieren. Im letzten halben Jahr hat er schon drei Unfälle gehabt.«
Missis Welsh war im Gegensatz zu ihrem Vorgänger eine

wuchtige Person, die auftrat, als gehörte ihr die Praxis. Auch sie hatte ein Problem, bei dem ich ihr persönlich kaum helfen konnte. Ihr Männchen hatte sich ein anderes Weibchen gesucht, und sie regte sich schrecklich darüber auf.

Der Doktor redete ihr Geduld ein. Der Schmerz werde mit der Zeit nachlassen. Bis dahin solle sie sich eine neue Aufgabe suchen – am besten im Tierheim. Die dortigen Insassen wüßten wahrscheinlich ihre Liebe am meisten zu schätzen, und die Gefahr, daß sie ihr wegliefen, sei gering. Eines Tages werde sich dann sicher auch der richtige Partner fürs Leben einfinden. Denn Menschen mit einem Hund wirkten sympathisch und zögen andere Tierliebhaber an.

Ich saß zur Abwechslung auf dem Schreibtisch und machte eine gute Figur. Die Dame musterte mich beeindruckt und äußerte die Vermutung, daß ich ihrer Fürsorge nicht bedürfe. Wer aus dem Tierheim komme, schaue nicht so selbstbewußt drein.

Der Doktor lachte und gab ihr recht. Ich sei eine Art Verwandte auf Besuch und sowieso nicht mehr zu haben. Aber der Hund, den sie wähle, könnte ähnlich aussehen, wenn er erst einmal wisse, wohin er gehöre. Natürlich komme es darauf an, einen zu finden, der zu ihr passe. Er, ihr Doktor, sei bereit, anstelle einer Konsultation mit ihr auf die Suche zu gehn.

»Meinen Mann kriege ich darum bestimmt nicht zurück«, seufzte Missis Welsh, »aber einer anderen verlassenen Kreatur zu helfen, würde mir helfen. Danke, Doktor. Sie sind ein kluger Mensch. Ihren Dackel hätte ich übrigens sofort genommen!«

»Ich weiß«, antwortete Herrchens Sohn. »Aber leider ... Sie wissen ja. Übrigens ist es eine Lady!«

»Nun, da bin ich aber froh«, kicherte die Patientin. »Wenn schon ein Hund, dann einen Rüden!«

Der kleinen Sandra war mein Geschlecht egal. Sie liebte mich vom ersten Augenblick an. Sie war ein hübsches, zierliches Mädchen, sozusagen eine Zwergdackelin unter hochbeinigen Rüden. Sie lebte mit ihrem Vater allein in einem großen Haus. Er hatte keine Zeit für sie, und sie wehrte sich dagegen, indem sie zu wenig aß, nachts kaum noch schlief und den versäumten Schlaf in der Schule nachholte. Ihre Lehrerin hielt sie für einen Problemfall, und ihr Dad überließ die Lösung ihrer Probleme einem Psychiater.

So wie Missis Welsh mich – Rüde hin, Hündin her – unter ihre Fittiche genommen hätte, so spontan hätte ich Sandra adoptiert. Für den Knirps und mich wäre sie die ideale ältere Schwester gewesen. Wir hätten zusammen gespielt, Hunger gekriegt, gegessen und geschlafen. Bei uns wäre sie schnell gesund geworden. Herrchen und Frauchen waren Eltern, die Zeit für uns hatten, genug jedenfalls, um uns nicht zu Fällen für den Seelendoktor werden zu lassen.

»Würde es dir denn besser gehen, wenn du einen Hund hättest?« fragte dieser.

»O ja, viel besser!« strahlte Sandra.

»Hättest du lieber einen großen Hund, der dich beschützt, oder einen kleinen zum Drücken?« wollte der Doktor wissen.

»Diesen hier möchte ich!« erklärte das süße Geschöpf, das einen ausgezeichneten Geschmack zu haben schien.

Ich reichte ihr eine Pfote, drückte ihr meine feuchte Nase aufs Ohr und entwand mich sanft ihrer Umarmung. Sie mußte wissen, daß ich nicht ihr gehörte – trotz aller Sympathie.

Ihr Daddy schien ein Zweibein zu sein, mit dem man reden

konnte. Er holte seine Tochter in einem Wagen ab, in dem jemand wie ich gut hineingepaßt hätte. Ob er sein Versprechen wahrmachte, seiner Sandra einen vierbeinigen Gefährten zu besorgen, würde ich nie erfahren. Sicher würde er ihn nicht aus dem Tierheim holen. Menschen wie Sandras Vater bevorzugen Hunde mit Stammbaum. Und die findet man nur selten im Asyl.

Der Doktor zeigte sich trotzdem zufrieden. »Du hast deine Sache fein gemacht, little witch. Wir sind von drei Fällen nur bei einem nicht weitergekommen. Ich wünsche, es wäre immer so!«

Dann fuhren wir zum ICE CREAM PARLOUR, und der Doktor fütterte mich höchstpersönlich.

Die Farm in den Bergen

Wir waren seit Tagen unterwegs. Putzi hatte bereits als Zwischenbilanz unserer Reise durch Amerika festgestellt, daß Knirpse genauso problematisch seien wie verrückte Hunde. Eine Verallgemeinerung, mit der er neben dem eigenen Wurf nur Napoleon gemeint haben konnte. Denn mir war wieder einmal nichts anderes übriggeblieben, als mich trotz aller Standhaftigkeit anzupassen. Wer abhängig ist, kann sich nicht immer Charakter um jeden Preis leisten.

Die Zeit in Ocala lag hinter uns. Der Husky hatte uns mit einem neuen Einfall das Wegfahren leichter gemacht. Mit einem weinenden und einem lachenden Auge hatte sich die Familie vom Doktor, Sarah, Adam und seinen Würmern sowie der zweiteiligen Menagerie verabschiedet. Unser amerikanischer Ableger wollte uns zum Bleiben überreden, der Boss hatte aber abgewehrt. »Mein Freund in Kanada erwartet uns, und du brauchst den Platz für deine Patienten.«

Bevor wir ins Auto kletterten, brachte uns Napoleon als Abschiedsgeschenk noch einen Schuh, überlegte es sich indessen im letzten Augenblick und begann mit Bobbeli eine Art Tauziehen. Die Rauferei, in die ich auf der Seite des eigenen Meutemitglieds eingriff, nahm dem Abschied wenigstens die sentimentale Note. Zumal der Herr des

Huskys irgendwann einsah, daß er seine besten Schuhe nicht gut genug verwahrt und seinen Trabanten damit animiert hatte, sich ihrer zu bedienen.
Sarahs Henkeltasche, die für mich an den Rücksitz montiert worden war, erwies sich als praktischer als die Plastiktüte, mit der ich mich zuvor hatte herumplagen müssen. Da Putzi jedoch beschlossen hatte, die »langweiligen Highways« zu meiden und vorwiegend auf den kurvenreicheren Landstraßen zu fahren – »damit ihr etwas von Amerika seht« –, geriet die Tasche häufig in seitliche Schwingungen.
Eigentlich ist Schaukeln schön. Einmal bin ich mit Herrchen Karussell gefahren, und es hatte mir gefallen. Stundenlang hält das aber keiner aus, und man ist kein Dackel mehr, sondern ein überlaufender Topf. Die Leidtragende war Frauchen, das den verschütteten Inhalt des Topfes wegräumen mußte. Ich aber durfte von da an wieder Hund sein und neben Kind am Fenster sitzen.
Dem Knirps war es allerdings bald langweilig. Zur Zerstreuung besann er sich auf einen alten Trick.
»In Alabama hast du angeblich vier Mal raus gemußt«, hielt ihm der Altrüde vor, »in Arkansas waren es bereits sechs Mal. Wenn das so weitergeht, kann ich, bis wir an die Grenze in Montana kommen, alle hundert Meter halten. Nimm dir ein Beispiel an der Hexe. Die begnügt sich mit zweimal am Tag!«
Meines Erachtens verwechselte Herrchen hier etwas. Ein Menschlein muß mal klein und ein andermal groß und meist nicht beides gleichzeitig. Wir fangen gewöhnlich mit einer Chance mehr an und verrichten unsere Geschäfte hintereinander. Es sei denn, wir haben zuviel geschaukelt.
Im Grunde hatte der Knirps mehr Abwechslung als ich.

Wenn Herrchen tanken mußte, durfte sein Sprößling die dortige Toilette ausprobieren und neuen Vorrat an Trinkbarem in Büchsen aus den Automaten holen. Im Drive-in nahm er die Hamburger und die Hot dogs durchs geöffnete Autofenster entgegen. Seine berechtigte Frage, weshalb die langen Würstchen mit Ketchup »Heiße Hunde« hießen, konnte übrigens sogar der schlaue Boss nicht beantworten!

Mir gefielen die Pausen für Picknicks am Straßenrand am besten, wenn Kind sein Sandwich mit mir teilte, sobald die Eltern nicht hinsahen. Dagegen konnte ich den Wachsfigurenmuseen in jeder Provinzstadt nichts abgewinnen, in denen Herrchen und Kind regelmäßig verschwanden, während ich mit Frauchen an der Leine draußen bleiben mußte. Jedenfalls brauchte sich unser Knirps über mangelnde Unterhaltung nicht zu beklagen.

Was ich von Kansas sah, fand meine uneingeschränkte Zustimmung: Weizenfelder, in denen Rebhühner und Fasane darauf warteten, aufgestöbert zu werden, und keiner war da, der einer klitzekleinen Dachshündin mit großem Auslaufdefizit die Freude daran verdarb. Solange mich niemand bei meinem Treiben sah, drückten meine Aufseher die Augen zu und gönnten mir das Vergnügen.

Hier befand ich mich gegenüber meinem zweibeinigen Kameraden im Vorteil: Mami befürchtete anscheinend, er könnte sich im Getreide verirren, wenn sie ihn nicht am Kragen festhielt und er mir nachlief. Was selbstverständlich eine grobe Unterschätzung meiner Fähigkeiten war. Wer wilde Sauen aufspürt und ums Haar flinke Hasen einholt, für den wäre das Einkreisen eines wesentlich ungefährlicheren und langsameren Verwandten die leichtere Aufgabe gewesen.

Es hätte nur sein können, daß ich dann keine zwei Stück Federvieh Herrchen vor die Füße gelegt hätte. Anerkannt wurde mein Apportieren übrigens nicht. Zu so etwas brauchte man angeblich einen Jagdschein, und so ließen wir meine Beute, säuberlich zugedeckt, zurück.
In Wyoming machte das Hotel auf mich den besten Eindruck, das von Herrchen als Motel bezeichnet wurde, weil man mit dem Auto bis vors Zimmer fahren konnte. Wir feierten dort Putzis Geburtstag – ohne Blasmusik und öffentliche Ansprachen. Essen und Trinken im engsten Kreis waren auch mir am liebsten. Man brauchte keine Rücksicht auf Fremde zu nehmen, konnte sich natürlich verhalten, und die besten Brocken blieben für die Familie.
Zum Motel in Wyoming gehörte ein feines Restaurant. Dem dortigen Oberzweibein hatte unser Leithund etwas in die Hand gedrückt, worauf es mich geflissentlich übersah und uns in eine Ecke führte, von der aus man prächtig sehen und selbst nicht gesehen werden konnte. Damit meine an sich unerlaubte Anwesenheit nicht doch noch allgemeines Aufsehen erregte, mußte ich trotzdem unter dem Tisch Platz nehmen. Dafür wurde ich nicht nur dezent an den verschiedenen Gängen beteiligt, das Oberzweibein brachte mir auch noch ein saftiges Steak, gegrillt nach Art des Hauses.
Der in Amerika gebräuchlichen Doggy-bag mit Überbleibseln vom Dinner für den daheimgebliebenen Hund hätte ich also gar nicht mehr bedurft. Ihr Inhalt wurde mir denn auch bis zum folgenden Tag vorenthalten. Denn Herrchen war nach der Geburtstagsparty und der anschließenden Gratulationscour seines Knöpfchens müde und hatte keine Lust, mitten in der Nacht von einem überfüllten Hund aus dem Bett geholt zu werden.

Der Beamte an der Grenze wollte uns eigentlich vorbeiwinken, hatte dann aber wohl den Eindruck, daß wir nicht amerikanisch genug aussahen, um uns unkontrolliert aus den USA heraus und nach Kanada hinein zu lassen. Putzi mußte unsere Pässe zeigen.
Beim Lesen schien dem Grenzwächter etwas aufzufallen. Er ging mit den Pässen in seine Hütte zurück, wo wir ihn durchs Fenster mit seinem Kollegen palavern sahen. Schließlich kamen beide an unser Auto.
»Ist das nicht der Dachshund, über den der Agenturbericht in den *Helena News* stand?« fragte der erste. »Der mit dem Ticket für die reguläre Economy Class?«
»Das ist unsere Hexe!« krähte der Knirps, während Putzi noch überlegte, was er antworten sollte, um verspäteten Ärger zu vermeiden, und Edith mit rotem Kopf sprachlos daneben saß. Ich fand es an der Zeit, mich aus dem Fenster zu lehnen, um die Atmosphäre zu ergründen. Mein Instinkt sagte mir, daß es keinen Grund gab, nervös zu werden.
Herrchen rang sich endlich das der Wahrheit entsprechende »yes« ab, worauf der erste Uniformträger die Wagentür aufriß und uns aufforderte, auszusteigen. Der zweite lief weg und kam mit einer Kamera wieder. Die ganze Gesellschaft mußte sich zum Gruppenfoto aufstellen. Ich ruhte auf den Händen und den Schultern der Obrigkeit und gab ihr einen Hauch von meiner Berühmtheit, während der Grenzverkehr unbeachtet weiterfloß. Erst als der ganze Film verknipst war, durften wir die Vereinigten Staaten von Amerika verlassen.

*

In Calgary liefen die meisten Zweibeiner als Cowboys und Cowgirls herum, obwohl es kar keine Kühe gab. Auf den Straßen mußte man aufpassen, nicht unter ein Pferd zu geraten. Pferde waren mehr unterwegs als Autos.
»Sie veranstalten hier fast das ganze Jahr über Rodeos«, erklärte Herrchen. »Jetzt im Mai fängt die Saison an.«
Kind wollte wissen, was ein Rodeo sei.
»Da reiten sie auf Stieren, geben mit ihren Muskeln an, indem sie Kälber zu Boden reißen und versuchen, sich wenigstens zehn Sekunden im Sattel wilder Hengste zu halten, die in Wahrheit gar nicht so wild sind und sich nur vor Schmerzen aufbäumen.«
Für so etwas interessierte sich Bobbeli, und es wollte gleich hin, bekam aber ein striktes Nein zur Antwort.
Edith sagte: »Versteh ich nicht. Wieso Schmerzen? Und warum werden sie geritten, wenn es ihnen weh tut?«
»Das Ganze ist eine Sauerei und wird in seiner Gemeinheit nur noch vom Hahnenkampf und vom Stierkampf übertroffen«, behauptete Putzi und gab unserem Weibchen ein Zeichen, das Thema zu wechseln. Ich bekam gerade noch mit, daß unsere Leitfigur etwas von »Zusammenbinden, wo es am wehesten tut« flüsterte.
Der Knirps machte ein dummes Gesicht. Er war daheim von seinem Vater aufs Pony am Waldrand gesetzt worden, und es hatte stillgehalten. Auf Napoleon war er ein Stück geritten, ohne daß der bockte, und nur mit mir hatte das Aufsitzen nicht so recht geklappt. Aber das hatte an meiner ungünstigen Größe gelegen.
»Du wirst noch mehr ungezähmte Mustangs sehen, als du zählen kannst«, versprach Daddy seinem Nachfolger. »Dazu brauchen wir kein Rodeo. Auf Karl Fidlers Weiden gibt's Tausende davon. Laßt uns lieber noch ein bißchen

herumstreifen und uns die Stadt ansehen. Nach Edmonton oder Vancouver werden wir von der Farm aus kaum kommen.«

Dabei blieb es, so sehr Kind darauf bestand, die Cowboys zu sehen, die von ihren Pferden fielen. Und auch ich hatte nichts gegen einen Leinenbummel. Um so weniger, als sich ein Begleiter eingefunden hatte. Der drollige Rüde unbestimmter Herkunft wich nicht mehr von meiner Seite. Da er offensichtlich keine Hintergedanken hatte und einfach Gesellschaft suchte, durfte er sich uns anschließen.

Im Dinosaurier-Park, in dem unsereiner, wenn er zart besaitet ist, leicht Komplexe bekommt, bewies der Neuzugang mit souveräner Schnoddrigkeit am Sockel der Riesenechsen, daß Kleinsein und Leben wichtiger war als übergroß und tot.

»Ihre Größe hat ihnen nichts genützt«, bestätigte Putzi. »Sie sind vor mehr als fünfzig Millionen Jahren ausgestorben.«

Vom Herumlaufen hatte die Gesellschaft Hunger bekommen und lud den zugelaufenen Gast in einen Biersaloon mit Imbiß ein, wo er, ohne sich zu genieren, ein Glas Ale schlürfte und dazu mehrere gegrillte Rippen verschlang. Im Straßencafe begnügte er sich mit dem Rest des Kuchens, der Edith nicht schmeckte. Er trollte sich erst, als wir weiterfuhren und blickte uns dann nicht einmal nach. Streuner schließen sich häufig spontan an jemanden an, der ihnen sympathisch ist – aber ebenso schnell vergessen sie ihn wieder.

Unser Ziel lag im Norden.
»Wir fahren durch den Nationalpark, übernachten in Jasper und sind morgen abend bei Karl am Smoky Creek«, kündigte unser Reiseführer an. Kein Dackel – und wahrscheinlich auch kein anderer Hund – interessiert sich für Namen von Orten, an denen er einmal im Leben vorbeikommt. Für uns ist nur wichtig, daß unsere vertraute Meute dabei ist, so daß wir uns nicht alleingelassen fühlen. Sagt uns außerdem die Gegend zu, die wir bereisen, finden wir ausreichend Gründe zum Wittern, Schnüffeln, Stöbern und Herumtoben, ist die Welt für uns in Ordnung. Mir hatte Amerika bis jetzt gefallen. Die kleinen Abenteuer unserer Fahrt waren nach meinem Geschmack. Größere, von denen die Zweibeiner manchmal erzählten, vermißte ich nicht.
Die Bärenfamilie stand mitten auf der Straße, und wir konnten nicht ausweichen. Sie rührte sich selbst dann nicht von der Stelle, als Putzi wie verrückt auf die Hupe drückte. Ich hätte die Begegnung in die Kette der kleinen Abenteuer eingereiht, wenn die Familie nicht plötzlich einen so gehetzten Eindruck gemacht hätte.
Der kleine Bär kletterte auf den Wagen und patschte mit seinen Pranken auf die Windschutzscheibe. Seine Tatze

war fast so breit wie ein kompletter Zwergdackel. Die beiden großen Bären stellten sich vors Auto und warteten zunächst ab, was der kleine erreichte. Der hatte inzwischen entdeckt, daß ein Teil des Scheibenwischers eßbar schmeckte und ihn demontiert.

»Schnell, das Schinkenbrot!« forderte Herrchen. Er drehte das Fenster an seinem Sitz so weit herunter, daß er den Köder hinaushalten konnte. Der junge Bär tat ihm den Gefallen und ließ den Scheibenwischer fallen, um sich dem besser riechenden Sandwich zuzuwenden, das Herrchen neben den Wagen warf.

Wahrscheinlich hatte unser sonst so schlaues Oberhaupt damit aber doch etwas falsch gemacht, denn jetzt kamen auch die großen Petze heran, um ihren Anteil in Empfang zu nehmen. Weil aber nur noch ein Sandwich übrig war, ging der dritte Geselle leer aus und wurde böse. Er begann, an die Scheiben zu klopfen, und sein Brummen klang gefährlicher als mein Jagdgeheul.

»Er schlägt die Scheibe ein!« rief Frauchen voller Entsetzen. Bobbeli, das gerade noch am liebsten ausgestiegen wäre und den »Teddy« angefaßt hätte, ließ sich von Mamis Angst anstecken und begann zu weinen. Als die Situation außer Kontrolle zu geraten drohte, besann sich unser Anführer seiner Verantwortung und entschied sich für die Flucht nach vorn.

Er trat so heftig aufs Gaspedal, daß der Wagen mit einem Satz lossprang und die drei Bären vor Schreck im Gebüsch verschwanden. Beim Versuch, die Familie zu beruhigen, fühlte ich, daß die Gesichter naß waren. Beim Kind waren es die Tränen, bei den anderen kalter Schweiß.

»Haben Sie denn nicht die Schilder an den Bäumen überall im Park gelesen?« fragte der Mann, der unser Auto herrichtete, und schüttelte den Kopf über soviel Unbekümmertheit. »DON'T FEED THE BEARS«. Es habe schon seinen guten Grund, daß man die Bären nicht füttern solle.

Wir hätten Glück gehabt. Mit einem kaputten Scheibenwischer und ein paar Schrammen an der Karosserie seien wir billig davongekommen. Erst vor wenigen Wochen sei ein Tourist von einem scheinbar zutraulichen Bären erschlagen worden, als er ihn fütterte und sich dabei fotografieren ließ. »Unsere Schwarzbären bleiben Raubtiere, auch wenn sie harmlos tun. Geht's ums Futter, sind sie unberechenbar.«

*

»Die Leute hier sind ja recht nett, aber sie kümmern sich um Dinge, die sie nichts angehen«, reklamierte Putzi. »Bei uns daheim würde kein Hahn danach krähen, wann wir wie

wohin wollen und wie lange wir dazu brauchen. Hier fragen sie dir ein Loch in den Bauch.«
Herrchen mokierte sich über den Posten der Rangerstation am Ausgang von Jasper, der uns nach unseren heutigen Plänen fragte und uns riet, auf der Straße zu bleiben und nicht seitlich auszubrechen. Er tat das so freundlich, daß man ihn nicht einmal anbellen konnte.
Schon am Vortag war uns die Neugier der Ranger am Parkeingang aufgefallen. Den prominenten Hund nahmen sie kaum zur Kenntnis. Dafür registrierten sie unsere Autonummer, Namen, Adresse und unsere Absicht, das Schutzgebiet am nächsten Abend wieder zu verlassen. Dazu klärten sie den Führer unserer Reisegruppe – bei strahlend blauem Himmel – über die unsicheren Wetterverhältnisse in dieser Jahreszeit auf, vergaßen indessen, ihm zu sagen, wie er sich zudringlichen Bären gegenüber zu verhalten hatte.
Wir ließen den Yellowhead Pass links liegen und lagerten mittags an einem Gebirgssee mit eisigem Wasser. Nach dem ersten köstlichen Schluck schon zog mich Frauchen zurück, weil ich mich sonst vielleicht innerlich verkühlt hätte. Die Tiere mit den meterlangen Ästen auf dem Kopf, die kurz darauf in unsere Nähe kamen, tranken ungehindert.
»Wapitis«, stellte Herrchen fest, »kanadische Rothirsche«. Sie taten, als gäbe es uns nicht, obwohl ich mich anstrengte, sie auf mich aufmerksam zu machen. Denn nichts ärgert den nach vorn drängenden Dackel mehr, als wenn man ihn festhält und die mögliche Beute stolziert ein paar Schritte vor ihm einher, als sei er es nicht wert, beachtet zu werden.
Der Knirps entwand sich Mamis Griff. »Anfassen!« jubel-

te er und rannte los. Und die Geweihträger zollten dem harmlosen Kerlchen, das da auf nur zwei Beinen daherkam und komische Laute von sich gab, mehr Respekt als einer gebürtigen Jägerin mit den weitaus schärferen Zähnen. Sie warfen sich herum und tauchten unter Bobbelis Protest im Gestrüpp unter.

»Du bist nicht nur ein böses, sondern auch ein dummes Kind!« schimpfte der Leithund, nachdem er sich seines Sprößlings bemächtigt hatte. »Glaubst du, scheues Wild ließe sich von einem fremden Wesen wie dir berühren? Wenn du so einem Elk zu nahe kommst und er fühlt sich bedroht, stampft er dich doch glatt in den Boden, und wir haben kein Kind mehr. Willst du das denn?«

»Anfassen!« wiederholte Bobbeli, auf das der Vortrag seines Alten keinen Eindruck gemacht hatte. Selbst mein großzügiges Angebot, mich als Ersatz anzunehmen, wurde abgeschlagen. Ich war ja nur ein kleiner Dackel und kein großes Tier mit zwei Meter langen Geweihstangen.

Auf der Weiterfahrt gelang es mir dann doch noch, das rebellierende Menschlein zu überreden, sich mit dem zu begnügen, was es ohne Risiko haben konnte und der verpaßten Gelegenheit, zusammengetreten oder aufgespießt zu werden, nicht nachzutrauern. Möglicherweise beeindruckten meine Argumente die Opposition aber gar nicht, und es war vielmehr ein neues Ereignis, das Bobbelis Aufmerksamkeit in Anspruch nahm und das Vergangene in Vergessenheit geraten ließ.

Es wurde zunehmend dunkler. »Vor zehn Minuten schien noch die Sonne«, wunderte sich Edith, »und jetzt haben wir Nacht.«

Herrchen schaltete die Scheinwerfer an und drehte das Fenster hoch, damit der kalte Wind nicht eindringen konnte. In diesem Moment brach die Hölle los. Eine hohe Schneewand türmte sich vor uns auf. Unser Auto kam keinen Meter weiter.

Putzi holte die Karte hervor. »Wir müssen am Mount Rajah sein, nicht weit vom Willmore Wildernis Ressort.« Er versuchte, sich mit dem neuen Scheibenwischer Sicht zu verschaffen, gab jedoch sofort auf. Der Schnee lag schon zu dick über uns. Der Wagen, der während der Fahrt von Florida so etwas wie ein Zuhause für uns geworden war, verwandelte sich in eine weiße Kiste. Wir steckten in der Kiste und konnten nicht nach draußen, wenn wir nicht im Schnee versinken und erfrieren wollten.

Bald darauf blieb der Motor stehen, und die Heizung fiel aus. Der Boss kletterte nach hinten und holte die einzige Decke, die wir dabei hatten. Unterwegs hatte sie zur Fütterungszeit als Unterlage gedient, jetzt sollte sie uns alle zusammen wärmen. Es war Zeit für die Familie, zusammenzurücken.

Mami, die am meisten Angst zeigte und wünschte, wir wären in Ocala geblieben, drückte Kind an sich. Ich hielt mich an Herrchen, wobei unklar blieb, wer an wen mehr Hitze abgab. In der Kiste verbreitete sich eine eigenartige Ruhe. Ich hörte den Atem der Familie, wenn der Sturm auf der anderen Seite der Wand einmal vorübergehend nachließ.

Irgendwann behauptete Frauchen, es höre einen Wolf heulen. Meine eigene Witterung blieb negativ. Und auch der Stärkste des eingeschlossenen Rudels war meiner Ansicht. Unser Weibchen habe zu viele Abenteuergeschichten gelesen und eine blühende Phantasie entwickelt. Wir steckten zwar unbestreitbar fest, es bestehe aber nicht die geringste Gefahr, von Wölfen angefallen zu werden. Der National-

park möge zur freien Natur gehören, er sei aber doch Teil eines überschaubaren und somit kontrollierten Gebietes. Jemand werde schon kommen und uns herausholen.
Ich schlief wohl zuerst ein. Ein gesunder satter Hund ohne eigene Probleme legt andere Maßstäbe an als diejenigen, die alle Verantwortung an sich gerissen haben. Über Gefahren, die vielleicht morgen oder übermorgen akut werden, regt er sich heute grundsätzlich nicht auf. Außerdem ist unser Instinkt trotz unseres Zusammenlebens mit den Zweibeinern immer noch gut genug, um uns rechtzeitig wirkliche Katastrophen zu signalisieren.
Ich erwachte von der Stille in der Außenwelt und einem neuen Geräusch anstelle des Sturms. Das Geräusch entfernte sich und kam erneut näher. Durch die Schneewand drangen Stimmen.
»Na also!« sagte Herrchen und schob mich vom Schoß. »Hab's doch gewußt, daß sie uns nicht hier sitzenlassen!«
Gerührt gab unser erleichterter Leithund seinem Weibchen einen Kuß, und Edith küßte unseren Nachwuchs, der einstweilen nicht daran dachte, sich am Gefühlsausbruch seiner Eltern zu beteiligen.
Ich sprang auf den freien Rücksitz und stellte mich so in Positur, daß mein Organ in voller Stärke tönen konnte. Auch Putzi besann sich, daß wir die da draußen durch Lebenszeichen ermutigen sollten, sich zu beeilen. Das Dröhnen war jetzt ganz nahe. Es hörte sich an wie der Krach des Traktors, der auf unserem Hügel daheim im Sommer das Gras schnitt. Dann schabte und kratzte es an der Seitenwand, und mit einem Mal fiel dort der Schnee ab und Licht in den Wagen.
Die Tür wurde aufgezogen. Ein bärtiges Gesicht erschien. »Alles okay?«

»Anfassen!« rief der Knirps, der anscheinend von Bären und Elchen geträumt hatte und noch nicht richtig wach war.
»Bleiben Sie im Auto, bis wir mehr Schnee weggeräumt haben!« riet der Ranger, als Putzi hinausklettern wollte. »Hier ist noch eine Decke.« Frauchen hatte die Hände gefaltet und dankte jemandem, der für mich unsichtbar blieb.
Die Fahrer auf den riesigen Räumfahrzeugen, die zu unserer Befreiung gekommen waren, sahen in ihren dicken Anzügen und Pelzmützen selbst aus wie Bären. Das Rattern, das wir in unserem Gefängnis gehört hatten, stammte von breiten Ketten, die den Schnee niederwalzten wie der Kuchenteig, den Edith platt drückte.
Ich verspürte nach den Stunden der Stubenreinheit ein starkes Bedürfnis und suchte eine halbwegs geeignet erscheinende Stelle. Das Zweibein mit dem Fell im Gesicht griff mich, ehe ich in dem weißen Kuchenteig verschwand. »Hallo, Petite, bist wohl nicht aus dieser Gegend. Vier Fuß Pulverschnee sind zuviel für dich!«
Unser Retter nahm ein Stück Papier aus der Tasche und strich etwas durch. »Sie sind die Dritten, die wir herausgeholt haben. Der Blizzard hat Sie nicht allein überrascht.« Ein Brummen über uns unterbrach ihn. Die Superlibelle mit Kufenfüßen ließ sich auf dem Plateau nieder, das die Kettenmonster geebnet hatten.
Der Ranger mit dem Fell im Gesicht nahm mich unter einen Arm wie ein Stück Holz und Bobbeli unter den anderen und trug uns in die Libelle. Die übrige Familie folgte auf eigenen Pfoten in der getretenen Spur. Das Gepäck wurde von einem anderen Helfer nachgereicht.
»Wir bringen Sie zur Station nach Muskeg. Den Wagen hebt morgen ein Lastenhelikopter. Die Straße wird einige Tage unbefahrbar sein. Jetzt müssen wir weiter. Auf unserer

Liste stehen noch zwei Partien, die vermißt werden. Alles Gute!«
»Was für ein Glück, daß die Leute im Park so neugierig sind!« meinte Frauchen. Und sogar Putzi stimmte zu.

*

Man kann darüber streiten, ob ein Hund von Natur aus fürs Reisen geschaffen ist. Die meisten meiner Artgenossen bleiben ihr Leben lang seßhaft. Sie vermissen nichts, denn sie wissen es ja nicht anders. Ein Tagesausflug bedeutet für sie bereits das große Abenteuer.
Einige fahren gelegentlich in Urlaub, wenn sie nicht zu groß dafür sind und ihre Unterbringung keine Schwierigkeiten macht. Mit den entsprechenden Ruhepausen an der Strekke überstehen sie die Tour gewöhnlich recht gut. Zum Zugvogel wird deshalb keiner. Selbst Streuner wie unser zugelaufener Begleiter in Calgary bleiben meist im Revier. Im übrigen sind sie seltener, als Antihunde behaupten.
Bei mir war die Sache komplizierter. Von Haus aus bodenständig und auf die gewohnte Umgebung fixiert, machte mir doch die Abwechslung Spaß. Auch wenn dabei nicht immer alles lief, wie man es sich wünschte. Mit den Erfahrungen auf einer Weltreise gewann selbst ein kleiner Hund an Format. Herrchen sah das so: »Was unsere Hexe bis jetzt schon durchgestanden hat, ist mehr, als mancher Mensch je erfährt!«
Wir wärmten uns in der Blockhütte der Ranger auf. Das heißt, meine eigenen Lebensgeister waren alles andere als eingefroren. Ich war mit ein wenig lauer Milch vollauf zu-

frieden, während der unbehaarte Teil der befreiten Gruppe mehr tun mußte, um seine Außentemperatur zu normalisieren. Die Reiseleitung hielt sich mit den Vorderpfoten an heißem Kaffee fest, die Hinterläufe standen am Kaminfeuer. Unser Jungmensch hockte daneben und blätterte in einem Buch mit Bildern von Bären, Wapitihirschen und Elchen.

Der aufgetaute Familienvorstand erzählte den Einheimischen unsere Geschichte. Es war den Rangern aufgefallen, daß der überwiegende Teil von uns anders sprach. Nur mich verstand jeder, weil ich international bellte. Über mein Alter konnten sie sich allerdings nicht genug wundern. Im Norden hatten sie halt noch keine Erfahrung mit Kurzbeinern. Was klein war und neu aussah, konnte nicht alt sein.

»So viele Abenteuer traut man dem Hündchen gar nicht zu«, meinte einer der Ranger. »Sieht ja noch aus wie ein Baby!« Als er mich ungefragt auf seine Schultern setzte, bewies ich ihm, daß der erste Eindruck falsch war. Babys haben nicht so scharfe Zähne.

Komplikationen gab es deshalb nicht, zumal sich die für mich Verantwortlichen sogleich für das angebissene Ohr entschuldigten und der Betroffene die Aufklärung mit Humor aufnahm. In der Wildnis schien man tolerant zu sein. Auf jeden Fall reagierte man auf überzeugende Argumente. Und da das Motel, in dem wir auf unser Auto warteten, nicht besonders komfortabel und überhaupt der ganze Ort ausgesprochen langweilig waren, besuchten wir die Ranger noch öfters und wurden die allerbesten Freunde.

Die Tankstelle von Muskeg war zugleich die einzige Werkstatt weit und breit. Ihre Vielseitigkeit zeigte sich an den herumstehenden Motorsägen, Schneemobilen, einem hal-

ben Jeep und einem Buschflugzeug ohne Flügel. Der Besitzer, der auch für den Funkverkehr mit der weiteren Umgebung zuständig war und bereits Herrchens Freund informiert hatte, machte keinen Hehl daraus, was er von »leichtsinnigen Touristen« und »neugierigen Kötern« hielt.
Zuerst jagte er unserem Anführer einen gehörigen Schrekken ein, indem er den desperaten Zustand unseres Wagens schilderte und die Gefahren ausmalte, wenn wir irgendwo in der Weite des Landes steckenblieben. Als Herrchen den vorgeschlagenen Reparaturen zustimmte, fiel er jedoch mit bemerkenswertem Eifer über unser Heim auf Rädern her und gab sich sichtbar alle Mühe, es in Ordnung zu bringen.
Er erlaubte dem »neugierigen Köter« sogar zuzusehen. Wenn die Öllachen nicht gewesen wären, die ich bis dahin noch nicht kannte, hätte es ein durchaus vergnüglicher Tag werden können. Schrauben, Bohren, Hämmern und Schweißen interessieren auch den technischen Laien, wenn sie Abwechslung von der sonstigen Eintönigkeit bieten.
Ölspuren im Fell lassen sich schwer entfernen, und wenn ein Hinterwäldler es versucht, der dazu noch verschmierte Lappen verwendet, ist das Ergebnis eine kleine Katastrophe. Als Putzi erschien, um zu sehen, wie es seinem Auto und mir ging, roch ich wie eine offene Tonne Heizöl, und Herrchen behauptete, ich sähe auch fast so aus. An dem folgenden Schaumbad im Motel hätte Napoleon seine Freude gehabt. Mir tränten die Augen davon, denn in der Nachbarschaft gab es weder milde Hundeseife noch Babyshampoo.
Dennoch versicherte mir Edith nach dem Trocknen, ich sähe wieder recht appetitlich aus. Was mein Aroma angehe, so müsse einer schon seine Nase in mein Fell stecken, um –

vielleicht – den Verdacht zu gewinnen, ich sei mit Lavendelöl gewaschen worden, das ein bißchen ranzig war. Putzi schien nicht weniger zufrieden zu sein. Der Wagen sehe beinahe so gut aus wie ich. Sechshundert Dollar habe er bezahlt. In der Stadt hätte es mindestens das Doppelte gekostet.
»Die Wiederherstellung von ihr war noch preiswerter!« erwiderte Frauchen und roch intensiv in mich hinein. »Ich möchte zu gerne wissen, ob dieses eigenwillige Duftgemisch als moderne Kreation Erfolgsaussichten hätte.«
Herrchen lachte. »Du denkst wohl immer noch an Abigails preisgekröntes Aquarell!«
Wir erreichten die Farm am Smoky Creek später, als die Planer unter uns gedacht hatten. Die Freude über unsere glückliche Ankunft war um so größer. Was mich betraf, so hatte ich es sowieso nicht eilig. Was sind schon ein paar Tage in einem Hundedasein, das siebenmal ein Dutzend Jahre oder mehr währen kann!

*

»Hallo, alter Freund!« sagte Herrchen und schüttelte dem, bei dem unsere Reise enden sollte, die Pfoten.
»Wie geht's dir und deiner Familie? Prima, wie ich sehe!« antwortete der andere und schlug auf Putzi ein, so daß dieser zusammenzuckte. Denn der alte Freund war kein normales Zweibein, sondern der Riese aus Bobbelis Märchenbuch.
Mit Frauchen ging der Riese zum Glück sorgfältiger um. Er breitete zwar die Arme aus, als wollte er Edith erdrücken,

hielt sich jedoch in letzter Sekunde zurück und begnügte sich damit, sein haariges Gesicht an ihr zu reiben. »Du hättest dich wenigstens rasieren können!« protestierte unser Weibchen, schob ihn von sich weg und musterte ihn von unten bis oben. »Bist immer noch der Bär, der du warst.«
»Anfassen!« meldete sich der Knirps mit seinem neuen Lieblingswort, und ehe er sich versah, saß er oben auf dem Riesen und überragte uns alle. Er krallte sich im gelben Pelz des Kolosses fest und schrie: »Au fein, Kind reitet Bär!«
Ich hatte die ganze Zeit versucht, Aufmerksamkeit zu erregen. Man war aber so stark mit höheren Regionen beschäftigt, daß niemand aufs Parterre achtete. Mich mit Stimme bemerkbar zu machen, hätte auch keinen Zweck gehabt und wäre sogar gefährlich gewesen.
Hinter dem Zaun des Hauses tobte ein Rudel entfernter Verwandter, die ich sowieso nicht hätte übertönen können. Ein paar Schritte weiter wartete ein Zweibein mit einem langen schwarzen Zopf und einem Kleid bis auf die Erde. Die Figur schwieg und kraulte etwas, das wie ein Hund aussah, ebenfalls keinen Laut von sich gab und die Neuankömmlinge auf eine Weise beobachtete, die mir nicht geheuer vorkam.
Gerät man unversehens in eine Situation, in der Vorsicht geboten scheint, gibt es zwei Möglichkeiten. Entweder man wartet ab und läßt die Dinge auf sich zukommen, oder man ergreift die Initiative, um die Lage schnell zu klären. Dackel sind nicht furchtsam genug, um passiv zu bleiben. Ich lief ein paar Schritte bis zu den beiden, die da standen und schwiegen.
Um nicht den Eindruck von Unterwürfigkeit zu erwecken, verzichtete ich darauf, mich vor ihnen auf den Rücken zu legen. Eine freundliche Geste sollte meine durchaus fried-

lichen Absichten demonstrieren. Ich baute mich vor ihnen auf: das Hinterteil erdverbunden, der übrige Dackel aufrecht sitzend, die nicht zum Abstützen gebrauchten Pfoten treuherzig angewinkelt.
Die Gestalt im bodenlangen Rock hörte auf, das Tier an ihrer Seite zu kraulen, bückte sich und nahm die hingestreckten Läufe entgegen. Der Beobachter neben ihr kam heran, beschnupperte mich von hinten und vorne, hob den Kopf und heulte in die Luft.
»Das ist Maria!« stellte der Herr der Farm die schwarzzopfige Person der Familie vor. »Maria ist die Tochter eines Haida-Häuptlings und heißt eigentlich Kotilatcha. Sie ist meine Squaw, und ich wüßte nicht, wie ich ohne sie mit allem fertig werden würde.«
»Willkommen!« grüßte Maria. Sie kniete noch immer und streichelte den eigenen und den dazugekommenen Hund. Daß sie ein Weibchen war, hatte ich längst gewittert.
»Ach ja, und das ist Benjamin, unser zahmer Wolf«, erklärte Karl Fidler, den Putzi und Knöpfchen »Fidel« nannten. »Seine Mutter ist umgekommen. Er war zu klein, um ohne sie zu überleben. Maria hat ihn aufgezogen.«
Jetzt wußte ich, warum mich mein Instinkt gewarnt hatte. Auch ein zahmer Wolf bleibt ein Wolf und riecht nicht wie unsereins – und wenn er noch so lange unter Menschen lebt. Wäre ich ihm nicht in Gesellschaft begegnet, hätte ich vorsorglich einen weiten Bogen um ihn geschlagen.
Endlich nahm auch unser künftiger Gastgeber meine Winzigkeit wahr. Als er sich zu mir herunterbeugte, sah ich in die hellen Augen Napoleons. Der Knirps blieb auf ihm sitzen, und der Hund, der Benjamin hieß und gar kein Hund war, wich zurück und begann zu knurren.
»Eifersucht!« lachte der Riese mit dem hellen Pelz und dem

Huskyblick und befahl dem Tier, sich zu setzen und still zu sein. »Du kannst ihn streicheln, am liebsten hinterm Ohr, das hat er gern.«
Der Knirps, der keine Angst vor Bären hatte, zögerte, folgte dann der Aufforderung und berührte Benjamin mit den Fingerspitzen. Der zahme Wolf sah derweilen unverwandt diejenige an, die ihm die Mutter ersetzt hatte und die er als Herrin anerkannte.
Wie anders benahmen sich dagegen die Kollegen im Pferch. Keine Spur von mißtrauischer Zurückhaltung, nur überschäumende Freude über den Besuch. »Meine Schlittenhunde«, erklärte der Riese Fidel fast zärtlich. Er hatte das Tor zum Zwinger hinter sich offengelassen. Doch keiner der langhaarigen Gesellen dachte daran, hinauszulaufen. Sie sprangen alle zusammen an ihrem Besitzer hoch, kamen sich dabei natürlich in die Quere und purzelten durcheinander, ohne den geringsten Frust zu zeigen und sich anzugiften.
Putzi und Edith wurden nach dem ersten Ansturm in die Begeisterung einbezogen und landeten unter einem wilden Knäuel, so daß sie um Hilfe riefen. Der Knirps war von seinem »Bären« gerutscht und mitten ins Getümmel gefallen, ohne daß sich die beiden darüber aufzuregen schienen.
»Ich kenn doch meine Hunde«, meinte Fidel hinterher. »Die wissen genau, wann sie aufpassen müssen.«
Putzis kanadischer Freund hatte recht. Denn auch ich bekam keinen einzigen Tritt ab, obwohl ich, von ihrer Ausgelassenheit angesteckt, mich mit ihnen freute und mehr unter als zwischen ihnen herumlief.
Irgendwann erinnerte ich mich, daß es noch einen gab, der eigentlich dazugehörte, und ich schaute nach ihm. Benjamin stand allein vor dem offenen Zwinger und sah zu, wie

wir herumtobten. Plötzlich tat er mir leid. Er lebte hier und war doch ein Außenseiter. Spontan ging ich ihm entgegen. Als er mich kommen sah, drehte er sich um und verschwand hinterm Haus.

*

Das Haus war eine große Hütte aus Baumstämmen, in der Zwei- und Vierbeiner friedlich beieinander wohnten. Es roch nach Harz, Viechern und dem Futter, das Fidels Squaw für die Gäste vorbereitete.

»Unten ist die Küche«, erzählte der Herr der Blockhütte. »Hier essen und wohnen wir. Nebenan im Stall stehen King, Flora und die Bless. Das hat den Vorteil, daß der Fußboden oben drüber warm ist und wir nur im Winter, wenn es 30 Grad kalt wird, den Ofen anstecken müssen.

»Ich dachte, du hättest mehr Tiere«, meinte Herrchen.

Sein Freund schmunzelte: »Die Kuh reicht uns für Milch und Butter. Den Hengst reite ich bei der Arbeit; er ist ein Teufel, der keinen anderen an sich heran läßt, aber unbedingt zuverlässig. Die kleine Palomino-Stute gehört Maria. Der Rest unseres Zoos ist in der Scheune untergebracht – ein Schwein, zwei Ziegen, die wir wegen des Käses brauchen, ein paar Hühner und Enten. Hier draußen mußt du dich selbst versorgen, wenn du überleben willst!«

»Du hattest von deiner Pferderanch geschrieben!« beharrte mein enttäuschtes Vorbild und provozierte einen Heiterkeitsausbruch.

»Ach du barmherziger Gott, hast du denn geglaubt, die Mustangs stehen bei mir auf der Koppel herum? Die Herden verteilen sich auf das ganze Tal und die Seitentäler. Zur Farm gehören über tausend acres, und ein acre hat viertausend Quadratmeter. Nein, ich fange nur ein, was ich verkaufen will.«

Am Ende der Treppe lagen zwei Kammern. In der einen schliefen der Riese und sein Weibchen, wir wurden in die zweite verstaut. Es gab ein schmales Bett mit hohen Kissen zum Sichverstecken und zwei Matratzen auf dem Boden. Der Knirps nahm seinen Alten die Entscheidung ab, wer worauf schlafen würde.

Er belegte das Lager neben dem Bett, das Putzi selbstlos seinem Knöpfchen überließ, und Herrchen nahm, was übrig blieb. Ich konnte wählen zwischen der Anlehnung an Frauchen und dem Fußende meines kurzbeinigen Stiefbruders. Der Leithund schied als Kompagnon für die Nacht wegen seines Hangs zum Strampeln und Kicken von vornherein aus.

Wenn man Freunde besucht, ist das erste Herumschnuppern zum Sondieren der Lage wichtig. Vor allem aber sollte man sich rechtzeitig einen guten Platz sichern, wenn zur Fütterung gerufen wird. Langsame Zeitgenossen müssen damit rechnen, daß die interessantesten Stühle besetzt sind, wenn sie erscheinen, sie sich mit einem Notsitz auf der unteren Ebene abfinden müssen und darauf angewiesen bleiben, die paar Happen aufzulesen, die der schlampige Teil der Gesellschaft fallen läßt.

Ich saß zuerst – und mußte auch als erster meinen aussichtsreichen Platz wieder räumen, bevor das Vergnügen begonnen hatte. Kanadische Pferdefarmer scheinen strengere Tischsitten zu befolgen als deutsche Dackelfamilien, die zwar viel über artgerechte Haltung theoretisieren, uns im Laufe der Zeit aber doch mehr Spielraum gewähren.

Der Gastgeber vertrat jedenfalls die Ansicht, daß jemand, der weder mit Messer und Gabel umgehen konnte, noch warten wollte, bis ihm etwas von dem Elchbraten vorgesetzt wurde, besser in sicherer Distanz blieb. So wurde das mit tropfenden Lefzen erwartete Begrüßungsmahl eine unvollkommene Angelegenheit. Mein Mitgefühl für Benjamin, der heulend vor der Hütte saß, wuchs.
Daß man sich irgendwann meiner erinnerte, mir Bohnen, Mais und Elchreste vorsetzte und erwartete, daß ich mich vor lauter Dankbarkeit überschlug, reichte als Entschädigung nicht aus. Ein Hund mit genügend Selbstachtung erwartet mehr! Man sollte seine Persönlichkeit ästimieren, ihn in die Konversation einbeziehen und nicht wie einen hergelaufenen Landstreicher abspeisen wollen.
Man mußte schon Wolf sein, um seinen Stolz zu vergessen und sich mit einem durch das Fenster geworfenen Knochen zufrieden zu geben. Ich verzichtete auf den Trostpreis aus den Schüsseln der Herrenwelt und deutete an, daß es höchste Zeit für mich war, freies Gelände aufzusuchen.
Benjamin lag noch immer unterm Küchenfenster und zeigte kein Interesse an mir. Das Rudel im Zwinger schwänzelte mich an, als ich auf meinem Weg zur Scheune vorübertrottete. Ich hielt mich bei den unbeschäftigten Schlittenziehern nicht auf, sondern richtete mein Augenmerk ganz auf das vor mir liegende Ziel.
Das Scheunentor widerstand meinen Bemühungen. Um an die Fensterluken heranzureichen, hätte man Polizeihund, Katze oder besser trainiert sein müssen. Doch wer seinen Verstand gebraucht und nicht gleich aufgibt, findet manchmal trotzdem ein Schlupfloch. In der Welt der Zweibeiner ist man am erfolgreichsten, wenn man ihre Erfindungen für sich selbst zu nutzen weiß – zum Beispiel

einen Zugang, den sie für ihr Federvieh geschaffen haben.
Kanadische Hühner reagieren ebenso kopflos wie ihre Schwestern anderswo, wenn unerwartet Besuch erscheint. Statt ruhig auf ihren Stangen hocken zu bleiben, flatterten auch diese hier auf und davon, stießen zusammen und flohen schreiend ins Freie, wo sie einem, der ihnen tatsächlich an den Kragen gewollt hätte, hilflos ausgeliefert gewesen wären.
Die dummen Gackerer begriffen einfach nicht, daß die lediglich Unterhaltung suchende deutsche Dachshündin sie gar nicht ins Genick beißen wollte, auch wenn sie hinter ihnen herrannte und einige beim Abklatschen Federn ließen. Vielleicht hätte ich sie ja noch von meinen lauteren Absichten überzeugen können, wenn nicht die durch den Lärm alarmierte Aufsicht herbeigeeilt wäre und mich verwarnt hätte. Als ob nicht genügend Zeit gewesen wäre, eine ganze Batterie zu erlegen, wenn ich gewollt hätte!
Wenigstens nahm dieser Tag voller Mißverständnisse einen versöhnlichen Ausklang. Unter Ediths Bett lag ein saftiges Stück Fleisch. Es konnte nur von Herrchen hingelegt worden sein. Frauchen hätte es sicher in kleine Stücke geschnitten und auch den Knochen nicht drangelassen. Allerdings mußten sich die beiden einig gewesen sein, daß man seinen armen Hund nach einer anstrengenden Reise nicht mit leerem Magen schlafen schicken konnte.
Denn obwohl ich mich so vorsichtig wie möglich über das verspätete Abendessen hermachte: gewisse typische Geräusche blieben unvermeidlich. Und es hätte sonst mindestens zum x-ten Mal eine Debatte darüber gegeben, was für mich gut war und was nicht!

*

Der letzte Schnee schmolz in glitzernden Bächen dahin. »Kaum zu glauben, daß wir vor einer Woche keine hundert Meilen von hier im meterhohen Schnee festsaßen!« Frauchen hatte unser letztes Abenteuer noch nicht vergessen.
Der Freund hob die Schultern. »Das ist so in den Rockies. Aber du mußt auch bedenken, daß euch das in der Nähe vom Rajah und Mount Chowan passiert ist. Am Fuß von Dreitausendern und in Nord-Süd-Strömung erwischt dich ein Blizzard leichter als bei uns. Wir liegen nur noch tausend Meter hoch, und unsere Täler werden durch die Berge ringsum vor den schlimmsten Stürmen geschützt. Außerdem steht hier der Sommer eher vor der Tür.«
Unser Gastgeber lud jemanden von der Familie ein, mitzukommen, um nach einer Herde zu sehen, in deren Nähe sich neuerdings ein Grizzly herumtrieb. Putzi verzichtete dankend. Auf der Palomino-Stute käme er sich vor wie Don Quichote, und der habe wahrscheinlich noch mehr Ahnung vom Reiten gehabt. Nein, er bleibe lieber da und sehe sich die Farm an. Edith habe gelernt, wie man sich im Sattel halte – und sogar noch Spaß daran. Dann äußerte der Boss die unbegründete Erwartung, durch seine Anwesenheit dafür sorgen zu können, daß ich mich nicht wie eine kleine Hexe, sondern wie eine gesittete Hundedame betrug.
Daheim hatte ich schon zu oft als gewöhnliche Leinengängerin zur Seite treten müssen, wenn Reiter mit Hund vorbeitrabten. Die versnobte Gesellschaft vom Setter an aufwärts hatte mir dabei nicht einen Blick gegönnt. Von mir aus etwas fürs Image zu tun, war mir aus Respekt vor den größeren Tieren verwehrt worden, und mir blieb deshalb nur das Nachsehen.
Bis auf ein einziges Mal. Da gelang es mir, aus der Halte-

rung zu schlüpfen und hinterher zu rennen. Der vierbeinige Satellit tat zuerst so, als bemerkte er mich auch dann noch nicht, und schickte mich erst auf Geheiß der hoch über ihm thronenden Gebieterin auf die despektierlichste Art zurück. Jetzt schien mir die Gelegenheit günstig, den damaligen Eindruck zu verbessern, daß die Kleinen häufig zu kurz kommen.

Ich tat so, als hätte ich von dem geplanten Ausritt nichts mitgekriegt und sei nur neugierig wie üblich, als Gastgeber und Gäste in den Stall gingen. Die Stute Flora mit dem Fell einer gescheckten Kuh schnaubte uns erwartungsvoll entgegen. Ihr Nachbar legte die Ohren an und tänzelte unruhig auf der Stelle.

»Don't!« rief Karl Fidler und riß Edith zurück.

»Was ist denn? Was soll ich nicht?« fragte diese verständnislos.

Der Riese stellte sich zwischen den Hengst und unser Weibchen. »Du hast ihn berührt. Hätte ich nicht aufgepaßt, wärest du sein neuestes Opfer geworden. Er beißt und schlägt aus. Sogar Maria bleibt auf Distanz.«

Noch während er die Warnung aussprach, hatte sich das Pferd umgedreht, beäugte uns mit funkelnden Augen und begann dann, Ediths Ärmel anzuknappern. »Das glaube ich einfach nicht!« rief Putzis Freund, als Frauchen King die Pfote hinhielt und er seine Nüstern dagegen drückte. »Das hat er noch nie getan. Jetzt weiß ich auch, warum dein Mann dich so liebt. Du bist einfach unwiderstehlich!«

Zweibeiner, die etwas Ungewöhnliches erleben, können davon so fasziniert sein, daß sie alles andere um sich herum vergessen. Wer achtet zum Beispiel auf eine Handvoll Dakkel, wenn jeder über die sensationelle Sympathie von mehreren Zentnern Pferd staunt.

Um Schwanzesbreite hätte mir der Knirps mein Konzept verdorben. Er war von Daddy vorsorglich in eine entfernte Ecke gestellt worden, hielt es dort natürlich nicht aus und machte sich an die Bless heran. Prompt fuhr ihm deren Schwanz ins Gesicht, worauf er bei seinem Erzeuger beantragte, daß die böse Kuh eine Tracht Prügel bezog. Als diesem Ansinnen nicht entsprochen wurde, verlangte Bobbeli brüllend, daß wir nach Florida zurückfuhren, weil es dort viel, viel schöner sei.
Worauf unser Nachwuchsmensch vor die Tür gesetzt wurde und sich anschickte, mir zu folgen. Was unweigerlich zur Entdeckung meines angepeilten Startplatzes geführt hätte, von dem aus ich mich der Reiterei anzuschließen gedachte. Zum Glück erbarmte sich Maria des in Tränen schwimmenden Wichts und nahm ihn zu sich in die Küche, wo er den Mund gestopft bekam und sich beruhigte.
In einer Hinsicht hatte ich mich dennoch verrechnet. Ich war von Anfang an nicht unbemerkt geblieben. Nur verhielt sich Benjamin so fair, seinem Herrn und meinem Frauchen seine Wahrnehmung erst mitzuteilen, als es zu spät war, wegen mir umzukehren. Zudem versprach Edith, mich zu sich in den Sattel zu nehmen, wenn es für mich zu beschwerlich werde.
Und der Riese meinte: »Benjamin scheint den Naseweis ja zu akzeptieren und wird schon aufpassen!«
Wir waren mittlerweile in einer Gegend, in der das Gras in Gestrüpp aus Dornenhecken, Weidenbüschen und verkrüppelten Pappeln überging. Die Pferde tasteten sich an dem Dickicht entlang und bogen schließlich in einen Trampelpfad durch ein Rottannengehölz ein. Mit der Zeit waren wir höhergeklettert und hatten uns vom Creek entfernt, der sich mitten durch das Tal wand.

»Schau, dort weidet eine der Herden!« Unser Führer hatte seinen Hengst angehalten und deutete nach unten. Ich konnte vor lauter Geäst um mich herum nichts erkennen, und diejenige, die mich bei Bedarf hochheben wollte, dachte nicht daran, weil sie sich über meine Kurzsichtigkeit vermutlich keine Gedanken machte und sie schon gar nicht als körperliche Schwäche ausgelegt hätte.
Dafür zeigte auch Benjamin kein Verständnis. Er hob die Nase und begann zu heulen. »Er wittert etwas«, erklärte Fidel. »Wahrscheinlich der Bär oder ein Moose!« Und zur Erklärung für das Greenhorn aus Deutschland fügte er hinzu: »Mooses nennen wir die kanadischen Elche, die bis zu zehn Zentner schwer werden. Für die Mustangs sind sie übrigens ungefährlich, was man vom Grizzly leider nicht sagen kann. Da sieh, unser Wolf verfolgt die Fährte!«
Benjamin war losgerannt, ohne sich um uns zu kümmern. Ich hatte Mühe, mit meinen kurzen Beinen auf Sichtweite zu bleiben. Die Reiter folgten uns in noch größerem Abstand, auf unsere Lautsignale angewiesen, nachdem sich der Pfad in mehrere Wildwege geteilt hatte. Ich stieß auf eine ätzend riechende Losung. Mein Vorgänger hatte sie nur kurz geprüft und war weitergelaufen.
An einem Busch stand ein zottiges Ungeheuer. Es hatte aufgehört, von den Weidenkätzchen zu naschen, sich aufgerichtet und schlug sich erregt an die Brust. Sein braunes Fell mit Silberstreifen an den Schultern glänzte in der Sonne. Unser Wolf, der einige Meter entfernt abwartete, wirkte dagegen wie ein ungepflegter Strolch.
»Es ist unser Freund«, sagte der Vorreiter, der mit Frauchen herangekommen war. »Ein ausgewachsener Grizzly. Bleib hinter mir. Grizzlys greifen an, wenn sie sich gestört fühlen!«

Die Mahnung wäre nicht nötig gewesen. Frauchen war keine Heldin, und die kleine Stute wich von selbst zitternd zurück. Auch Benjamin folgte dem Befehl seines Herrn, wenn auch hörbar widerwillig. Nur der Hengst wehrte sich gegen den organisierten Rückzug, schlug die Vorderhufe in die Luft und wieherte kämpferisch. Ich für meinen Teil hielt mich an die Philosophie meiner Familie, daß Vorsicht besser sei als übertriebene Tapferkeit, und übernahm die Führung zurück ins Tal.

»Es ist ein so schönes Tier«, schwärmte unser Weibchen, als wir außer Reichweite waren. »Du wirst es doch nicht töten!«

Unser Gastgeber lachte. »Solange Meister Petz keine Lust auf Pferdefleisch verspürt und sich hier oben herumtreibt, laß ich ihn in Ruhe. Die Jagd auf ihn ist sowieso kein Vergnügen. Schießt du ihn nur an, läuft er nicht davon wie anderes Wild, sondern geht gegen dich vor. Der einzig wirklich sichere Treffer ist der ins Auge. Und ein Grizzlyauge ist verdammt klein.«

Dann forderte er Frauchen auf, ihren Sattel mit mir zu teilen, weil wir in die Nähe der Mustangs kamen und im Fall einer Stampede von mir wahrscheinlich nichts übrigbliebe. Ich wußte zwar nicht, was eine Stampede ist, war für das unverhoffte Mitgefühl aber dankbar, denn zuletzt war es mir doch ziemlich schwergefallen, mitzuhalten. Daß der Mensch den großen Wolf ebenso aufhob und vor sich aufs Pferd legte, konnte ich dagegen nicht verstehen. Benjamin schien mir kein bißchen müde zu sein. Und was hätte ihm eine Stampede schon anhaben können – groß und stark wie er war!

*

Ich hatte herausgefunden, daß es sich lohnte, morgens zu einer bestimmten Zeit den Stall aufzusuchen. Nachdem wir einige Tage auf der Farm waren, glaubte die Aufsicht, ich werde mich nicht mehr verlaufen und als verlorener Hund in einem fremden Land herumirren. Einer ließ mich von da an immer früh hinaus, während die anderen weiterschliefen.

Einmal hatte der Knirps die Aufgabe an sich gerissen, war aber gleich selbst draußen geblieben, obwohl es um diese Zeit noch recht kühl war und er nur ein kurzes Hemdchen anhatte. Seitdem wechselten sich seine Eltern als Pförtner für mich ab, und die Hausbewohner ließen mich später wieder hinein.

Maria erwies sich auch mir gegenüber als herzensgut. Ich kann mir nicht vorstellen, daß viele so moderat reagiert hätten wie sie an jenem Morgen, als mir das Mißgeschick passierte. Zu ihren Aufgaben gehörte es, als erstes die Kuh leerzupumpen. Sie benutzte dazu einen Schemel und einen Eimer, in den sie die Milch spritzte. An dem bewußten Morgen unterbrach sie ihre Tätigkeit und eilte ins Haus, weil ich zusah und sie sich wohl genierte, sich vor mir ins Stroh zu setzen.

Ihre vorübergehende Abwesenheit wollte ich ausnutzen und stellte mich auf den Eimerrand, um vom Gemolkenen zu trinken. Wahrscheinlich hätte der Eimer meinem geringen Gewicht standgehalten, wenn die Kuh ausgemolken gewesen wäre. So kippte er um, und ich hatte nicht einmal viel davon. Denn das meiste vom Eimerinhalt versickerte im Stroh – und das, was ich von meiner Brust und den Vorderbeinen ablecken konnte, war die Mühe nicht wert.

Als Maria zurückkam und das Unglück sah, verlor sie kein Wort, sondern stellte mir seitdem einen Teller hin, in den sie gerade soviel Milch goß, daß der von Frauchen befürchtete Milchschorf nicht sofort ausbrach. Marias guter Wille genügte mir indessen nicht. Ungepanschte warme Kuhmilch schmeckt zu gut, um sich mit einer Katzenration zu begnügen.

Als intelligenter, weitgereister Hund hatte ich deshalb die Idee, mich zwischen den Melkzeiten selbst an der Quelle zu versorgen. Der Kuh konnte es schließlich egal sein, wer den Druck von ihr nahm. Wer ohne die entsprechende Vorbildung schon ähnliches versucht hat, weiß, auf was ich mich damit einließ!

Mit der Methode, die ich als Baby bei meiner Mutter angewandt hatte, kam ich nicht weit. Zunächst ließ sich der Melkschemel nicht in die für mich günstigste Position rükken. Als ich endlich eine Zitze zu fassen bekam, war das der angezapften Spenderin offenbar unangenehm, und ich flog vom Schemel herunter. Eine Hundeschnauze mit scharfen Zähnen schien doch nicht das Richtige zu sein, um die Milch fließen zu lassen.

So erfuhr Edith nie, ob mir zuviel fettreicher Kuhsaft wirklich geschadet hätte, und auch Maria kam nicht auf den Grund für das Blut am Euter ihrer Bless. Zumal ich zwischenzeitlich außer Gefecht gesetzt worden war und selbst der Pflege bedurfte. Ich hatte mich nämlich nach dem mißglückten Selbstbedienungsversuch nach anderen Erfolgserlebnissen umschauen wollen und war auf Fidel aufmerksam geworden, der Holz für den nächsten Winter kleinschlug.

Hätte ich wenigstens davon mehr gewußt als vom Melken, wäre ich von vorne gekommen. Dann hätte der Holzhakker mich gesehen und aufgehört, drauflos zu schlagen. So ging ich ihn von schräg hinten an, während die Scheite

ununterbrochen weiter in alle Richtungen katapultiert wurden. Ein scharfes Stück Holz knallte mir so unglücklich an den Schädel, daß aus dem unternehmungslustigen Dackel ein wimmerndes Häufchen Elend wurde.
Sie trugen mich ins Haus, desinfizierten mich mit einer brennenden Tinktur und verklebten mich auf eine Weise, daß mir vorerst jegliche Lust auf echte Kuhmilch und andere Genüsse des Lebens verging. Was eigentlich schade war, denn für einen kranken Hund, um den die Zweibeiner sich sorgen, fällt immer etwas Besonderes ab – vor allem, wenn sie sich an seiner Misere irgendwie mitschuldig fühlen. Jedenfalls nahm ich mir fest vor, diese Schuld gelegentlich beim Hausherrn und auch bei denen, die nicht genug auf mich aufgepaßt hatten, einzutreiben.

*

»Ich glaube nicht, daß ich für immer in Kanada sein möchte«, sagte Frauchen. »Was ich bis jetzt von der *Großen Freiheit* erlebt hab, bedrückt mich mehr, als es mich befreit!«
»Quatsch!« widersprach Herrchen. »Die Tierquälerei bei den Rodeos ist nicht Kanada, sondern nur ein sehr kleiner Teil davon. Bären und Elche tun dir nichts, wenn du dich richtig verhältst. Wer in einen Blizzard gerät, ist meist selber schuld. Du mußt doch zugeben, daß die Natur hier großartig ist.«
»Und gefährlich!« ergänzte Edith, die neben mir saß und mir den Rücken bürstete, weil sie wußte, daß ich das besonders mochte. »In unserem Garten hätte sich Hexe nicht verletzt.«

»Holz kann dir bei uns daheim genauso um die Ohren fliegen, wenn du wie ein Dussel herumläufst und nicht aufpaßt«, behauptete der Boss ohne Rücksicht auf die Gefühle der anwesenden Betroffenen. »Mir gefällt's hier jedenfalls.«
Und der Knirps, der vergessen hatte, daß er vor kurzem noch nach Florida zurück wollte, tönte hinterher: »Gefällt mir auch!«
Dabei sollte es ihm am folgenden Tag viel schlechter ergehen als mir, die mit einer Schnauzenblessur davongekommen war und auch die nicht gerade fachgerechte Nachbehandlung einigermaßen überstanden hatte. Das Entfernen von Klebestreifen aus Fellen, in denen nicht narkotisierte Hunde stecken, ist gewiß nicht leicht.
Nachdem ich mich gegen die Verwendung von Benzin ebenso gewehrt hatte wie gegen den Versuch mit Frauchens Nagellackentferner, hätte man jedoch nicht gleich zum radikalsten Mittel greifen müssen. Man reißt einem kleinen Dackel, der eine angeborene Abneigung gegen chemische Lösungsmittel hat, das Pflaster nicht mit einem Ruck ab, ohne es vorher wenigstens mit warmem Wasser aufzuweichen.
Immerhin blieb der dadurch entstandene neue Schaden oberflächlich. Ein paar verlorene Barthaare mit ein bißchen Haut dran bedeuten schließlich keine Lebensgefahr. Dagegen erhielt Herrchens Optimismus einen erheblichen Knacks, denn Bobbelis Verletzung ging tiefer und hätte beinahe dazu geführt, daß nur drei von uns aus Kanada herausgekommen wären.
Es war ein einziger Schrei, der sofort erstickte. Er drang durch die Wände und ließ uns alle hinausstürzen. Herrchens Freund eilte von der Scheune herüber und schwang

drohend die große Gabel, mit der er sonst Heu und Stroh verteilte. Der Wolf lag auf Kind, das sich nicht bewegte.
»Ben, loslassen, sofort!« befahl sein Herr. Die Gabel hielt er zurück – vielleicht, weil er Angst hatte, er könnte damit Bobbeli verletzen. Vielleicht aber auch, weil er befürchtete, das Raubtier könne sich von neuem in seine Beute verbeißen, wenn es sich angegriffen fühlte. Benjamin reagierte nicht.
»Er blutet ja!« rief Daddy verzweifelt und wollte zu seinem Sohn, wurde jedoch vom Freund zurückgezogen. »Wenn du deinen boy retten willst, dann bleib stehen, wo du bist!«
Unser Weibchen hatte sich an unseren Anführer geklammert und jammerte: »So tut doch was, um Gottes willen!« Dann sank es lautlos neben ihm zu Boden.
Ohne zu überlegen, überließ ich Frauchen demjenigen, der es auch sonst beschützte und lief dorthin, wo ich vielleicht helfen konnte. Daß sich der Wolf von mir bedroht fühlen und gefährlich reagieren könnte, kam mir nicht in den Sinn. Zumal ich ihm nicht gar zu dicht auf den Pelz rückte, sondern mich im gebotenen Abstand hinwarf, winselte und mit dem Schwanz wedelte, also artgerecht um Gnade für meinen Stiefbruder bat.
Benjamin schien zu überlegen. Dann erhob er sich und stieß den Beutelaut der Wildnis aus, ohne seinen Platz zu verlassen. Bobbeli schien zu schlafen und rührte sich noch immer nicht. Ich witterte Blut, und es war nicht das Blut des Jägers. Plötzlich wußte ich, daß keiner von uns an Kind herankommen würde.
Da stand unvermittelt Fidels Squaw neben mir und begann leise in einer Sprache zu singen, die ich noch nie gehört hatte. Während sie sang, bückte sie sich langsam und hockte

sich neben Benjamin, ohne ihn zu berühren und ohne ihn auch nur anzusehen.
Mit dem Wolf ging eine Wandlung vor. Ich sah, daß seine Augen, die sich auf Maria richteten, ihren wachsamen Glanz verloren hatten und jetzt traurig waren. Noch einmal stieß er die verlorene Beute an, wandte sich ab und legte seinen Kopf in Marias Schoß.
Während Maria bei dem besänftigten Täter sitzenblieb und die Melodie summte wie zur Zeit, als sie ihn mit der Flasche großzog, trug Daddy seinen leblosen Sohn ins Haus, und der Riese funkte Hilfe herbei. »Sie geben den Notruf sofort an den Doktor weiter«, versprach er zur Beruhigung der aufgeregten Restfamilie, nachdem er das Gerät abgeschaltet hatte, das hier draußen das Telefon ersetzte.
»Das dauert doch alles viel zu lange«, klagte Mami. »Bis der Arzt da ist, kann unser Kind schon gestorben sein!«
Fidel schüttelte den Kopf. »Das geht schneller als du denkst!« Er wurde durch das Funkgerät unterbrochen. »Der Doktor fliegt sofort los. Von Grande Cache sind es keine fünfundvierzig Minuten. Kümmert ihr euch um eueren Kleinen, ich lege inzwischen die Markierung aus, damit er weiß, wo genau er landen kann.«
Die Markierung bestand aus mehreren Leinentüchern, die der Besitzer von Farm und Wolf als Kreuz auf ein Stück Wiese legte und mit Steinen beschwerte. Als wir zurückkamen, war der Knirps wieder bei sich, klagte, daß sein Bauch weh tue, und wollte trinken. Fidel hielt Mami zurück. »Auf keinen Fall! Wenn innen etwas verletzt ist, kannst du ihn damit umbringen. Wenn nicht, wird ihm eine Stunde Durst auch nicht schaden. – Verzeihung, so hab ich's nicht gemeint«, entschuldigte er sich gleich darauf, als Mami wieder zu weinen begann.

Ich wollte Bobbeli trösten und schickte mich an, den Tisch in der Küche zu besteigen, auf dem sie ein Bett für Benjamins Opfer errichtet hatten. Doch man ließ mich nicht.
»Ich weiß, du meinst es gut«, sagte Herrchen. »Und ich werde auch nicht vergessen, daß du versucht hast, unserem Buben zu helfen. Aber jetzt mußt du ihn in Frieden lassen. Er ist sehr krank. Wird er wieder ganz gesund, darfst du mit ihm spielen, so oft du willst.«
Das klang nicht sehr verheißungsvoll. Kein Hund – und ein unternehmungslustiger Dackel schon gar nicht – hat Verständnis für die Einschränkungen der Zweibeiner, wenn er jetzt nicht tun kann, was er möchte. Versprechungen für später interessieren ihn nicht. Die Zukunft ist etwas, das sich seiner Vorstellungskraft entzieht.
Mit des Doktors Diagnose ließ sich mehr anfangen. Was er von sich gab, hörte sich gut an. Wahrscheinlich handele es sich nur um Fleischwunden. Die täten zwar erbärmlich weh und bluteten fürchterlich. Aber sie seien weniger schlimm, als sie aussehen. Trotzdem werde er den Patienten zur genaueren Untersuchung ins Krankenhaus nach Edmonton fliegen. Die Kosten seien ja hoffentlich durch eine Versicherung gedeckt. Einer von der Familie könne mitkommen. Für alle zusammen sei das Flugzeug zu klein.
Die nächsten zwei Tage vertrieben Frauchen und ich uns die Zeit, so gut wir ohne Herrchen und unseren Knirps konnten. Die Stallbewohner waren als Mittel zur Unterhaltung auf die Dauer ungeeignet. Edith unterhielt sich lediglich manchmal mit dem Hengst und legte den Kopf an den seinen, wenn ihr danach zumute war.
Die Schlittenhunde waren uns beiden zu ungestüm. Die Hühner ließen nach wie vor mehr Federn, als es ihr Besitzer erlaubte. Und an den zahmen Wolf, den sein Herr entgegen

der Empfehlung des Doktors nicht erschossen, sondern an die Kette gelegt hatte, ließen sie mich nicht heran.
Erst als feststand, daß unser lädierter Nachwuchs auf längere Sicht funktionsfähig geblieben war, und er die Zwei- und Vierbeiner seiner Umgebung erneut mit seinen Wünschen beschäftigte, nahm das Leben auf der Farm in den Bergen wieder seinen gewohnten Lauf.

*

Zu den sympathischen Eigenschaften unserer Ernährer gehört ihre Vorliebe für das Feiern. Wenn sie gesellig sein wollen, essen und trinken und manchmal dabei ein wenig laut werden, profitieren auch wir davon. Meistens wenigstens, wenn wir nicht gerade zur Strafe angekettet sind und weder am zusätzlichen Futter partizipieren noch unsere Standfestigkeit an gewissen fröhlichmachenden Getränken erproben können.
Bobbelis Genesung und ein warmer Hochsommerabend waren Grund genug, einen Haufen Holz aufzuschütten, eine große Pfanne drüber zu hängen und ein kanadisches Grillfest zu feiern. Die von Karl Fidler gebratenen T-Bone-Steaks waren so groß, daß sie einem von Natur aus zu den Fleischfressern zählenden Gast ellenlange Speichelfäden entlockten.
Putzi hatte die Verantwortung für den flüssigen Nachschub übernommen. Den beiden anderen Weibchen schenkte er Wein ein, der angeblich von den Niagarafällen stammte. Mit seinem Freund schlürfte er ein Gebräu aus Dosen, das ihn zusehends enthemmte, noch ehe das erste Fleisch

schwarzgebrannt und blutlos, also für Menschen genießbar war.
Dem Ehrengast des Abends schmierte Mami sauere Sahne in gespaltene Kartoffeln, die im Feuer gebraten worden waren. Dazu schmatzte der vom Wolf Gebissene an der Kuhmilch herum, die ihm überreichlich zur Verfügung stand, ohne daß jemand die Befürchtung äußerte, der Knirps könne Milchschorf kriegen.
Ich hielt mich vorläufig zurück. Ich wußte, daß meine Zeit kommen würde und gab mich scheinbar mit der Schale lauwarmem Wasser zufrieden, die man mir in Verkennung meiner Wünsche zusammen mit einem Stück Weißbrot ohne Belag vorgelegt hatte. Die rohen Selleriestangen, die in Amerika bei keinem Festschmaus fehlen, ignorierte ich.
Mit fortschreitender Stimmung erinnerte sich der Herr der Farm, daß seine Hunde in den letzten Tagen kaum Auslauf hatten und schwankte zum Pferch, um Abhilfe zu schaffen.
Die ausgelassene Meute ergriff die Gelegenheit und fiel über uns her, um ihre Anhänglichkeit zu beweisen. Da die meisten von uns stilgerecht zum Barbecue auf dem Boden saßen, waren sie von vornherein unterlegen – und auch das Futter geriet durcheinander.
Ich nutzte die Gelegenheit, ein Stück Fleisch zur Seite zu schaffen, das noch nicht im Feuer verdorben worden war, und marschierte damit zu Benjamin. Der mußte gerochen haben, was auf ihn zukam, denn er zerrte an seiner Kette wie verrückt, um mich möglichst schnell zu treffen. Ich hatte eigentlich vorgehabt, das Steak mit ihm zu teilen, sah aber ein, daß eine Debatte darüber erst gar nicht zustande kommen würde und überließ ihm alles.

Als ich zurückkam, hatte das Rudel den Festplatz verlassen und trieb sich jaulend in der Gegend herum. In der Pfanne schmorten neue Steaks, und die Zahl der leeren Dosen hatte beträchtlich zugenommen. Fidel erklärte Herrchen und Frauchen gerade lallend, wie hoch in den nächsten Baum er später die Mülltonne mit unseren Futterresten zu hängen gedachte, damit sie von den nachts herumstreichenden braunen Bären nicht ausgeräumt werden konnten.
Dann erinnerte er sich, daß einige seiner Hunde auf den Geschmack gekommen waren und Bier über alles liebten. Glücklicherweise übertrug er diesen Gedanken auf mich und leerte den Inhalt einer Dose in die Schüssel, deren Wasser beim Überfall der wilden Horde verschüttet worden war. Ich bellte meinen Dank und machte mich eilends über die lange entbehrte Köstlichkeit her, ohne unterbrochen zu werden.
Herrchen war selbst vom Stimmungssaft zu beseelt und damit beschäftigt, im aufgerichteten Zustand die Balance zu halten, um auf die seinem Hund widerfahrene Behandlung zu achten. Und Frauchen hatte glücklicherweise ihren eigenen Nachwuchs zu reinigen, der einen Teil seines Futters ausgespuckt hatte und sich darüber beklagte, daß ihm schlecht sei.
Etwa um diese Zeit war der Pegel in den Oberhunden so hoch gestiegen, daß das Gelage ebenso verglimmte wie das Feuer. Das letzte Gebratene flog auf einen Papierteller, von dem ich meinen längst fälligen Anteil sicherte. Was übrigblieb, war am Morgen ebenso verschwunden wie die vegetarischen Zutaten. Denn niemand hatte am Ende der Feier mehr daran gedacht, das noch Freßbare zusammenzupakken und in den Baum zu hängen.
Ob allerdings die von Herrchens Freund zitierten braunen

Bären aufgeräumt hatten oder ob die freiwillig heimgekehrten Schlittenhunde daran beteiligt waren, würde nie herauskommen. Vielleicht hatte auch der buschrutige rote Geselle das verlassene Lager durchschnüffelt, dem ich in der Morgendämmerung vergebens das gestohlene Huhn abjagen wollte. Was ihm leichtgefallen war, weil mit Alkohol gefüllte Zweibeiner nicht mehr so genau wie sonst darauf achten, daß alle Türen verriegelt sind.
Den Verdacht, daß ich der Hühnerdieb gewesen sei, wurde ich erst los, als der Fuchs wiederkam und ihn Fidels fliegende Heugabel veranlaßte, die bereits totgebissene Beute fallen zu lassen. Die wieder einmal fällige Entschuldigung fiel so aus, daß ich sie annahm. Denn aufgeschlagene rohe Eier esse ich für mein Leben gern!

*

Was da im Creek stand, hineinpatschte, etwas Glitzerndes herausholte, hineinbiß und den größten Teil wegwarf, konnte keiner von Fidels Teddybären sein, sondern nur der Grizzly, dem wir auf unserem Ausritt begegnet waren.
»Er ist also doch vom Berg heruntergekommen«, sagte Edith, die mich bei einem Spaziergang im Tal begleitete. »Ich fürchte, nicht nur zum Forellenfischen! Laß uns umkehren.«
Gefischt hätte ich selbst gerne. Was mir fehlte, waren nicht die Fische, von denen genügend zwischen den Steinen im Wasser herumschwammen, sondern die Pranken, um sie bewußtlos zu schlagen. Natürlich hätte bessere Übersicht nicht geschadet, die man als niedriger Hund leider nicht

hat. Die schönsten Beine nützen nichts, wenn sie zu kurz sind, um mit ihnen im Wasser zu stehen, ohne sich den Bauch und noch mehr naß zu machen. Sollten halt andere den Genuß haben, ich war schließlich nicht auf Forellen angewiesen!

Anders verhielt es sich mit dem Grizzly. Bei allem Respekt wäre ich ihm doch am liebsten an den Pelz gegangen, wenn Edith mich nicht zurückgehalten hätte. Doch konnte ich mich dem Argument nicht verschließen, daß eine ganze Meute mit dem Biest ihre Schwierigkeit gehabt hätte und ich allein ohne Rückendeckung recht dümmlich aussehen würde. So trollte ich mich und wartete auf eine bessere Chance. Und die kam schneller, als ich zu hoffen gewagt hatte.

Der Boss der Farm nahm das Gewehr von der Wand. »Unten am Sleepy Hollow ist ein Fohlen gerissen worden. Der Mutter muß ich den Gnadenschuß geben. Sie liegt in der Nähe und ist böse zugerichtet. Wahrscheinlich wollte sie ihr Junges verteidigen. Dann hat sie zusehen müssen, wie der Bär es zerriß. Ich werde ihn erlegen müssen, sonst ist die Herde nicht mehr sicher. Grizzlys, die Blut geleckt haben, bleiben dabei!«

Seine Hunde, die sich von der Aufregung anstecken ließen und mitwollten, ließ Fidel nicht los. »Für die Bärenjagd sind sie nicht geeignet. Ich halte mich an Benjamin, der den richtigen Instinkt dafür hat. Und ein paar Nachbarn werde ich zur Unterstützung herbeirufen. Wir treffen uns unterwegs.«

Von meiner Familie regte sich niemand. Herrchen konnte sowieso nicht reiten und Frauchen kein Blut sehen. Ich, der ich sofort dabei gewesen wäre, wurde nicht erwähnt. »Was erwartest du denn?« lachte mich Putzi aus, bei dem ich mich beschwerte. »Das ist eine Sache für Große. Bewache du die Hühner!« Dabei band er mich mit einem Stück Schnur an einen Haken, damit ich nicht wieder heimlich hinterherlaufen konnte. Hatte ihm denn niemand erzählt, wie waidgerecht ich mich beim ersten Treffen mit dem Grizzly verhalten hatte? Und überhaupt war der Hinweis auf das Federvieh fragwürdig, denn weder Fidel noch seine Squaw hatten mich beauftragt, darauf aufzupassen.

Wer seinen Vierbeiner so festbinden will, daß er angebunden bleibt, sollte entweder eine Kette dafür nehmen und sich dem Vorwurf der Tierquälerei aussetzen, oder eine dikke Lederleine verwenden, die sich nicht so leicht durchbeißen läßt. Eine normale Hanfschnur ist vielleicht gut genug für einen alten Hund, der keine scharfen Zähne mehr hat. Ein Dackel in den besten Jahren macht damit kurzen Prozeß.

Ich verhielt mich ruhig und wartete, bis kein Aufpasser in der Nähe war. Dann nahm ich das Schnürchen zwischen die Pfoten und nagte es durch. Ohne Laut zu geben – man muß seine Freude hinunterschlucken können, wenn Schweigen hilft –, nahm ich die Spur des Vortrupps auf. Erst weitab von der Farm ließ ich mich hören und signalisierte den Jägern, daß zusätzliche Hilfe unterwegs war.

Es dauerte aber noch lange, bis Benjamin von fern antwortete. Als ich auf Sichtweite heran war, spürte ich den meilenweiten Verfolgungslauf in allen Knochen. In der Wildnis wäre es eben doch besser, Husky zu sein, der nach fünfzig Kilometern gerade erst warm wird – oder ein Wolf, der tagelang umherstreift, ohne zu ermüden.

Bei Karl Fidler befanden sich zwei Fremde mit ihren Mischlingen, die mir entgegenliefen und nach kurzer Überprüfung zu dem Ergebnis kamen, ich sei trotz des unterschied-

lichen Aussehens in Ordnung. Benjamin hielt sich zurück, ließ es jedoch zu, daß ich mich vor ihn legte und ihm die Pfoten entgegenstreckte, ohne sich abzuwenden. Die beiden unbekannten Zweibeiner lachten bloß, als sie mich sahen, und Fidel raufte sich die Haare auf dem Kopf über soviel ungewollte Anhänglichkeit.
Die drei Menschen bemühten sich, die tote Stute zu begraben. Die Reste des Fohlens ließen sie als Köder für den Bären liegen. »Es wird nicht klappen!« mutmaßte einer der Nachbarn. »Bis der Grizzly zurückkommt, ist nichts mehr übrig.« Dabei deutete er zum Himmel hoch, wo einige große Vögel ihre Kreise zogen. »Die Geier warten schon!«
»Dann werden wir nicht warten, sondern unserem Freund entgegengehen. Seine Spur ist ja deutlich genug.« Fidels Stimme ließ keinen Zweifel aufkommen. Der Mörder würde nicht so billig davonkommen wie der Hühnerdieb. Eine siebenköpfige Meute, die wild entschlossen schien, würde ihn stellen und zur Rechenschaft ziehen.
Der Gesuchte hatte sich in einer Felsmulde am Hang zur Ruhe gelegt und ließ sich von den beiden Mischlingen nicht hervorlocken. Benjamin wartete auf das, was sein Herr tun würde. Einer der Angreifer kam blutend zurück und mußte von seinem Besitzer verbunden werden. »Stupid!« schimpfte der, »wie oft soll ich dir noch erklären, daß du den Bären verbellen, aber nicht beißen sollst, weil du dann den kürzeren ziehst!« Der zweite Nachbar pfiff seinen Trabanten zu sich, bevor es ihm ähnlich oder schlimmer erging.
Herrchens Freund und die anderen hatten ihre Pferde an dünnen Bäumen in der Nähe angebunden. Fidel warf mir einen amüsierten Blick zu, als ich ihm bei jedem Schritt auf den Fersen blieb, um nichts zu versäumen. Was er und seine

Helfer vorhatten mit den dürren Zweigen, die sie vor der Höhle aufschichteten, erkannte ich erst, als das Feuer brannte und die Jäger den Rauch mit den Satteldecken zu dem Bären hineintrieben.
Die Methode erwies sich als gut. Wir mußten nicht lange warten, da kam das Ungetüm grunzend zum Vorschein. Es hatte sich aufgerichtet und trabte direkt auf uns zu. Ich entschloß mich kurzfristig, auf eine aktive Rolle zu verzichten und mich als Statist im Hintergrund zu halten. Ich hatte die angepeilte Distanz noch nicht erreicht, als es hinter mir mehrfach knallte.
Ich drehte mich um und erkannte, daß ich den dramatischsten Moment verpaßt hatte. Die Bestie lag auf der Seite, stöhnte und schlug mit den Tatzen um sich. Einer der Fremden trat an sie heran und gab einen weiteren Schuß ab. Der Bär war tot. Unser Wolf, der den gefällten Riesen in sicherer Entfernung umkreist hatte, bestieg ihn als erster und heulte Triumph und Entwarnung zu der Mustangherde ins Tal.

*

»Ich wäre doch ganz gern dabei gewesen«, meinte unser Oberrüde hinterher. »Muß ziemlich aufregend gewesen sein. Das Fell allein ist schon furchterregend. Die Hexe benimmt sich ja jetzt noch, als wäre sie närrisch.«
Tatsächlich verhielt ich mich wie jeder andere an meiner Stelle, der sich in einen frischen Bärenpelz wühlen darf, an dem noch das Blut seines früheren Inhalts klebt.
»Du hättest ja mitkommen können!« lachte Fidel. »Unsere Indianer laufen auch zig Meilen an einem Strang.«

Putzi überlegte. »Ich könnte reiten lernen, bevor wir heimfliegen.«
Der Freund schnitt eine Grimasse. »In den paar Tagen, die dir noch bleiben, kaum. Aber wenigstens könntest du lernen, wie du aufs Pferd und wieder herunter kommst, ohne dir was zu verrenken. Pack an und hilf mir erst mal, das schwere Stück aufzuhängen.«
»Wo hast du denn den übrigen Bären gelassen?« wollte Herrchen wissen, als die beiden das Fell mit meiner Wenigkeit obenauf zur Scheune trugen. Der Jäger schüttelte den Kopf. »Es war ein uralter Grizzly. An dem würde man sich nur die Zähne ausbeißen. Ich hab ihn den Geiern gelassen.«
Das Stück, das er in einem Sack am Sattel verstaut hatte, hielt er vermutlich nicht für erwähnenswert. Benjamin und die Hunde im Pferch schienen jedenfalls keine Probleme mit den Zähnen zu haben, als es ihnen in Portionen vorgeworfen wurde, mit denen Putzi sowieso nicht fertig geworden wäre. Meinem Gebiß schien der Boss der Farm ähnlich wenig zuzutrauen. Ich bekam für meine Teilnahme an der Bärenjagd und für mein verständnisvolles Verhalten eine Schüssel voll Cornflakes und einen Klaps aufs Hinterteil.
Herrchen machte seine Drohung wahr und kletterte in einer stillen Stunde, als nur Edith, ich und von weitem Benjamin zuschauten, auf Marias Palomino. Frauchen hatte die Stute vorbereitet, und es gelang dem Boss mit Hilfe seines Weibchens, mit dem ersten Schwung hochzukommen und nicht wieder auf der anderen Seite hinunterzurutschen. Für mich sah er sogar einigermaßen kompetent aus.
Das Pferd, von Edith am Zügel gehalten, schüttelte zwar den Kopf, interessierte sich im übrigen aber weniger für den ungewohnten Reiter als für mich, die ich meiner Begeiste-

rung über Herrchens imposante Größe freien Lauf ließ. Hätte unser Anführer auf Fidels Hengst gesessen, wäre der bestimmt in die Luft gestiegen und sein Besteiger in den Dreck gestürzt.

Die kleine Stute tänzelte nur ein wenig nervös herum, als ich zwischen ihren Beinen meinen Respekt vor Putzis Wagemut austobte. Dieser begegnete der von seinem Knöpfchen gezügelten Bewegung mit festem Griff zum Sattelknauf und verstärktem Schenkelpressen. Was zum Glück keine dramatischen Folgen hatte, weil Frauchen von vorn dagegen hielt und Fidels Pferde ohnehin mehr auf das Lenken mit den Zügeln reagierten.

Mein Spektakel rief Benjamin herbei, der die Stute um ihre relative Ruhe brachte. Ihr Ausschlagen hielt sich indessen in Grenzen, außerdem behielt Edith die Nerven und ließ nicht los. Trotzdem erklärte der Boss die erste Reitstunde für beendet und hinkte ins Haus, ohne sich für unsere Anteilnahme erkenntlich zu zeigen.

Am Nachmittag hatte er sich soweit regeneriert, daß er einen neuen Versuch unternahm, ohne die anderen von seiner Absicht zu informieren. Er hatte sich gemerkt, wie Edith das Pferd gezäumt hatte und führte es zum Creek hinunter. Ich rechnete es ihm hoch an, daß er mir erlaubte, ihn zu begleiten, nachdem ich ihm versprach, den Mund zu halten, bis wir außer Hörweite waren. Denn er mußte wissen, daß er mit mir sein Risiko erhöhte, weil mein Temperament vielleicht wieder überschäumte, wenn er im Sattel saß.

Mit dem geplanten Selbstunterricht wurde es dann doch nichts. Da, wo wir hin wollten, stand schon einer. Die Stute scheute, und Herrchen hatte Mühe, sie daran zu hindern, davonzugaloppieren. Einem Tier, wie es uns im Weg stand,

ins Gras biß und uns scheinbar keine Beachtung schenkte, war ich noch niemals begegnet.
Es war weder Pferd noch Bär noch Kuh, sondern ein Mittelding zwischen Hirsch und Esel. Es stand auf Stelzen, trug einen langen Ziegenbart unterm Kinn, und auf seinem Kopf wuchsen Schaufeln mit Zacken. Neugierig pirschte ich mich an das eigenartige Wesen heran, als derjenige, der im Augenblick die Minorität bildete, mir zurief: »Bleib weg, es ist ein Moose!«
Geht es um ein »Entweder-oder«, gehorcht ein Dackel meist seinem Vorwärtsdrang – es sei denn, eine anerkannte Autorität überzeugt ihn, daß Angriff nicht immer die beste Art der Verteidigung ist. Wer würde jedoch auf jemanden hören, der selbst nicht weiß, wie er sich in einer solchen Situation verhalten soll! Was immer es war, das da graste: ich mußte es mir aus der Nähe betrachten, auch wenn Herrchen Angst hatte.
Erneut bestätigte sich, daß man auch auf unliebsame Überraschungen gefaßt sein muß, wenn man die Nase immer vorn haben will. Ich war noch nicht einmal mit dem ersten Sondieren fertig, da hörte der Gestelzte mit dem Essen auf, richtete seine Augen auf mich, senkte den Schädel in meine Richtung und schickte sich an, mich aufzuschaufeln.
Der erste Ansturm ging um mindestens einen Meter daneben. Ein Dackel weicht einfach schneller aus als ein Moose zustoßen kann. Vor der zweiten Attacke zwickte ich dem kontaktarmen Gesellen ziemlich weit unten ins Bein, worauf er wutschnaubend zum Generalangriff antrat, den ich in der Anfangsphase wiederum elegant umging. Wie die Unterhaltung zwischen uns allerdings weiterhin verlaufen wäre, blieb ungeklärt. Herrchen hatte die Zügel der Stute

fahren lassen und griff wild mit den Pfoten fuchtelnd und mit Gebrüll ins Geschehen ein.

Der Elch ließ sich bluffen. Er stutzte, drehte sich dann um und stelzte davon. Hätte er sich Putzi gestellt, wäre ich wahrscheinlich am Ende dieses Tages Halbwaise gewesen. Ich hätte ihm nicht helfen können. Es ist nämlich ein Unterschied, ob man flink genug ist, einen überlegenen, jedoch ungelenken Gegner auszutricksen – oder ob man jemanden aus seinen Fängen retten soll, der aus Liebe zu seinem Hund sein eigenes Leben riskiert.
»Für heute hab ich genug«, gestand Putzi. »Mit dem Reiten wird's wohl auch nichts mehr. Wir sind für das Leben in der Wildnis nicht geschaffen. Es wird Zeit, heimzukehren, Hexlein!«

*

Meine lange Reise mit der Familie ging zu Ende. Karl Fidler hatte versprochen, uns nach Edmonton zu bringen, von wo aus wir zurückfliegen wollten. Unser Stationwaggon, in dem man so schön viel Platz zum Herumturnen hatte und der so groß war, daß Kind und ich während der Fahrt zum Strand unbemerkt den Eßkorb ausräumen konnten, durfte leider nicht mit. Wir würden damit in unserer engen Dorfstraße steckenbleiben, hatte der Boss gesagt und ihn für die Hälfte des Preises, den er selbst bezahlt hatte, dem Freund überlassen.

Frauchen begann schon mit dem Einpacken und hielt mich von den Koffern fern. Unser Weibchen erinnerte sich wohl meiner Vorliebe für Verstecke zwischen weicher Wäsche und befürchtete, ich werde den Transport in einem verschlossenen Gepäckstück nicht überleben. Der Knirps trieb sich in der Scheune herum und ärgerte das Kleinvieh, weil der Stall mit den großen Tieren verriegelt war. An Benjamin, der wieder an der Kette lag, wagte er sich nicht mehr heran und nannte ihn höchstens von Zeit zu Zeit aus sicherem Abstand »Blöder Wolf«.

Unser Leithund hatte anscheinend die Lust an weiteren Unternehmungen verloren und sich in eine ruhige Ecke zurückgezogen – angeblich, um ein paar Erinnerungen aufzuschreiben. Wie ich ihn kannte, phantasierte er von Abenteuern, die er gar nicht bestanden hatte. Putzi neigt zu Übertreibungen, und ich war fast sicher, daß er den Elch, dem er ums Haar in die Schaufeln gerannt wäre, in seiner Geschichte hoch zu Ross in die Flucht schlug.

In Wirklichkeit war ich es, die das letzte – und wahrscheinlich gefährlichste – Erlebnis unserer Amerikafahrt hatte. Der Creek und einige der Wasserstellen auf den Hochweiden waren im Verlauf des kurzen, aber heißen Sommers

ausgetrocknet. Die Mustangherden begannen weiterzuwandern, so daß unser Freund sie schon mehrfach mit Hilfe der Nachbarn hatte zurücktreiben müssen.
Als er das Gelände noch einmal inspizieren wollte, ließ er zu, daß ich assistierte. Gewiß wollte er, daß ich das Land, das er liebte, in besonders guter Erinnerung behielt. Manche Menschen sind so stolz auf das, was sie besitzen, daß sie sogar einem Hund damit zu imponieren suchen, wenn kein anderer da ist.
Auf seinem Ritt ließ Fidel mir die Freiheit, King vor die Hufe zu laufen oder in weiten Runden verheißungsvolle Erdlöcher und Markierungen an Weidenbüschen zu suchen. Als er bemerkte, daß er mich verloren hatte, war es vermutlich schon zu lange her, und er konnte den genauen Ort meines Untertauchens nicht finden.
Ich hatte mich einmal mehr zu weit vorgewagt und fand mich auf dem Grund eines tiefen Schachts wieder. Wer schon in eine Grube gerutscht ist, weiß, daß einem danach sämtliche Einzelteile weh tun und daß es dauert, bis man seine Sprache wiederfindet. Besonders frustrierend ist es, wenn man an den glatten Wänden zurück ans Tageslicht möchte und einfach keinen Halt findet. In meiner Grube war außerdem die Luft so dünn, daß meine Hilferufe oben bestimmt nicht gehört wurden.
In den folgenden Stunden, in denen sich der schmale Lichtspalt über mir immer mehr verfinsterte und schließlich totaler Dunkelheit wich, schwankte ich zwischen Hoffnung und Resignation. Eigentlich machte es keinen Unterschied: Ertrinken, Verdursten oder Verhungern waren im Ergebnis gleich. Nur dauerte das eine halt nicht so lange wie das andere.
Vielleicht endete mein Rutsch in die Unterwelt auch des-

halb nicht tragisch, weil ein Hund nicht so schnell in Panik gerät wie zum Beispiel Hühner, die sich verfolgt fühlen, Vögel, die sich das Genick an Fensterscheiben brechen, wenn sie ausbrechen möchten – oder Zweibeiner, die mit Gewalt aus einem Loch heraus wollen, in das sie eingebrochen sind und dabei soviel Dreck um sich herum aufwühlen, daß sie darunter ersticken.

Ich hatte zwischendurch geschlafen und wachte mit dem Gefühl auf, daß sich etwas geändert hatte. Dann hörte ich das bekannte Heulen. Meine eigene Stimme kam mir jetzt viel stärker vor. Die Antwort blieb nicht lange aus. Sie kam aus der Nähe: Benjamin stand am Eingang des Brunnenschachts.

Die Rettungsaktion verlief so, daß Putzi seine helle Freude an der Beschreibung haben würde. Fidel hatte die Leine am Sattel angebunden und ließ sich an ihr herunter. Mit mir zusammen zog ihn King wieder hoch. Es war alles ganz einfach. Frauchen stieg von dem Hengst ab, nahm mich aus Fidels Armen und küßte mich. Benjamin saß daneben und hörte sich das Loblied auf den braven Wolf an. Die Sonne schien warm auf mein Fell. Die Welt war für mich in Ordnung.

Heimkehr

In Edmonton steckten sie mir die zweite Pille zur Beruhigung in den Rachen – tief genug, um sie nicht herauswürgen zu können. Die erste hatte mir Herrchen vor Beginn der Fahrt verpaßt, nachdem sein Knöpfchen zu zartfühlend gewesen war, um sich gegen mich durchzusetzen.

Danach nahm das Leben neue Dimensionen an, und es war mir egal, ob ich mit Stewardessen-Bedienung und sonstigem Komfort übers Meer flog – oder im Gepäckraum als Sache, gänzlich ohne Service.

In dem kleinen Käfig liegend, der nicht viel größer war als ich – zusammen mit Frauchens abgelegtem Kleid als besänftigende Dufterinnerung daran, wo ich herkam und hingehörte –, verweilten meine Gedanken bei den zurückgebliebenen Freunden, bis sie sich mit den Gestalten einer früheren Zeit mengten.

Während ich schwebend vom Boden abhob, blieben sie zurück: Mau, der Kater, der einem Igel nachgelaufen war. Abigail mit dem falschen Namen und dem preisgewinnenden Talent. Margots Haustier, das sich in mich verliebt hatte. Rieke, die ewig hungrige Schäferhündin, die wir heimlich fütterten. Die Kuh auf der Farm, die ich nicht melken konnte. Das Pony am Waldrand. Trixi, die genauso aussah wie ich. Der liebe, verrückte Napoleon. Und Benjamin, der

mir das Leben gerettet hatte. Sogar der Elch war dabei und sah traurig aus.
Während sie kleiner und kleiner wurden, war mir, als hörte ich sie rufen: »Komm wieder!« – bevor Wirklichkeit und Traum eins wurden, und ich vergaß, daß es mich gab.